NICOLAS LIEVEN

# SKRUPELLOS

NICOLAS LIEVEN

# SKRUPELLOS

Manager auf dem Weg in
das nächste Fiasko

Econ

MIX
Papier aus verantwortungsvollen Quellen
FSC® C083411
www.fsc.org

Econ ist ein Verlag
der Ullstein Buchverlage GmbH
ISBN: 978-3-430-20269-5

Redaktion: Michael Schickerling, schickerling.cc, München

Gesetzt aus der Quadraat
Satz: LVD GmbH, Berlin
Druck und Bindearbeiten: CPI books GmbH, Leck
Printed in Germany

*Ein spezieller Dank an Christian Erber
für intensive Diskussionen, konstruktive Kritik
und vor allem viel Geduld.*

# Inhalt

## Aufrichtig statt unehrlich 85



## Verantwortungsvoll statt machthungrig 108



## Offen statt hinterhältig 125

## Gemeinschaftlich statt egoistisch 147



## Fair statt berechnend 176

## Gerecht statt unfair 199



## Respektvoll statt verächtlich 228



## Einsichtig statt stur 246



## Umsichtig statt rücksichtslos 264

# Nichts wird besser

»Geändert hat sich ja eigentlich nichts. Es ändert sich nie was.« Diese Sätze fielen immer wieder während der Vorbesprechungen zu diesem Buch. Sie waren ein ständiger Begleiter der Recherchen im Gespräch mit Politikern, Analysten, Vermögensverwaltern, Journalisten, Bankern, Managern und Bürgern – selbst in den Büros von Bundestagsabgeordneten der Regierungsparteien. Dabei sollte die Welt doch heute eine ganz andere sein als noch vor zehn Jahren, als das bisherige System einzustürzen drohte.

Auf den ersten Blick waren es die Banken, die Versicherer, die Hypothekenfinanzierer, die die Finanz- und Wirtschaftskrise ausgelöst und befeuert haben. Deshalb gilt ihnen der Auftakt. Samt Politik und Notenbanken, die den Karren hinterher wieder aus dem Dreck ziehen durften. Wir möchten in diesem Buch aber nicht nur auf die Finanzmärkte blicken, sondern auch auf die noch immer vorhandene Gier in vielen von Männern dominierten Chefetagen. Wir blicken auf das unverändert investoren- und bonitätsgetriebene, viel zu kurzfristige Denken, die Ausbeutung von Menschen und der Umwelt, die zunehmende Spaltung von Arm und Reich, die soziale Ungleichheit, die Folgen der Digitalisierung sowie auf die Politik als willfährigen Spielball falsch verstandener Interessenvertreter.

Staaten, Euro, Finanzmärkte – alles stand damals auf der Kippe. Und alle sollten und wollten aus ihren Fehlern lernen und Konsequenzen ziehen: für eine bessere Welt, für eine sicherere Welt, nicht nur an den Finanzmärkten. Coporate Governance, Grundsätze der Unternehmensführung, Verhaltensregeln: kein Konzern, der sich nicht mit einem entsprechenden Pamphlet geschmückt hätte. Fairer sollte es in Zukunft zugehen, beim Umgang mit Verbrauchern, Kunden und Mitarbeitern. Statt Ausbeutung wurde Nachhaltigkeit propagiert. »Mehr Frauen in Führungspositionen« – auch das war eine weitverbreitete Forderung, um Chancengleichheit und ein anderes Klima in den männerdominierten Chefetagen zu schaffen. Der Gier skrupelloser Manager sollte ebenfalls ein Riegel vorgeschoben werden. Zumindest lauteten so die Versprechungen. Was ist daraus geworden? Und vor allem: Welche Lehren haben wir daraus gezogen und umgesetzt?

Machen wir uns nichts vor. Das Thema ist brisant und aktuell. Und es betrifft uns alle. Weil wir involviert sind, weil Konsequenzen spürbar oder auch sichtbar sind, weil jeden Tag eine neue Krise aufflammen kann. Und weil eine Debatte längst überfällig ist, warum sich an den entscheidenden Stellen nichts tut. Was macht das System so anfällig? Ist die Politik wirklich so hilflos, wie es scheint? Hat die Gesellschaft überhaupt eine Chance gegen Know-how, Strategien, Gier und Skrupellosigkeit in Chefetagen von Konzernen, Fonds und Hedgefonds? Oder ist das alles möglicherweise so gewollt, auch politisch? Welche Macht hat der Bürger? Und ist er sich dessen bewusst? Das Buch soll aufdecken, erklären, einordnen, begeistern, hinter die Kulissen blicken, es soll aufrütteln, eine Debatte anschieben – in Politik, Wirtschaft und Bevölkerung. Und es soll Lösungsansätze bieten, soweit möglich.

Dabei lässt der Buchtitel *Skrupellos* viele Assoziationen zu, und das ganz gezielt. Auch weil die Strippenzieher nicht immer an vorderster Front zu finden sind: Sie bereiten vor, beraten, begleiten, sind Teil von Delegationen. Die Topmanager sind sich ihres Einflusses auf Politik, Medien und Stimmung im Land wohl bewusst. Natürlich gibt es auch gute Beispiele, Manager, die sorgsam mit ihrer Macht umgehen. Es gibt aber genauso die andere Seite: Skrupellosigkeit findet sich in rücksichtslosen Machtkämpfen in Führungsetagen wieder, in fragwürdigen unternehmerischen Entscheidungen, in gierigen Gehaltsvereinbarungen, in schlechtem Umgang mit Mitarbeitern und Kunden, in der Manipulation von Politik, in der Ausbeutung und Vermüllung der Umwelt, im Ausnutzen geringerer Standards in anderen Ländern bis hin zu Kinder- und Häftlingsarbeit, in der Kooperation mit Despoten, in der Uneinsichtigkeit und im fehlenden Willen zur Wiedergutmachung im Krisenfall.

Es spielt eigentlich keine Rolle, über welche Krise und über welche Skrupellosigkeit man spricht. Fakt ist: Es klafft ein tiefer Krater zwischen dem, was Politik, Wirtschaft und Unternehmen vollmundig ankündigen, um Konsequenzen zu ziehen und künftige Krisen und Missstände zu verhindern, und dem, was folgt. Sofern überhaupt etwas folgt.

Und während sich die Welt immer schneller dreht, Kühlschränke mit Smartphones kommunizieren, Jobs digital angepasst, überwacht und entsorgt werden und in nicht allzu ferner Zukunft gummierte Roboter unsere Partner ersetzen, gibt es in Unternehmen weiterhin einzig die altbekannten Triebfedern für grundlegende Veränderungen: Geld, Gier, Macht. Einsicht und Verantwortung sind es jedenfalls nicht.

Fragen Sie sich selbst: Wie ist Ihr Eindruck? Haben die Krisen und Skandale der vergangenen Jahre in den Konzernzentralen zu einem Umdenken oder zu Verhaltensänderungen geführt? Gab es die in der Regel vollmundig angekündigte rückhaltlose Aufklärung? Wurden rigorose Maßnahmen ergriffen, um – wie versprochen – ähnliche Vorfälle künftig zu verhindern? Die Antwort lautet vermutlich: Nein!

Warum auch? Es läuft doch wie am Schnürchen für unsere Managerriege! Fehlverhalten ist offenbar der neue Normalzustand. Schlimmer noch: Krisen und Skandale haben ihren bedrohlichen Charakter gänzlich verloren, wie es scheint. Topmanager nutzen sie aktiv, um interne Restrukturierungen zu rechtfertigen und/oder Forderungen in der Politik und der Öffentlichkeit durchzusetzen: Stellenstreichungen, Sparpläne, Subventionen – bei gleichzeitiger Bonusauszahlung, versteht sich.

# Zügellos statt kontrolliert

»Die Macht der Finanzmanager ist ungeheuer. Und sie hat nach dem Zusammenbruch der amerikanischen Bank Lehman Brothers Millionen von Menschen ins Elend gestürzt. Und wir haben es geschehen lassen. Und wir haben bisher nichts Durchgreifendes zustande gebracht.«

Helmut Schmidt, ehemaliger Bundeskanzler, auf der Münchner Sicherheitskonferenz 2014

Der Stoff ist so spannend, dass sich selbst Hollywood damit befasste. Im Jahr 2015 kam The Big Short in die Kinos – mit Starbesetzung: Brad Pitt, Christian Bale, Ryan Gosling.

Frühjahr 2008. Noch deutet nichts auf den Zusammenbruch der Investmentbank Lehman Brothers hin. Noch wird mit sogenannten Subprime-Krediten in den USA viel Geld verdient. Hypothekenbanken und Immobilienfinanzierer haben über Jahre hinweg jedem noch so bettelarmen Habenichts einen hohen Hauskredit zu scheinbar günstigen Konditionen aufgeschwatzt. Die Branche spricht von »Ninja-Krediten«: »no income, no jobs, no assets«. Übersetzt: kein Einkommen, keine Arbeit, kein Vermögen. Für einen Kredit in sechsstelliger Höhe reicht es aber trotzdem. Das alles passiert mit Wissen der US-Politik, die das Ganze sogar weiter forciert. Sie will den amerikanischen Traum des weißen Mittelstands aufrechterhalten. Jeder soll vom wirtschaftlichen Aufstieg profitieren können. Jeder soll Vermögen anhäufen können. Jeder soll sich sein

Haus leisten können. Die beiden größten Hypothekenfinanzierer Fannie Mae und Freddie Mac haben praktisch den staatlichen Auftrag, die Geldschleusen zu öffnen, Häuser zu finanzieren und so bei den wichtigen Mittelklasse-Wählern für Ruhe zu sorgen.[1] Es funktioniert – zumindest eine Zeit lang. Die amerikanische Wirtschaft ist stark, die Arbeitslosigkeit niedrig, die Zinsen ebenso. Kaum jemand äußert Zweifel daran, dass das immer so weitergeht. Ebenso viele glauben daran, dass die Zinsen weiter sinken werden. Auch deshalb erleben Darlehen mit variablem Zinssatz einen Boom.

Variabel heißt: Jeden Monat werden die Zinsen neu berechnet, angepasst unter anderem an die Leitzinsen der US-Notenbank, die aktuellen Kalkulationen der Finanzinstitute, die Nachfrage nach Immobilien und die Wirtschaftslage. Das ist gut in einer Zeit, in der die Zinsen tendenziell sinken und der Schuldner Monat für Monat weniger zahlen muss. Verheerend sind variable Zinsen allerdings für Kreditnehmer, sobald die Zinsen steigen. Denn dann verlangt die Bank Monat für Monat mehr Geld. Doch daran will vor Ausbruch der Finanzkrise keiner der gutgläubigen Verbraucher denken, zumal ja auch niemand auf die Risiken aufmerksam macht. Vielmehr bestärken geschulte Bankberater ihre arglosen Kunden. Selbst der damalige Chef der US-Notenbank, Alan Greenspan, gießt weiteres Öl ins Feuer. Er selbst wird später sagen, 70 Prozent seiner Entscheidungen seien richtig gewesen. 30 Prozent hätten zur Krise beigetragen.[2]

Der Mann mit der schwarzen Aktentasche und der dicken Hornbrille rechnet den Kreditnehmern mit festen Hypothekendarlehen vor, wie viele Zehntausend Dollar sie hätten sparen können, wenn sie nur keinen festverzinslichen Kredit gewählt hätten, sondern einen mit variablen Zinsen. Aber noch sei es ja nicht zu spät. Noch könne man umschichten, lautet die Botschaft. Es wirkt. Wer kann, flüchtet aus den vermeintlich teuren – wenn auch sicheren – Verträgen, rein in die variablen Darlehen, die günstige Raten und ein gut situiertes Leben versprechen. Und wer sein eigenes Haus bereits abbezahlt hat und keinen Kredit mehr benötigt, der beleiht seine Immobilie, um dann das viele frische Geld für sich an der Börse arbeiten zu lassen. So wird aus nutzlos dahinsiechenden Holz- und Betonheimen eine private Zentrale zum Gelddrucken, ein persönliches Finanzinstitut. Behaupten zumindest die Banken, und die müssen es ja wissen! Oder?

## Je schlechter die Kreditwürdigkeit, desto günstiger der Preis

Eins wissen die Finanzinstitute jedenfalls haargenau: dass hinter diesen Krediten Menschen stecken, die weder das Know-how haben, um die Risiken abzuschätzen, noch die finanziellen Mittel, um einen Rückschlag wegzustecken. Überwiegend handelt es sich um Leute, die alles verlieren werden, sobald die bis dato positiven Wirtschafts-, Zahlungs- und Zinsbedingungen abzuschmieren beginnen. Es sind Menschen, die eigentlich nicht kreditwürdig sind und sich von großen Schildern an den Highways haben locken lassen. Und weil die Geldinstitute das alles wissen, bündeln sie ihre Wackelkandidaten in Pakete, die sie dann anderen Geldhäusern und Finanzjongleuren anbieten. Der Deal: »Hier ist ein geschnürtes Bündel von Schuldnern. Gib mir einen Teil der ausstehenden Kredite und mach mit dem Rest, was du willst.«

Auf dem Papier sind für die Banken und Investoren als Käufer der gebündelten Kredite bis zu 50 Prozent drin, sofern alle Kreditnehmer zahlen. Je nach Risiko und Einstiegspreis mitunter auch noch mehr. Kommt immer darauf an, wie arm die Schlucker sind, die hinter den Kreditpapieren stecken. Ob sie am Ende tatsächlich zahlen, ist an den Finanzmärkten erst einmal unwichtig. Wichtig ist, dass ein neuer Markt mit hohen Renditen entsteht. Es zählt die Aussicht, die Gewinnerwartung, die Hoffnung. Das ist es auch, was in den Büchern der Käufer steht: nicht der Kaufpreis, nicht das Risiko, sondern der erhoffte Ertrag. Für die Bilanz brillant, weil sich die Investition sofort positiv auswirkt – wenn auch nur auf dem Papier.

Und fast alle machen mit: Banken, Versicherungen, Fonds, Immobilienfinanzierer, sogar deutsche Finanzinstitute springen auf den Zug auf, so ziemlich als Letzte. Nach dem Motto »Dabei sein ist alles«, und der Herdentrieb verstärkt diese Entwicklung. Das gilt auch für deutsche Banken, selbst Landesbanken, angelockt von den hohen Renditen und den großen US-Investmenthäusern. Aber Letztere spielen schon da zum Teil mit gezinkten Karten.[3] Denn während die großen US-Finanzplayer noch für die Subprime-Kredite werben, bringen sich einige wenige hinter den Kulissen heimlich, still und leise in Sicherheit. Sie werden am Ende der Krise als Gewinner dastehen, weil sie zwar über mehr als ein Jahrzehnt genauso skrupellos agiert, im Gegensatz zu den Losern aber rechtzeitig die Reißleine gezogen haben. Clevere Kerle, was?

Über Jahre hinweg bildet sich diese Hypothekenblase. Vereinzelt wird über ein Platzen spekuliert, über die Gefahren eines Zusammenbruchs. Doch die Gier ist größer. Die meisten ignorieren die Warnungen und verpassen den rechtzeitigen

Ausstieg, nicht nur Lehman Brothers. Als die Blase platzt, ist die Katastrophe nicht mehr aufzuhalten. Zu viele haben mit geliehenem Geld investiert und müssen jetzt um jeden Preis verkaufen, um ihre Schulden zu bedienen. Dennoch platzen Tausende Kredite – Kredite, die längst von den Banken in Bündeln zusammengefasst und an den Finanzmärkten gehandelt wurden. Die spätere Bezeichnung »Schrottpapiere« spiegelt den verbliebenen Wert wider: praktisch null.

## An der Börse verbrennen Billionen

Die Reaktionen sind drastisch. An den Finanzmärkten brechen weltweit die Börsen ein, vom Dow Jones in New York über den Deutschen Aktienindex in Frankfurt bis zum Nikkei in Tokio. In den kommenden Monaten verlieren die Indizes bis zu 30 Prozent.[4] Hunderte Milliarden Dollar werden an der Börse verbrannt. Im September 2009 markiert die Finanz- und Wirtschaftskrise dann ihren Höhepunkt. Die Commerzbank veröffentlicht kurz darauf eine Studie mit den geschätzten Schäden und der Verteilung der Kosten (siehe Abbildung 1).

Das kapitalistische System steht vor dem Kollaps – weltweit. Denn die Ansteckungsgefahr ist immens, weil fast alle Banken miteinander vernetzt sind. Die Folge: Notenbanken und Regierungen greifen praktisch über Nacht ein und retten, meist mit Steuergeldern, die vor dem Zusammenbruch stehenden Banken. In Deutschland schnürt die Bundesregierung ein Rettungspaket über 480 Milliarden Euro, wie es heißt, zur »aktuellen Gefahrenabwehr«.[5] Binnen zwei Jahren stellen die EU-Staaten fast 5 Billionen Euro bereit – in Ziffern: 5 000 000 000 000 Euro. In

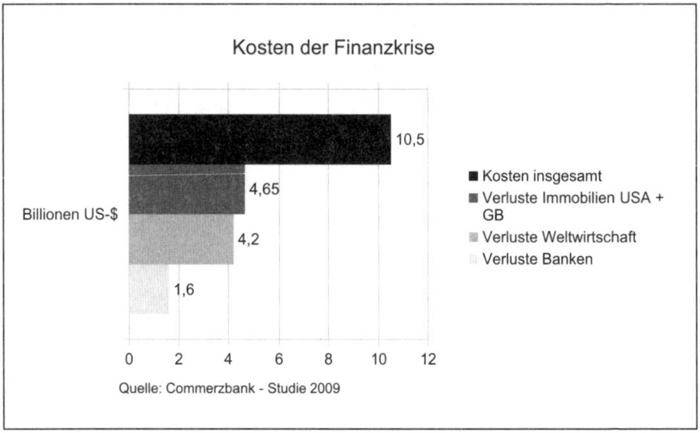


Abbildung 1: Kosten der Finanzkrise

Deutschland steigt der Betrag auf über 600 Milliarden Euro; 260 Milliarden Euro davon werden tatsächlich in Anspruch genommen. Mit dieser Summe werden in der Bundesrepublik unter anderem die Commerzbank, die IKB Düsseldorf, die Hypo Real Estate, die West LB und die HSH Nordbank gestützt, gerettet oder noch eine Zeit lang am Leben gehalten.[6]

Von den Bankmanagern ist in dieser Zeit wenig zu hören. Die Schuldfrage bleibt in der Regel an Einzelpersonen hängen, wenn überhaupt. Wohl auch deshalb, weil die Investmentabteilungen und Investmentbanker über Jahre hinweg für hohe Renditen gesorgt haben und Sonderstatus genießen. Bis heute fällt es Banken schwer, ihre Zockerabteilungen an die Leine zu nehmen oder auszugliedern, um zu verhindern, dass andere Bereiche mit in den Abgrund gezogen werden, wenn die nächste Krise kommt. Über Jahre hinweg ist unter anderem auch der Deutschen Bank diese Trennung nicht gelungen. Vielleicht auch deshalb, weil bis heute klare rechtliche Vorgaben fehlen, die eine Trennung vorschreiben, und zwar zwischen dem Privatkundengeschäft auf der einen und dem Investmentbanking auf der anderen Seite. Ziel müsste es sein, die privaten Einlagen zu schützen, wenn auf der Jagd nach Rendite ge- und verzockt wird. Doch dazu schweigt die Politik.

Und so droht bei einer erneuten Finanz- und Bankenkrise ein ähnliches Szenario wie 2008: Privatkunden laufen Gefahr, mit in den Abgrund gerissen zu werden. Und Banken haben alle Argumente in der Hand, um die Politik unter Druck zu setzen und zu erpressen. Dabei hatte die Politik vor fast zehn Jahren versprochen:

> »Das wird es in Zukunft nicht mehr geben.«
>
> Bundeskanzlerin Angela Merkel
> in der *Berliner Runde* im ZDF am 19. 10. 2009

Ein Versprechen, das nach Ansicht von Bernhard Emunds, Professor für christliche Gesellschaftsethik und Sozialphilosophie an der Hochschule St. Georgen, nie erfüllt wurde. Sein Kommentar zum Statement der Kanzlerin: »Genau das ist nicht gekommen.« Aber es schert sich heute auch niemand darum. Die Konjunktur läuft, in Deutschland herrscht nahezu Vollbeschäftigung. Und doch gibt es noch immer dieses »Die-da-oben-und-wir-hier-unten«-Gefühl: Die da oben machen weiterhin, was sie wollen. Wir hier unten können ja doch nichts ändern. Nur ein Gefühl? Zehn Jahre danach stellt sich nun also die Frage: Haben die damalige Wirtschafts-, Finanz- und Bankenkrise oder eine der folgenden Pleiten, Verfehlungen und Managementdebakel zu einem Umdenken geführt? Bei den politischen Entscheidern? Bei den Topmanagern? Innerhalb der beteiligten und nicht beteiligten Konzerne und Unternehmen? Bei den Verbrauchern? Wurde tatsächlich rückhaltlos aufgeklärt? Wurden wirklich geeignete Maßnahmen ergriffen, um erneute Krisen zu verhindern? Wurden die Schuldigen ausnahmslos benannt und bestraft? Haben die angekündigten Systemwechsel in der Tat stattgefunden? Werden die Bürger inzwischen besser vor Risiken an den Finanzmärkten geschützt?

## Alles anders, alles besser?

Neue Krisen sind keine Frage des Ob, sondern des Wann. Weil zu viele vor dem, was sich zusammenbraut, die Augen verschließen. Denn auch wenn die Finanzjongleure gerne auf kompliziertere Rahmenbedingungen verweisen und auf strengere Bankenregeln – vergessen Sie's. Es ist nichts passiert, was nachhaltig vor schweren Krisen, folgenreichen Fehlentscheidungen oder Dilettantismus schützen könnte! Lediglich ein paar mehr Dokumente hier, größere Risikorücklagen da, eine andere Bilanzierung dort. Banken müssen heute zum Beispiel mehr eigenes Kapital vorhalten, um Krisen besser abfedern zu können. Doch das wird im Ernstfall nicht reichen. Denn nach wie vor gibt es zahlreiche sogenannte systemrelevante Banken. Also zu große Banken, zu vernetzt, zu wichtig, als dass man sie untergehen lassen könnte, ohne das Finanzsystem zu gefährden.

Das aber darf nicht sein. Wenn der Zusammenbruch einer Bank das ganze System ins Wanken bringen kann, ist das aus zweierlei Sicht untragbar: Das Institut erhält einen Freibrief für künftige Fehlleistungen, und das Wohl des Finanzsystems ist abhängig von Entscheidungen einzelner Unternehmen und deren Führungspersonal. »Systemrelevanz« darf kein Wert an sich sein. Jede Bank, jede Versicherung, jeder Konzern muss das Recht und die Möglichkeit haben unterzugehen.

Stattdessen ist ein Zusammenbruch von Deutscher Bank, Commerzbank oder gar J. P. Morgan und Citigroup weiterhin undenkbar. Sie sind »too big to fail« – zu groß, um sie pleitegehen zu lassen. Die Finanzströme sind heute so vernetzt wie nie zuvor, und die Politik hat Angst vor den Konsequenzen einer drohenden Pleite, vor langen Schlangen an den Bankschaltern, vor Panik in der Bevölkerung. Zudem ist bis heute nicht geklärt, wie im Fall der Fälle eine Pleite ablaufen soll. Zwar hat heute fast jedes große Institut ein sogenanntes »Banken-Testament«, eine Art Notfallplan, um Banken bei einer Pleite unfallfrei abzuwickeln. Was aber passiert, wenn es Streit ums Erbe gibt? Darum, wie der Kuchen aufgeteilt werden soll, wer was erhält und vor allem wer wofür geradestehen muss? Das alles ist bis heute nicht geklärt. Ziemlich frustriert stellte die US-Bankenaufsicht den Instituten entsprechend schlechte Zeugnisse für die überprüften Testamente aus, zumal einige Banken in ihre Pläne auch noch ganz unverhohlen und ungefragt staatliche Hilfen einrechneten – ein weiteres Beispiel für fehlende verbindliche Vorgaben etwa zum Fundament, dem Eigenkapital, der Risikovorsorge. Schließlich können Bürger mit ihrem Letzten Willen auch nur das vererben, was da ist, und nicht das, was sie gerne von der Schwiegermutter noch hätten.

## Tausende Seiten geduldiges Papier

Außer Aktionismus und öffentlicher Augenwischerei ist in den vergangenen Jahren wenig geschehen, allen Bekundungen zum Trotz. Ein Beispiel dafür ist eines der neueren Werke: MiFID II – Markets in Financial Instruments Directive. Übersetzt: Richtlinie über Märkte für Finanzinstrumente. Autor ist die europäische Aufsichtsbehörde ESMA. Rund sieben Jahre hat die Geburt der neuen Finanzrichtlinie gedauert. Allein das zeigt schon, wie an dem Paket gezerrt wurde. Ziele sind – wie immer – mehr Fairness, mehr Transparenz, mehr Vertrauen, mehr Sicherheit, mehr Anlegerschutz, mehr Interventionsmöglichkeiten der Aufsichtsbehörden. Herausgekommen sind vor allem 7000 Seiten sehr geduldiges Papier. Nur zum Vergleich: Die Steuergesetzgebung für Unternehmen in Deutschland umfasst laut Weltbank 1700 Seiten, und die neueste Luther-Übersetzung der Bibel kommt auf gut 1500 Seiten.

Ein Beispiel aus MiFID II, das sich zwar gut anhört, aber wenig bringt: Gute Tipps von Analysten auf Aktien und andere Wertpapiere können Gold wert sein. Wie die Analysten zu ihren Einstufungen kommen, bleibt in der Regel deren Geheimnis. Daran wird sich auch künftig nichts ändern. Was sich ändert, ist der Preis dafür. Denn bislang haben Analysten ihr Urteil an Profianleger meist gratis weitergegeben. Mit MiFID II sollen diese Tipps nun Geld kosten. Auf diese Weise soll verhindert werden, dass der Analyst Aktien nur deshalb empfiehlt, weil er dafür hohe Provisionen kassiert. In der Vergangenheit gab es zum Beispiel für Anlagen in Schiffsfonds bis zu 14 Prozent Provision, also beispielsweise 14 000 Euro Provision für 100 000 Euro Geldanlage. Für viele Anleger mündete das Abenteuer in die Containerschifffahrt in einem Totalverlust. Dem Banker war's egal, der hatte seine Provision längst kassiert. Künftig soll es also schon Geld für den Tipp geben. Ob sich damit die Provisionsgier bändigen lässt?

Keine Frage, die Ziele sind durchaus sinnvoll: mehr Unabhängigkeit, mehr Transparenz, mehr Nachvollziehbarkeit. Doch ob das mit MiFID II erreicht werden kann, ist fraglich. Denn wieder einmal gibt es Berge von Ausnahmeregelungen, Karenzzeiten und Schlupflöcher. Und dann wären da noch die 7000 Seiten Papier. Und jede Menge Daten, die gespeichert, ausgewertet und überwacht werden sollen. Aber wer kann das leisten? Verstehen? Umsetzen? MiFID II? Ein »lächerliches Monster«, kommentierte ein britischer Analyst.

Ein weiteres Problem von MiFID II ist, dass die Unternehmen praktisch komplett aus der Haftung genommen werden. Denn mit den Beratungsprotokollen dokumentiert das Unternehmen, dass es den Kunden vollständig und umfassend über sämtliche Risiken, Kosten und Eventualitäten aufgeklärt hat. Als besonders begehrt gilt dabei die Unterschrift des Kunden. Denn die ist gesetzlich zwar nicht vorgesehen, wird aber von den Beratern zunehmend verlangt, um sich gegen Forderungen abzusichern. Und so entsteht am Ende Verbraucherschutz zugunsten der Wirtschaft. »Kein Mensch kann innerhalb von ein paar Stunden über all das gesprochen haben. MiFID II geht völlig an den Realitäten vorbei«, kritisiert Andreas Enke, Vorstand der Geneon Vermögensmanagement AG. »Ich hatte jetzt einen Termin mit einem Kunden zur Vermögensverwaltung. 90 Minuten haben wir über Formulare gesprochen, 30 Minuten über Geld. 23 Unterschriften. Das kann doch nicht sein.« Enkes Fazit: »Hat sich etwas geändert? Nein. Es hat sich geändert, dass der Kunde die Bank nicht mehr wird verklagen können, weil die Formulare perfekt geworden sind.«

## Die großen Player sind zurück: too big to jail

Ja, es gibt auch verantwortungsbewusste Banker, Investoren und Manager, geläuterte Firmenlenker, die fair, nachhaltig, risikobewusst und dennoch oder gerade deshalb erfolgreich agieren. Aber wenn wir ehrlich sind, könnte eine Finanzkrise 4.0 heute jederzeit wieder ausbrechen. Denn trotz aller Regelungen: Die Mechanismen haben sich nicht verändert. Teile der Finanzbranche agieren weiterhin wie zuvor: Bestechung, Korruption, Absprachen, manipulierte Zinsen, lancierte Gerüchte. Dabei ist nicht alles, was skrupellos ist, auch illegal. Es gibt neue Akteure, aber auch viele von damals sind zurückgekehrt oder waren nie verschwunden. Für einige wurde der Spruch kreiert: »Too big to jail« – zu mächtig, um in den Knast zu wandern.

Ein paar der prominentesten Namen, die Karriere machten und weiter machen:

- Michael Alix, Ex-Manager der ehemaligen US-Bank Bear Stearns, gilt als einer der Totengräber des Instituts, das die Finanzkrise nicht überstand und später übernommen wurde. Alix selbst hat weder das Ende von Bear Stearns noch sein angeschlagener Ruf geschadet. Er machte weiterhin Karriere und wurde für mehrere Jahre einer der Bankenaufseher bei der US-Notenbank. Von New York aus überwachte er die Branche, in der er selbst jahrelang mitgewirkt hatte. Mehr Bock zum Gärtner geht nicht. Wer ihn heute bei Google sucht, findet Alix übrigens bei der Unternehmensberatung PricewaterhouseCoopers, kurz PwC.[7]

- Richard Fuld, Ex-Chef der Pleitebank Lehman Brothers, hat ebenfalls seine Schäfchen im Trockenen: Sein Spitzname war übrigens Gorilla, denn ein ausgestopftes Modell eines schwarzen, mächtigen Primaten zierte sein Büro. Geschätztes Privatvermögen heute: 250 Millionen US-Dollar. Inzwischen betreibt er eine Beratungsfirma für Investitionen, Strategien und Risikomanagement.[8]
- Joseph Gregory führt heute ebenfalls ein luxuriöses Leben. Einst war er die rechte Hand von Richard Fuld bei Lehman Brothers. Sein Spitzname: Darth Vader. Der Name war Programm. Gregory führte die Drecksarbeit aus, die sich Fuld ausgedacht hatte. In den vergangenen Jahren verkaufte er mehrere Luxusimmobilien und seinen Hubschrauber im Wert von rund 50 Millionen Dollar. Wo genau er heute mitmischt, ist unklar.[9]

Klar ist dagegen: Investmentbanken rühren wieder fleißig mit. Keines der hochriskanten Finanzprodukte ist verboten worden oder ist unter anderem Namen wieder aufgetaucht. Einige sind natürlich auch neu dazugekommen. Mit der Folge, dass die Zockerei an den Finanzmärkten ungebremst weitergeht. Globale Finanzmarktregeln? Fehlanzeige!

## Heuschrecken im Casino

Auch die als Heuschrecken verschrienen Hedgefonds spielen weiterhin nach ihren Casino-Regeln. Für Schlagzeilen sorgte erst Anfang des Jahres Ray Dalio, Gründer des weltgrößten Hedgefonds Bridgewater. Trotz moralisch zweifelhafter Aktivitäten trägt er heute den Titel »Starinvestor«. Bridgewater produziert nichts, verkauft nichts, stellt nichts her. Es nutzt aber alle Möglichkeiten, um aus vielen Milliarden noch mehr Milliarden zu machen.

Leerverkäufe sind dafür ein beliebtes Mittel. Dabei werden fremde Aktien geliehen und verkauft. Alles in der Hoffnung, die Papiere irgendwann billiger zurückkaufen zu können. Die Spanne zwischen Verkauf und Einkauf ist der Gewinn, abzüglich einer Gebühr fürs Leihen. Ein Glücksspiel, das die Politik längst verbieten wollte. Bis auf ein paar zeitlich begrenzte Einschränkungen ist aber auch hier nichts passiert.

Und so hat es Bridgewater wieder getan. Rund 20 Milliarden Dollar hat der Hedgefonds neuerlich investiert – in Leerverkäufe. Unter anderem bei Siemens, Deutsche Bank, Allianz, BASF und rund zehn weiteren DAX-Konzernen hat Bridgewater auf massive Kursverluste gewettet. Ziel war dabei nicht nur Deutschland, auch Unternehmen in Frankreich, Spanien, den Niederlanden und Italien standen auf der Abschussliste. Nach Ansicht der Investoren sollten sie alle früher oder später unter politischen Unsicherheiten leiden: Flüchtlingskrise, Europas Rechtsruck, Italiens Innenpolitik, Überschuldung der Länder, teilweise heiß gelaufener Wirtschaft. Heuschrecken ist es egal, wie sie Geld verdienen – auch am Leid anderer. Einigermaßen skrupellos sollte man da schon sein.

Hedgefonds ist alles recht, was die Finanzmärkte ins Wanken bringt. Nicht selten gelten sie dabei selbst als Auslöser. Ihre Helfer sind Psychologie, Angst und Herdentrieb. Ray Dalio weiß das. Deshalb sagt er auch solche Sätze wie: er sorge sich darum, wie der nächste Abschwung aussehen werde.[10] »Sorge« ist an dieser Stelle das falsche Wort. Ein Mix aus Freude, Spannung, Hoffnung wäre wohl treffender. Dass Hedgefonds auch vor großen Namen nicht haltmachen, stellten die besonders aggressiven Vertreter TCI und Atticus schon Jahre zuvor unter Beweis, deren Druck am Ende den Chef der Deutschen Börse, Werner Seifert, den Job kostete. Natürlich war Seifert daran nicht unschuldig. Falsche Entscheidungen, geplatzte Börsenfusionen, schwache Bilanzen wurden ihm zu Recht angehängt.[11]

Hedgefonds geht es in der Regel um den kurzfristigen Profit. Den Vorstand auszuwechseln, ist nur eine Variante. Die andere lautet: Firmen kaufen, auf Effizienz trimmen, filetieren und wieder verkaufen – Zerschlagung, Ausbeutung und Verwüstung inbegriffen. An dauerhaften Investments ist im Hedgefondslager kaum jemand interessiert. Selbst Spekulationen in ethisch zweifelhaften Bereichen wie der Lebensmittelproduktion in Dritte-Welt-Ländern gehen unkontrolliert weiter.

Das alles funktioniert nur, weil an entscheidender Stelle weggeschaut wird. Die einst diskutierten Verbote liegen längst im Archiv und sind vergessen. Stattdessen ist die Macht der Hedgefonds in aller Welt weiter gewachsen. Kein Wunder, angesichts der Milliardensummen, über die sie kurzfristig verfügen und die je nach Bedarf binnen Sekunden hin und her geschoben werden können. Bridgewater, Elliot Associates, Millennium, King Street Capital, Cerberus Capital Management –

um nur ein paar der ganz Großen zu nennen. Einer Studie des Hedgefondsinvestors LCH Investments NV zufolge verdienten die größten Hedgefonds im Jahr 2016 rund 16 Milliarden Dollar. Nach Gebühren.[12]

Über noch mehr Kapital verfügen Staatsfonds: der norwegische Government Pension Fund Global über 950 Milliarden Dollar, Abu Dhabi Investment gut 800 Milliarden Dollar. Ähnlich gut ist die China Investment Corporation ausstaffiert.[13] Mit diesem Geld gehen die Fonds weltweit auf Shopping-Tour. Ihr Ziel: Hightech-Unternehmen, Zukunftsbranchen, Versorger. Wobei sich der norwegische Staatsfonds zumindest noch eine ethische Messlatte gelegt hat und nicht in Kohle- oder Waffenhersteller investiert – wohl aber in Lebensmittelkonzerne, die zumindest umstritten sind wie Nestlé. Der Schweizer Konzern steht unter anderem in der Kritik, weil er in zahlreichen Ländern für seine Produktion Wasserrechte gekauft hat – unter anderem in Südafrika, einem Land, das immer wieder von Dürren heimgesucht wird.

Auch in Deutschland finden die Fonds immer wieder lohnende Ziele, spekulieren und investieren, sorgen dank ihres Geldes für einen Wissenstransfer. Regierungen schauen meist macht- und willenlos zu. Zwar wurde in Deutschland das Vetorecht gegen Übernahmen vor einigen Jahren ausgeweitet, wenn zum Beispiel wichtiges Know-how betroffen ist. Dennoch wird die Verordnung kaum angewandt, auch weil sich weite Teile der Wirtschaft dagegen wehren. Zu verlockend sind die Millionen aus dem Ausland. Und so wird vonseiten der Politik höchstens mal halbherzig nachgefragt – meist erst nach dem Deal, wenn Unternehmen wie der Augsburger Roboterbauer Kuka vom Markt sind. Die Politik hat dieses Spiel längst den Märkten überlassen, mit möglicherweise schwerwiegenden Folgen. Neben dem Umstand, dass Investoren in der Regel Rendite sehen wollen und ihre neue Macht im Unternehmen entsprechend nutzen, wandert an anderer Stelle wichtiges Know-how ab, besonders nach China. Das Land ist inzwischen die Wirtschaftsmacht Nummer 1, die neue Weltmacht, und das auch dank der Zukäufe in anderen Ländern, die ihren Wissensvorsprung an den Meistbietenden verhökern.

Wie wenig die Politik den aktuellen Verschiebungen entgegenzusetzen vermag, dokumentiert der im Frühjahr 2018 herausgequälte Koalitionsvertrag. Das 177 Seiten umfassende Werk von Union und SPD erschien unter den Überschriften:

> »Ein neuer Aufbruch für Europa. Eine neue Dynamik für Deutschland. Ein neuer Zusammenhalt für unser Land.«

Den Finanzmärkten werden darin nicht einmal 35 Zeilen gewidmet. Von Transparenz ist die Rede, von Krisenfestigkeit, Funktionsfähigkeit und Stabilität. Verbunden mit der Beruhigungspille für alle Bürger:[14]

> »Die Steuerzahlerinnen und Steuerzahler sollen nicht mehr für die Risiken des Finanzsektors einstehen müssen.«

Sollen nicht mehr einstehen. Nicht: »Es wird verhindert ...«, »Wir schließen aus ...« oder »Wir werden nicht zulassen, dass ...«. Stattdessen folgt gleich die nächste warme Ankündigung von Union und SPD:

»Für uns gilt der Grundsatz: Kein Finanzmarktakteur, kein Finanzprodukt und kein Markt darf in Zukunft ohne angemessene Regulierung bleiben.«

Wie die Große Koalition das allerdings erreichen will, dazu kein Wort. Außer dem Hinweis, dass die nach der Finanz- und Wirtschaftskrise getroffenen Maßnahmen überprüft werden sollen. Jetzt, nach satten zehn Jahren?

»Dort, wo es notwendig ist, werden wir auf eine Nachjustierung auch auf europäischer und internationaler Ebene hinwirken.«

Stellt sich nur die Frage: Warum wurde das nicht längst getan? Warum wurde nicht längst nachjustiert? Warum gibt es Finanzprodukte wie CFDs – Contracts for Difference –, bei denen man nicht nur alles verlieren kann, was man eingesetzt hat, sondern auch noch Haus und Hof, weil man, wie es in der Finanzbranche heißt, »nachschusspflichtig« ist. Im Klartext: Der Anleger steht auch für die Schäden gerade, die über seinen eigenen Einsatz hinausgehen.

Bekannt geworden ist in dieser Hinsicht der Fall eines Ingenieurs, der 2015 als Kleinanleger auf das ganz große Geld gehofft hatte.[15] CFDs auf den Schweizer Franken schienen eine sichere Sache zu sein, schließlich war der Wechselkurs des Schweizer Franken zur Gemeinschaftswährung Euro praktisch festgetackert: 1 Euro durfte nicht weniger wert sein als 1,20 Franken, sonst griff die Schweizer Notenbank ein – immer. Die Richtung der Währungen war dadurch vorgegeben. So schien es zumindest.

Doch dann gab die Schweizer Notenbank völlig unerwartet die zuvor seit Jahren geltenden Wechselkursgrenzen auf. Der Franken schoss in die Höhe, und aus den knapp 3000 Euro Einsatz des Ingenieurs, der auf einen fallenden Franken gesetzt hatte, wurden so binnen drei Nächten fast 300 000 Euro Verlust. Die Folge: Schulden, Bankrott, Privatinsolvenz. Und das mit 26 Jahren. Na, herzlichen Glückwunsch.

Inzwischen haben die Behörden den Handel mit CFDs zwar erschwert, wer sich aber wissentlich oder unwissentlich ruinieren will, kann das noch immer tun. Das Volumen dieser Scheine liegt weltweit bei mehr als einer Billion Euro, Tendenz steigend. Kein Wunder, werden diese ominösen Finanzprodukte doch tagtäglich beworben: im Fernsehen, in Zeitungen, online unter anderem auf YouTube. Im Visier: die junge Zielgruppe. Die Botschaft der meist jungen, sonnengebräunten Protagonisten in edlen Sportwagen: »Ich geh doch nicht für ein paar Cents arbeiten. Ich verdiene mit meinen CFD-Investments 60 000 Euro pro Monat. Ist das geil.«

Warum es für derartige Geschäfte kein Verbot gibt? Ganz einfach: weil eine kleine Finanzelite damit Geld verdient. Weil große Banken damit Geld verdienen. Und weil ein Verbot international gar nicht durchsetzbar wäre. Weil Staaten wie die USA oder Großbritannien nicht mitspielen. Und weil es auch in Deutschland an politischem Willen fehlt, daran etwas nachhaltig zu ändern.

Natürlich könnte man derartige Geschäfte auf nationaler Ebene verbieten. Oder die Finanzdienstleistungsaufsicht BaFin könnte die Regeln so modifizieren, dass ein Handel mit CFDs und Co. gar nicht möglich wäre, zumindest nicht auf deutschem Boden. Aber der Wille fehlt, weil zu viele Beteiligte Geld verdienen. Und wohl auch, weil der politische Gegner dies- und jenseits des Atlantiks zu mächtig erscheint und es möglicherweise auch ist. Zurück bleibt die Gewissheit, dass es praktisch keine Chance auf Umsetzung schärferer Regeln gibt, solange es den USA und den Briten nicht gefällt.[16] Und denen gefällt in der Regel wenig, was ihre Geschäfte einschränken könnte. Im Gegenteil. Zuletzt haben die USA unter Präsident Donald Trump die Bankenregeln sogar noch gelockert.

## Bock zum Gärtner: neues Personal im Finanzministerium

Dass die Bankenszene die Nominierung eines neuen Staatssekretärs im Bundesfinanzministerium kommentiert oder gar begrüßt, kommt eher selten vor. Zumal, wenn dieser künftig auch noch für die Regulierung des Finanzsektors zuständig ist. In der Regel wartet die Branche erst ab, was kommt. In diesem Fall war Zurückhaltung aber fehl am Platz, denn der neue Bundesfinanzminister Olaf Scholz hat den bisherigen Deutschland-Co-Chef von Goldman Sachs, Jörg Kukies, zum Staatssekretär gemacht. Einen Investmentbanker von einem der aggressivsten Wallstreet-Unternehmen: Goldman Sachs, 30 000 Mitarbeiter, geschätzte 800 Milliarden Dollar schwer, und einer der entscheidenden Player während der Finanzkrise. Dafür dass die Investmentbank unter der Bezeichnung »Abacus« Schrottpapiere bündelte, verkaufte, aber die Risiken verschwieg, musste Goldman Sachs später Strafe zahlen: 400 Millionen Dollar.

»Nicht die Regierung beherrscht die Welt. Goldman Sachs beherrscht die Welt.«

Wertpapierhändler Alessio Rastani im Interview mit der britischen BBC nach der Krise 2011

Ehemalige, aktuelle und künftige Goldman-Sachs-Größen sitzen praktisch überall in den Schaltzentralen der Welt: US-Finanzminister Steven Mnuchin war ebenso bei der US-Großbank wie Mario Draghi, der Präsident der Europäischen Zentralbank. Letzterer war früher Vizepräsident von Goldman Sachs London. Auch US-Präsident Donald Trumps ehemals wichtigster Wirtschaftsberater Garry Cohn war ein Topmanager der US-Investmentbank. Er galt als treibende Kraft hinter der amerikanischen Steuerreform, bei deren Einführung die Unternehmenssteuern nahezu halbiert wurden. Die Einführung von Strafzöllen machte Cohn allerdings nicht mit und schmiss das Handtuch. Das dürfte dennoch nichts am Einfluss von Goldman Sachs auf die Politik ändern, denn das Netzwerk ehemaliger und aktueller Manager ist groß.

Weitere prominente Namen, die in ihrer Vita sowohl Goldman Sachs als auch ein wichtiges politisches Amt ausweisen können:[17]

- Manuel Barroso: Ex-Präsident der Europäischen Kommission.
- Charles Henri de Croisset: Chef der französischen Finanzaufsicht.
- Alexander Dibelius: Berater von Bundeskanzlerin Angela Merkel.
- Otmar Issing: Ex-Berater von Bundeskanzlerin Angela Merkel.
- Mario Monti: Ex-Regierungschef Italiens.

- Philip D. Murphy: Ex-US-Botschafter in Berlin, danach Gouverneur von New Jersey.
- Henry Paulson: Ex-US-Finanzminister.
- Peter Sutherland: Ex-EU-Kommissar.
- Robert Zoellick: Ex-Chef der Weltbank.

Man darf gespannt sein, wohin der Chef von Goldman Sachs wechselt, wenn er bei der US-Großbank das Handtuch wirft. Spätestens 2019 wird damit gerechnet. Bis dahin kann sich Lloyd Blankfein aber noch über Jörg Kukies freuen, der nun also im Finanzministerium sitzt und die Gesetze der Branche maßgeblich beeinflussen wird. Schließlich soll er für die Banken- und Finanzmarktregulierung verantwortlich sein. Ein Investmentbanker überwacht also künftig die Finanzwirtschaft. Bundesfinanzminister Olaf Scholz sprach von einer »ungewöhnlichen Expertise«.[18] Da mag er recht haben. Wie er diese ungewöhnliche Expertise nutzen wird, ist fraglich. Denn mal ehrlich: Eine harte Regulierung heute wäre sicherlich für die Karrierechancen von morgen wenig förderlich. Jörg Kukies wird jedenfalls nicht immer Staatssekretär bleiben. Irgendwann wird er wieder zurückkehren, möglicherweise in einen der hohen Frankfurter Finanztürme. Staatssekretäre verdienen schließlich deutlich weniger als Investmentbanker.

## Europäische Zentralbank: Geld im Überfluss

Rein, raus, Profit. An den Finanzmärkten geht es also weiterhin um das schnelle Geld. Dass genug davon da ist, dafür hat die Europäische Zentralbank (EZB) gesorgt, allen voran EZB-Präsident Mario Draghi. Die Rolle der Europäischen Zentralbank ist eigentlich klar: Sie soll für stabile Preise sorgen und damit auch den Euro schützen. Das heißt, die Rolle der Europäischen Zentralbank war *eigentlich* klar. Doch inzwischen macht die EZB Politik – sehr umstrittene Politik.

Hinter der Europäischen Zentralbank stehen die Mitgliedsstaaten der Europäischen Union. Allerdings nicht alle, sondern nur jene neunzehn, die den Euro eingeführt haben, unter anderem Deutschland, Frankreich und Spanien. Während sich die US-Notenbank auch dafür starkmacht, dass die Wirtschaft läuft, hat die EZB vor allem ein Ziel: Preisstabilität, gegebenenfalls leicht steigende Preise. Auf keinen Fall darf es fallende Preise geben, also Deflation. Denn dann, das zeigt die Erfahrung, schieben Verbraucher ihre Käufe auf, immer in der Hoffnung, dass der Fernseher, das Auto, die Bluse morgen noch günstiger sein wird als heute.

Dass Konsumenten nicht mehr shoppen gehen und die Binnenkonjunktur brachliegt, ist eines der Horrorszenarien für die Wirtschaft. Genauso schlecht ist es allerdings, wenn die Preise zu schnell und zu stark steigen. Denn dann können sich die Verbraucher vieles nicht mehr leisten. Und das ist besonders dann der Fall, wenn die Einkommen nicht mehr Schritt halten können. Der goldene Weg liegt wie so oft dazwischen. Oder anders ausgedrückt: Unsere Brötchen sollen morgen nicht billiger sein als heute, nicht doppelt so viel kosten wie heute, sondern nur ein bisschen mehr. Die Preise sollen also steigen, aber eben nicht zu stark.

Die EZB peilt deshalb ein Inflationsziel nahe 2 Prozent an. Dafür stehen ihr mehrere Werkzeuge zur Verfügung. Das wichtigste »Tool« sind die Leitzinsen, ein Instrument, das sich bis in

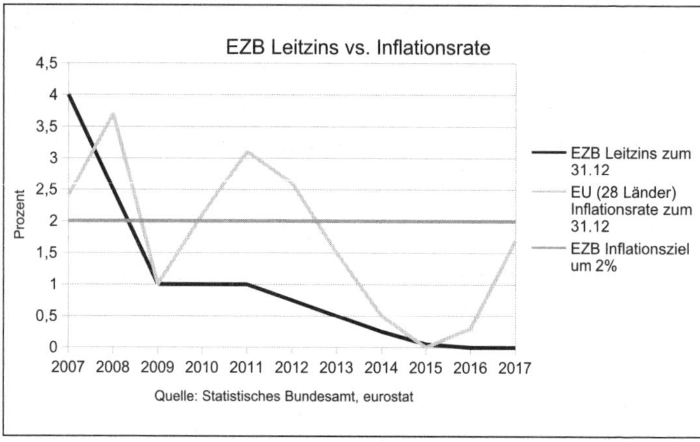


Abbildung 2: EZB-Leitzins vs. Inflationsrate

die privaten Haushalte auswirkt. Die Leitzinsen liegen derzeit um null Prozent – und das schon seit 2013 (siehe Abbildung 2).

Zu diesem »Zinssatz« können sich also die Banken bei der EZB Geld leihen. Das so geliehene Geld können sie günstig an Verbraucher und Unternehmen in Form von Krediten weitergeben. Für Investitionen, ein Auto, den Südseeurlaub, Möbel, Konsum et cetera. Und weil dann alle so schön einkaufen gehen, steigt die Nachfrage, und in der Folge steigen dann auch die Preise. Im Idealfall um die genannten 2 Prozent pro Jahr. Wie gesagt, das ist die Rechnung der Europäischen Zentralbank auf dem Papier, doch in der Realität sieht es anders aus: Seit Jahren liegen die Inflationsraten, also die Preissteigerungsraten von EU und Eurozone, weit unter 2 Prozent, und das trotz Niedrigzinsen und trotz massiv erhöhter Geldmenge, die im Umlauf ist. Die kurzen Sprünge um die 2-Prozent-Marke waren lediglich den gestiegenen Energiepreisen geschuldet: Strom, Heizung, Warmwasser oder Tanken. Hier gab es unterm Strich binnen Jahresfrist ein Plus von mehr als 6 Prozent im Jahr 2018. Blickt man auf die Kerninflation, also ohne Sprit und Nahrungsmittel, ist die EZB noch immer weit vom Ziel entfernt.

Fakt ist, dass die Inflationsraten sowohl in der Eurozone als auch in der EU seit 2011 bergab gehen. Seit 2013 liegen beide Werte unter 2 Prozent. Zwischenzeitlich sogar bei null. Hätte der wieder erstarkte Ölpreis in den Jahren 2016 und 2017 nicht nachgeholfen, wäre das Ergebnis noch desaströser. Anders ausgedrückt: Die Europäische Zentralbank ist mit ihrer Hauptaufgabe gnadenlos und hoffnungslos gescheitert. Und damit auch ihr Präsident Mario Draghi. Setzen, sechs.

Trotzdem gibt es nur selten Kritik. Trotzdem scheinen die meisten zufrieden zu sein. Der Euro scheint gerettet und ist entgegen vieler Prognosen nicht unter das Verhältnis von eins zu eins zum Dollar gefallen. Die Börsen feiern, in Staaten wie Deutschland sprudeln die Steuereinnahmen, und die Schuldenstaaten halten sich auch irgendwie über Wasser. Stellt sich nur die Frage: Verfolgt die EZB überhaupt das Ziel, die Inflation anzutreiben? Oder geht es den Frankfurter Bankern samt dem aus dem Schuldenstaat Italien stammenden Ex-Goldman-Sachs-Manager Mario Draghi möglicherweise um etwas anderes? Keine persönliche Agenda, aber ein anderer Fokus.

Dazu muss man wissen: Die Leitzinsen sind nicht nur ein monetäres Instrument, mit dem die Europäische Zentralbank die Geldmenge und die Kreditvergabe lenken kann. Die Leitzinsen sind vor allem ein Machtinstrument, das die EZB eingesetzt hat, um die Folgen der Finanz- und Wirtschaftskrise zu kaschieren, Schuldenstaaten zu retten und die Börsen bei Laune zu halten. Und so ist zwar viel billiges Geld im Umlauf, das eigentlich die Preise treiben müsste. Allerdings landet dieses Geld gar nicht bei den Verbrauchern in Form günstiger Kredite mit niedrigen Zinsen. Dass die Zinsen weiterhin hoch sind, bekommen jene Menschen zu spüren, die einen Kredit wirklich benötigen. Denn wer klamm ist und einen Ratenkredit bei seiner Bank beantragt, zahlt in der Regel weiterhin hohe Zinsen. Die beworbenen Zinssätze von 0,0 oder 0,5 Prozent entpuppen sich spätestens nach Prüfung der Kreditunterlagen als netter Marketinggag – außer man verfügt über eine hervorragende Bonität, also Kreditwürdigkeit, und benötigt eigentlich gar kein Geld. Ansonsten wächst der Zinssatz sprunghaft mit dem angeblich so unsteten Lebenswandel. Schlechte Nachbarschaft, befristeter Vertrag, Leiharbeit, Scheidung et cetera, das macht schnell mal 6, 7 oder 8 Prozent.

Allein der Blick auf die Kontoüberziehungszinsen, die bei vielen Banken noch immer im zweistelligen Bereich rangieren, lässt erahnen, wer hier am Ende Geld mit der Not macht: die Banken und deren Topmanager. Ansonsten würden Institute wie die Deutsche Bank nicht verstärkt auf das Privatkundengeschäft setzen. Von neuen Gebühren mal abgesehen, profitieren die Institute gleich doppelt von den Niedrigzinsen. Zum einen geben sie diese nicht an die Kreditnehmer weiter. Zum anderen bieten sie Sparern, also denjenigen, die Geld auf der hohen Kante haben und es möglichst sicher anlegen möchten, keine Guthabenzinsen mehr. Sparbuch, Tagesgeld, Festgeld, Lebensversicherung, alles fast gleich. Die Banken zucken nur mit den Schultern, gepaart mit der Aussage: Sie würden ja gerne mehr – es ginge aber leider nicht.

Im Kern kann es der EZB also gar nicht darum gehen, dass neue Kredite vergeben werden oder der Verbraucher von der aktuellen Situation profitiert. Dann hätte sie ihre Geldvergabe an

Bedingungen geknüpft, dass zum Beispiel Banken nur dann Geld abrufen können, wenn es in Form von Krediten an Unternehmen und Kunden weitergegeben wird. Solch eine Maßnahme würde zweifellos die Binnenkonjunktur und damit vermutlich auch die Inflation antreiben.

Die Niedrigzinsen der Europäischen Zentralbank zielen also ganz offensichtlich auf etwas anderes ab. Genau genommen sind es zwei Ziele: die Schuldenstaaten vor dem Zusammenbruch schützen und die internationalen Finanzmärkte antreiben. Letzteres hat die EZB über Jahre hinweg grandios geschafft. Denn das billige Geld landete mitnichten in den Portemonnaies der Konsumenten. Stattdessen haben Großinvestoren damit Aktien und andere Wertpapiere gekauft – ein Grund für die seit Jahren andauernde Börsenrallye. Ein Teil des Geldes landete auch in anderen Anlageklassen: Oldtimer, Kunst, Wein, Immobilien. Überall in Deutschland treiben Investoren mit billigem Geld die Grundstücks- und Immobilienpreise in die Höhe, und damit die Mieten.

Dabei fließen EZB-Milliarden nicht nur über die Zinsen ins System, sondern auch dank einer weiteren Maßnahme, die es so nie hätte geben dürfen: den Käufern sogenannter Staatsanleihen, also Papieren, die Staaten ausgeben, um sich zu finanzieren. Dabei ist es der EZB eigentlich untersagt, Staaten zu finanzieren, und das aus gutem Grund. Denn die Gemeinschaft, die hinter der EZB steht, soll nicht für Staaten geradestehen, die mit ihrem Geld nicht auskommen. Im Klartext: Die Gemeinschaft soll nicht für die Schulden einzelner Staaten haften. Dazu gibt es auch einen eindeutigen Paragrafen. Nach Artikel 123 AEUV, dem Vertrag über die Arbeitsweise der Europäischen Union, ist »der unmittelbare Erwerb von Schuldtiteln von

[Regierungen der Mitgliedsstaaten] durch die Europäische Zentralbank« verboten.

Aber eben nur eigentlich. »Unmittelbar« ist hierbei das entscheidende Wort: Unmittelbar ist es zwar verboten, doch 2011 hat die EZB sich entschlossen, es doch zu tun. Sie kaufte Staatsanleihen, um die Inflation anzutreiben und damit den Euro zu stützen – so die offizielle Version.[19] Seitdem wandern Monat für Monat Staatsanleihen selbst der größten Schuldenstaaten in den Besitz der Europäischen Zentralbank. Zunächst für 80 Milliarden Euro pro Monat, dann für 60 Milliarden Euro pro Monat, dann für 30 Milliarden Euro pro Monat. Die Verringerung der Summen soll für einen sanften Ausstieg sorgen und Panik an den Finanzmärkten verhindern. Ob die Käufe wie geplant Ende 2018 auslaufen, ist dennoch fraglich und hängt vor allem von der weiteren wirtschaftlichen Entwicklung ab. Fest steht, seit Beginn der Käufe hat die EZB mehrere Billionen Euro investiert. Allerdings eben nicht unmittelbar, sondern mittelbar. Nicht auf dem Primärmarkt, wie es so schön heißt, sondern auf dem Sekundärmarkt, quasi aus zweiter Hand.

Doch wie geht das? Wie kann die EZB praktisch Staaten finanzieren, wenn das doch im Grunde verboten ist? Ganz einfach: mit einem Trick. Wenn der kleine Junge im Supermarkt keine Alkopops bekommt, dann schickt er eben seinen älteren Freund vor, und alles ist gut. Der Laden hat sein Geld, der Junge sein Getränk, der ältere Freund einen fröhlichen Kumpel. Ähnlich läuft das Spiel bei der EZB ab: Da die Zentralbank keine Anleihen bei den Staaten direkt kaufen darf, springen nationale Banken als Vermittler ein – praktisch der ältere Freund. Diese kaufen die Staatsanleihen und verkaufen sie im Anschluss an die EZB weiter. Mit einem Aufschlag versteht sich, Arbeit soll sich schließlich lohnen. Auch dieses Geld wandert zumindest teilweise in die Finanzmärkte und bildet zusätzlichen Schmierstoff für die seit nunmehr neun Jahren andauernde Rallye. Übrigens alles unter den Augen von Bundesverfassungsgericht und dem Europäischen Gerichtshof. Denn natürlich gab es Klagen – auch besorgter Bürger und Politiker. Allerdings bis heute erfolglos.[20] 2017 lehnte das Bundesverfassungsgericht eine Eilklage ab, um dem Europäischen Gerichtshof nicht vorwegzugreifen. Doch der EuGH hat bislang nicht geurteilt, sprich: Das Programm läuft trotz Bedenken der deutschen Verfassungsrichter weiter, Monat für Monat, Jahr für Jahr.

So wandern seit 2011 jeden Monat Staatsanleihen aus Ländern wie Spanien, Portugal, Griechenland und Italien hinter die Mauern der EZB in Frankfurt. Und die Arbeit für die Banken zahlt sich doppelt aus. Nicht nur beim Weiterverkauf der Anleihen, sondern auch dadurch, dass die Schuldenstaaten plötzlich wieder flüssig sind – dank der EZB zu günstigen Zinsen. Mit dem frischen Geld können die Staaten nicht nur den laufenden Betrieb finanzieren, sondern vor allem auch ihre Gläubiger-Banken bedienen.

Eine weitere Folge ist, dass jedes noch so verschuldete Land weiß, dass der Geldfluss nie enden wird, zumindest solange die EZB ihr Programm nicht beendet. Ob und wann die EZB das Kunststück vollbringen will, ist völlig offen. Zurückfahren ja. Aber ganz beenden? Die Schockwellen an den Finanzmärkten wären groß. Denn dann würden die Zinsen für die Staatsanleihen der Schuldenstaaten sprunghaft steigen. Dann müsste das Geld von anderen Investoren eingesammelt werden. Hoch verschuldete Kreditnehmer zahlen aber in der Regel hohe Zinsen. Wer soll das schaffen? Italien? Griechenland? Frankreich? Jeder

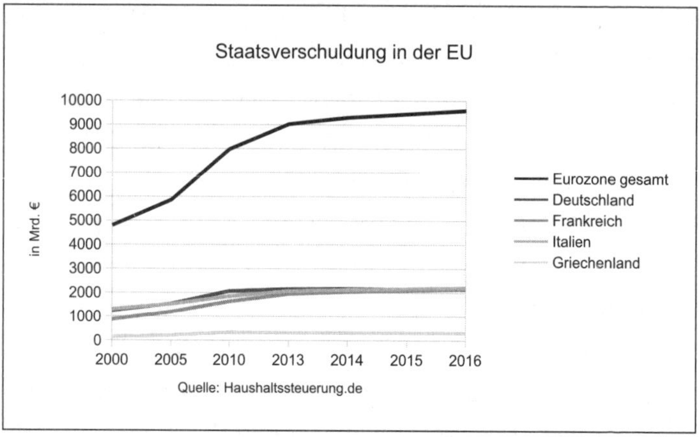


Abbildung 3: Staatsverschuldung in der EU

weiß: Das würde die Haushalte der betroffenen Länder über Gebühr belasten. Mit Blick auf Italien schließen Beobachter einen Kollaps nicht aus. Die Wirtschaft stagniert ohnehin, der Schuldenberg wächst stetig, politisch ist Italien seit Jahrzehnten ein unsicherer Kantonist.

Italien ist das Land mit der höchsten Staatsverschuldung in der gesamten Eurozone: insgesamt rund 2,3 Billionen Euro (siehe Abbildung 3). Das ist in etwa ein Viertel aller Schulden, die die Länder der Eurozone angesammelt haben. Und Italien wird weiterhin Geld von außerhalb brauchen, viel Geld. Dabei wird sich Italien höhere Zinsen kaum leisten können. Die EZB hat mit ihrer Politik des billigen Geldes ohne Auflagen dafür gesorgt, dass sich die Spirale immer schneller dreht. Doch was, wenn Italien nicht mehr kann? Was, wenn die Schuldenberge zu groß werden, um sie noch bedienen zu können? Was, wenn eine andere Regierung den Geldhahn zudreht? Für diesen Fall gibt es bislang in der EU kein geregeltes Verfahren, keine Art Insolvenzverfahren für Staaten. Auch das haben die Verantwortlichen bislang verpennt. Mit dem Risiko, dass bei einer Staatspleite wohl erneut der Steuerzahler einspringen müsste, um das Gebilde EU irgendwie am Leben zu erhalten.

Natürlich wird die Zentralbank nun argumentieren: Wir fahren die Anleihekäufe schon zurück. Das stimmt zwar, allerdings sollte man dann auch den Halbsatz hinzufügen, »auch weil es derzeit ohnehin nicht genügend Anleihen am Markt gibt«. Denn die EZB saugt alles auf, was zu haben ist. Oder die zwischengeschalteten Banken behalten die Papiere gleich selbst. Da gibt es zwar nicht viel zu verdienen, aber wenigstens etwas. Deutsche Anleihen waren zeitweise praktisch überhaupt nicht mehr zu haben. Dabei hatte sich die EZB eigentlich eine Quote vorgenommen, um am Ende nicht nur auf Billiganleihen sitzen zu bleiben. Von jedem Staat sollte es nur einen bestimmten Anteil an Anleihekäufen geben, um das Risiko im Zaum zu halten. Als Grundlage dienten die sogenannten Kapitalanteile. Darin ist festgelegt, welchen Anteil die Staaten und deren Notenbanken zum Kapital der EZB beitragen, zum Beispiel Deutschland fast 25 Prozent, Frankreich knapp 17 und Griechenland 2. Doch mit diesem Schlüssel ist längst Schluss. Statt bei deutschen Papieren griff die Zentralbank seit Anfang 2017 unter anderem bei französischen, spanischen oder italienischen zu. Das Ausfallrisiko ist seitdem deutlich gestiegen. Das Problem dabei: Sollte es zu Ausfällen kommen, gelten bei der Frage, wer dafür geradesteht, erneut die Kapitalanteile. Danach haftet Deutschland mit rund 25 Prozent.

Was also tun, wenn eine neue Krise kommt? Dann wird den obersten Finanzhütern nichts anderes übrig bleiben als zuzusehen und zu hoffen, dass die Finanzmärkte so reagieren wie in den vergangenen Jahren. Beruhigt von ein paar warmen Draghi-

Worten. Nach dem Motto: Wir handeln mit Bedacht. Wenn überhaupt. Das reichte bislang aus. Ob das in Zukunft auch ausreichen wird, wenn Staaten unter ihrer Schuldenlast ersticken und die Finanzmärkte einbrechen, muss bezweifelt werden.

## Schlimmer als vor zehn Jahren

Versprochen wurde Sicherheit für das System und für uns alle – erhalten haben wir das Gegenteil. Die Krisen der Vergangenheit haben dazu geführt, dass Krisen wie vor zehn Jahren ihren bedrohlichen Charakter verloren haben. Entscheidend dabei ist der Umstand, dass die Finanzinstitute heute wissen, dass sie nur groß genug sein müssen, um gerettet zu werden. Stichwort: »too big to fail«, systemrelevant. Was genau sich hinter diesem Begriff verbirgt, weiß keiner. Klar ist nur: Wer als systemrelevant bezeichnet wird, ist wichtig und groß, und den rettet in letzter Instanz die EZB. Der Staat. Die Gemeinschaft. Wir. Dabei wäre es zu fokussiert, nur auf die Finanzbranche zu blicken. Denn die Entwicklung hat auch anderen mächtigen Wirtschaftsbossen gezeigt, je gewichtiger das Unternehmen, je größer die Lobby und je besser die Vernetzung, desto geringer die Gefahr eines Untergangs. Unabhängig davon, wo und wie das Geld verdient wird. Insofern hat die Finanz- und Wirtschaftskrise am Ende auch nicht zum gewünschten Umdenken in den Chefetagen geführt. Rendite ist Trumpf. Mehr denn je. Auf Kosten der Ressourcen, der Umwelt, der Mitarbeiter. Vielfach gilt: je skrupelloser, desto erfolgreicher. Dabei wünschten wir uns Manager, die anders agieren. Die bescheiden sind statt gierig, selbstlos statt egoistisch, einsichtig statt stur …

# Bescheiden statt gierig

»Wie viel mehr ist ein Vorstand, ein Geschäftsführer wert, als eine Putzfrau oder ein einfacher Mitarbeiter?«

Martin Nieswandt, Geneon Vermögensmanagement AG, Vorsitzender VenGa – Verein zur Förderung ethisch-nachhaltiger Geldanlagen e. V.

Der Fat Cat Day, der Tag der dicken Katze: Im Jahr 2018 war das in Großbritannien der 4. Januar, in Deutschland der 5. Januar. Bis dahin mussten die Chefs der größten börsennotierten Konzerne arbeiten, um das Durchschnittsgehalt eines Angestellten mit nach Hause zu nehmen. Das Jahresgehalt, wohlgemerkt. Also rund 3,5 Managerarbeitstage auf der einen Seite, etwa 220 Angestelltenarbeitstage auf der anderen.[21] Das britische High Pay Centre, eine unabhängige, überparteiliche Denkfabrik, hatte die Idee 2014 entworfen. Zugegeben plakativ, provokativ und populistisch, aber nichtsdestotrotz anschaulich.

*Die Welt* hat für Deutschland nachgerechnet, genauer: für die 30 Konzerne im Deutschen Aktienindex DAX und die 50 nächstgrößeren im MDAX. Danach betrug der durchschnittliche Lohn der deutschen Konzernlenker im vergangenen Jahr 830 Euro *pro Stunde*. Die Topmanager erhielten bis zu 140 Mal mehr als ihre Angestellten im Schnitt. Am weitesten klaffte die Schere bei Volkswagen auseinander, gefolgt von der Deutschen Post, Adidas und Henkel.[22] Zwei Jahre zuvor hatte der maximale Unterschied zwischen Mitarbeitern und DAX-Chefs noch beim knapp Sechzigfachen der durchschnittlichen Angestellteneinkommen gelegen. Vor gut dreißig Jahren bei gerade einmal dem Siebzehnfachen, so eine Studie der Hans-Böckler-Stiftung.[23]

Noch eklatanter als in Deutschland sind die Unterschiede in den USA, in Indien und Großbritannien. Da verdient der Chef bis zum knapp Zweihundertsiebzigfachen seiner Mitarbeiter, Tendenz weiter steigend. Einzig die Schweiz wollte dieser Entwicklung einen Riegel vorschieben. Per Volksinitiative sollte durchgesetzt werden, dass der Unterschied auf den Faktor 12 begrenzt wird. Doch der Vorstoß scheiterte kläglich.

Natürlich stiftet ein solcher Vergleich Unfrieden. Er zeigt aber auch, in welchem Maß die Einkommen und Gehälter sich voneinander entfernt haben, wie groß die Schere inzwischen auseinanderdriftet. Für Ethiker ist das ein weiterer Beleg dafür, wie weit sich die Managerkaste vom Leben der Normalverdiener entfernt hat. Und sie fragen: Hätte nicht auch das Durchschnittseinkommen der DAX-Chefs gereicht? Das wären laut einer Studie der Vergütungsberatung Willis Towers Watson 2017 und 5,5 Millionen Euro gewesen. Dann hätten SAP-Chef Bill McDermott, Daimler-Chef Dieter Zetsche, sein ehemaliges Pendant in Wolfsburg, Matthias Müller, oder HeidelbergCement-Boss Bernd Scheifele auf bis zu 50 Prozent ihres Einkommens verzichten müssen. Ist das wirklich so undenkbar, so weit hergeholt? Dabei geht es nicht darum, die frei werdenden Mittel in Robin-Hood-Manier an die Belegschaft zu verteilen. Mehr Investitionen, bessere Arbeitsbedingungen, höhere Sozialstandards – möglich ist vieles. Im Fokus steht hier aber die immer tiefer werdende Kluft zwischen Topmanagement und »einfachem« Mitarbeiter und damit nicht nur der Frieden im Betrieb.

## Einkommen: knapp 22 Millionen Euro

Topverdiener unter den Topmanagern im DAX war im Jahr 2017 SAP-Chef Bill McDermott. Erneut konnte er sein Einkommen massiv steigern: von 15,6 Millionen Euro im Jahr 2016 auf 21,7 Millionen. Macht 1,8 Millionen Euro im Monat, 60 000 Euro am Tag oder knapp 2500 Euro pro Stunde. Krass, oder?

Wer derartige Auswüchse kritisiert, bekommt oftmals zu hören, dass seit einiger Zeit nicht nur Aufsichtsräte den Vergütungssystemen zustimmen müssen, sondern auch Hauptversammlungen, also die Aktionäre bei ihrem alljährlichen Treffen. Die Politik sprach bei der Einführung der dazugehörigen europäischen Aktionärsrechte-Richtlinie von einem großen Fortschritt, denn bis dahin konnten die Anteilseigner zwar ihre Billigung beziehungsweise Missbilligung zum Ausdruck bringen, waren aber letztlich nur beratend tätig.[24] Mit der Novellierung wich die Beratung der Entscheidung – zumindest auf dem Papier. Denn dabei wurde verschwiegen, dass die Aktionärstreffen nicht von Kleinaktionären beherrscht werden, sondern von den großen Investoren. Und denen ist es in der Regel reichlich egal, was der Vorstandsvorsitzende verdient, solange die Effizienz im Unternehmen stimmt. Oder anders ausgedrückt: 1000 gestrichene Jobs im Unternehmen bringen mehr als 5 Millionen Gehalt weniger für den Vorstand.

Das bekamen auch die Aktionäre von SAP zu spüren. Denn einigen erschien das Salär für Chef Dermott dann doch zu üppig. Auf der Hauptversammlung hagelte es deshalb heftige Kritik am Konzern und am Chef. Das hatten die Kleinaktionäre an gleicher Stelle schon im Vorjahr getan. Allerdings waren sie genauso heftig an den großen Anteilseignern abgeprallt wie bei diesem neu-

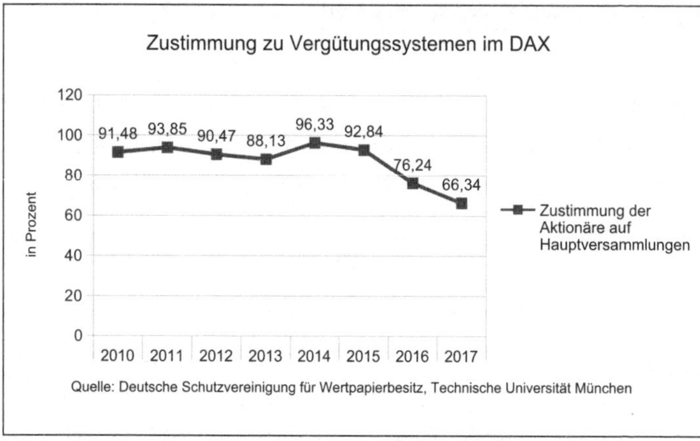


Abbildung 4: Zustimmung zu Vergütungssystemen im DAX

erlichen Versuch. Übrigens kein Einzelfall, wie eine Untersuchung der Deutschen Schutzvereinigung für Wertpapierbesitz belegt. Immer weniger Aktionäre wollen danach die Vergütungssysteme der Vorstände mittragen (siehe Abbildung 4).[25]

Das Argument der Topmanager und Großaktionäre war und ist dabei immer das gleiche: Bei der Konkurrenz wird noch mehr verdient. So zahlt US-Software-Konkurrent Oracle seinem Boss 40 Millionen Dollar Jahresgehalt. International gilt übrigens Ken Griffin als Spitzenverdiener. Der Hedgefonds-Manager von Citadel hat allein im Jahr 2017 über 2 Milliarden Euro verdient. Pro Stunde macht das rund 220 000 Euro.[26] Kaum zu fassen, oder?

> »Die ganz guten Wohltuer, die werden nichts bewegen.«
>
> Edzard Reuter, Ex-Vorstandsvorsitzender Daimler AG,
> im Gespräch mit dem Philosophen Richard David Precht.
> ZDF. 16. 9. 2017.

Eines muss bei aller Diskussion klar sein: Einigen Topmanagern sind ihr Ruf und das Gezeter der Öffentlichkeit schlichtweg egal. Sie fühlen sich dem Unternehmen verpflichtet und sich selbst, nicht der Allgemeinheit. Ihr eigenes Einkommen sehen sie als gerechtfertigt an, nicht als Belastung für den Konzern. Ansonsten wären die andauernden Exzesse der vergangenen Jahre so nicht möglich gewesen. Stellvertretend seien hier zwei Topmanager genannt, die ihrem Unternehmen enormen Schaden zugeführt haben und trotzdem kassierten: 100 Millionen Euro Jahreseinkommen für Ex-Porsche-Chef Wendelin Wiedeking, trotz desaströser Übernahmeschlacht mit VW. 50 Millionen Euro für Ex-Daimler-Boss Jürgen Schrempp, trotz missglückter Fusion mit Chrysler. Ohne Frage in der Höhe Ausreißer, nicht aber in Bezug auf die Selbstbedienungsmentalität. Mehr als zehn Jahre ist das her. Seitdem wurde immer wieder das rücksichtslose Verhalten auf Managerebene thematisiert: in der Politik, in Aufsichtsräten, öffentlich in Talkshows, in Kommentaren. Auch nach der Finanz- und Wirtschaftskrise. Diskutiert wurde über alles Mögliche: Obergrenzen, Bonuszahlungen, die bei Misserfolg noch jahrelang zurückgefordert werden können, steuerliche Hürden.

Dabei präsentierte sich allerdings die Politik meist halbherzig. Nicht durchdacht. Vielleicht auch gewollt unbrauchbar. Möglicherweise liegt das folgenlose Gezeter auch daran, dass den jeweiligen Regierungsparteien durchaus bewusst ist, dass ihre Vertretungen in einigen Aufsichtsräten saßen und sitzen und zu einem früheren Zeitpunkt ein Wort hätten mitreden können, wenn es um derartige Gehaltsexzesse ging. Die SPD zum Beispiel besetzt Aufsichtsratsposten bei ThyssenKrupp, RWE und Volkswagen. Wie gesagt: Dort könnten Sozialdemokraten mitreden, eingreifen, möglicherweise solche Auswüchse verhindern. Sie tun es nicht – wohl auch deshalb, weil die Aufsichtsräte in der Regel mit Mitgliedern der Landesregierung besetzt sind. Und da steht das gute Verhältnis zur Chefetage im Vordergrund und die sicheren Jobs der Wähler.

## Politik vs. Managereinkommen: halbherzig, zahnlos, willenlos

Zuletzt hatte die SPD während der Koalitionsverhandlungen im Frühjahr 2018 einen neuerlichen Vorstoß auf politischer Ebene unternommen: Managergehälter und Boni sollten nicht mehr vollständig von der Steuer abgesetzt werden können, und zwar ab einer Grenze von 500 000 Euro. Im Visier waren dabei nicht nur die Vorstandschefs, sondern sämtliche Topmanager, deren Ruhegehälter und sonstige Leistungen. In der Folge hätten die Konzerne weniger Kosten geltend machen können und damit mehr Gewinne ausweisen und höhere Steuern zahlen müssen. Hätte, hätte, hätte ... Es ist – wie so oft – anders gekommen.

Denn der Vorschlag der Sozialdemokraten scheiterte am Bollwerk der Union in der entsprechenden Arbeitsgruppe und an den guten Verbindungen zwischen der Politik und den Chefetagen vor allem der größten DAX-Konzerne. Und so hatten die Gegner bereits im Vorfeld lauthals gegen derartige Vorstöße gewettert und den Sozialdemokraten Realitätsverlust vorgehalten. Im Nachhinein muss man sagen: zu Recht. Allerdings liegt der Realitätsverlust nicht im Vorschlag selbst begründet, sondern darin, dass ein solcher Vorschlag eigentlich gleich zu den Akten gelegt werden kann. Denn er ist nicht durchsetzbar; er ist nicht einmal ernsthaft diskutierbar. Und so findet sich zum Thema Managergehälter in dem 177-seitigen Koalitionsvertrag von Union und SPD auch kein Wort. In Zeile 2466 versteckt sich lediglich ein edler Satz wie aus dem Märchenbuch: »Wir brauchen ehrbare Kaufleute als Vorbilder unternehmerischen Handelns.« Wohlgemerkt: Wir *brauchen*, nicht wir *haben*!

Während der Verhandlungen hatten sich CDU-Politiker noch über die hohen Bonuszahlungen bei der angeschlagenen Deutschen Bank verärgert gezeigt – öffentlichkeitswirksam, aber eben nicht bilanzwirksam. Und schon gar nicht mit Auswirkungen auf die Konten der deutschen Topmanager. Dabei haben die Chefs deutscher Großkonzerne ohnehin einen ganzen Strauß von Privilegien: Sonderzahlungen, meist millionenschwere Rücklagen für den Ruhestand, bei Verlust des Arbeitsplatzes eine Auszahlung der ausstehenden Beträge aus dem Zeitvertrag. Vom Limousinen- und zum Teil Privatjet-Service ganz zu schweigen. Dass all das auch gezahlt und gewährt wird, wenn ein Unternehmen tiefrote Zahlen schreibt, ist zwar für die meisten Menschen schwer nachvollziehbar, es wird aber genau so gehandhabt. Denn die Verträge vor allem in der Finanzbranche sehen als Ziel der Topmanager oftmals nicht schwarze Zahlen vor, sondern den Vergleich zur Branche, Stichwort »Best of equals« oder »Best of class«. Das heißt, solange andere Banken noch schlechter abschneiden, ist auch ein Verlust in Ordnung. Das gilt in der Regel selbst dann, wenn die eigenen Ziele verfehlt werden, bei augenscheinlicher Erfolglosigkeit, wenn der vermeintliche Heilsbringer vom Hof gejagt wird.

Ein freiwilliger Einkommensverzicht aus Gewissensgründen, zum Wohl des Unternehmens, der Belegschaft, der Arbeitsplätze oder einfach, weil der Topmanager schlichtweg versagt hat, hat Seltenheitswert. Wenn überhaupt, dann werden auf Druck von außen Bonuszahlungen gekürzt oder eingefroren. Wenn es doch anders läuft, lohnt sich meist ein zweiter Blick. Wie beim Chef der niederländischen Bank ING, Ralph Hamers: Der hatte auf sein Einkommensplus verzichtet. Allerdings hatte es zuvor einen Proteststurm gegen die Erhöhung seines Einkommens um 50 Prozent gegeben. Hamers sollte statt 2 Millionen Euro künftig 3 Millionen Euro pro Jahr erhalten. Als das publik wurde, kündigten Kunden ihre Konten und die Politik wetterte. Die Empörung war auch deshalb so groß, weil der niederländische Staat und damit der Steuerzahler die Bank während der Finanzkrise retten musste – mit mehr als 10 Milliarden Euro.[27]

Dennoch: Eine Deckelung von Managergehältern durch den Staat ist Nonsens. In anderen Lebensbereichen wie dem Sport käme niemand auf die Idee, eine entsprechende Forderung aufzustellen. Gute Leute kosten gutes Geld, lautet eine der Dauerrechtfertigungen, wenn es um neue Verpflichtungen im Sport wie auch in der Wirtschaft geht. Aber zur Wahrheit gehört eben auch: Gute Leute bringen nicht überall gute Leistung. Selbst bei schlechten Leistungen darf ein Fußballprofi sein Gehalt samt Antrittsgage behalten. Und erfolglose Trainer werden bis zum Ablauf ihres Vertrags bezahlt oder entsprechend abgefunden. Verträge sind eben einzuhalten – pacta sunt servanda.

Und doch gibt es einen Unterschied: Das eine ist Sport, im anderen Fall geht es um Standorte und Existenzen. Auch deshalb wird ein politisches Eingreifen immer wieder Thema sein, weil Anstand und Moral bei der Entlohnung von Managern in vielen Fällen schlichtweg außen vor bleiben. Es gibt Situationen wie Unternehmenskrisen oder eine unerwartet schlechte

Geschäftsentwicklung, in denen Manager durch einen Gehaltsverzicht ein Zeichen setzen und Verantwortung übernehmen müssten, und zwar nicht nur auf freiwilliger Basis: Die Aufsichtsgremien sollten entsprechende Vorgaben durchsetzen – allein schon, um den Betriebsfrieden zu wahren. Und dann käme auch wieder die Politik ins Spiel. Denn in vielen Aufsichtsräten sitzen Vertreter des Bundes oder der Länder. Ihre Pflicht wäre es, dort ihr Wort zu erheben und auf Gehaltsobergrenzen zu drängen.

## Bonus: gute Idee für die Gier

Heftig umstritten bei der Vergütung von Topmanagern ist immer wieder der Bonus. Grundsätzlich ein gutes Mittel, um Führungs- und Spitzenkräfte zu halten oder um Mitarbeiter für bestimmte Unternehmensziele zu begeistern und für das Erreichte zu belohnen. Doch Boni haben inzwischen einen schlechten Ruf, denn sie werden heute selbst für schwache Leistungen gezahlt wie etwa schlechte Bilanzen oder Mitarbeiterschwund.

Ganze Horden von Anwälten sind mittlerweile auf dieses Gebiet spezialisiert. Laut Beratungsunternehmen Kienbaum bekommen Spitzenmanager bis zu einem Drittel ihres Einkommens über Bonuszahlungen.[28] Rechnet man langfristige Bonuszahlungen hinzu, sind es sogar fast zwei Drittel. Das belegt auch eine Untersuchung des Beratungsunternehmens PwC (siehe Abbildung 5).[29]

In der Regel gilt: je höher auf der Karriereleiter, desto größer der »erfolgsabhängige« Anteil. Und genau darin liegt das Problem: Für niemanden ist konkret nachvollziehbar, was das ge-

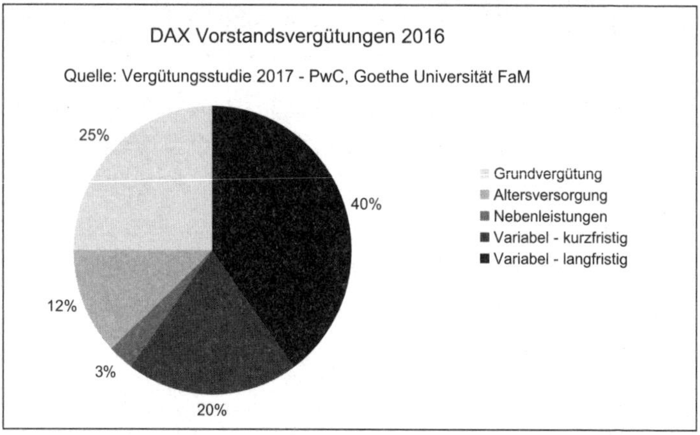


Abbildung 5: DAX-Vorstandsvergütungen 2016
(Quelle: Vergütungsstudie 2017, PwC, Goethe-Universität FaM)

nau heißt. Die Erläuterung findet sich in der Regel im Arbeitsvertrag oder in Zusatzvereinbarungen, und die sind streng geheim, nicht für die Öffentlichkeit bestimmt. Denn darin geht es mitnichten immer um steigende Umsätze oder Gewinne. Vielfach wirkt sich eine Kostensenkung in Form von Stellenstreichungen ebenfalls positiv aus. Oder eine Senkung des Krankenstandes. Oder – wie angesprochen – ein kleineres Minus als bei der Konkurrenz. So kann es am Ende sein, dass ein Unternehmen Standorte schließt, Mitarbeiter entlässt, Umsatzrückgänge verzeichnet und weniger Gewinne macht und der Topmanager dennoch mit einem Millionenbonus nach Hause geht.

Ein Beispiel dafür ist der ehemalige Manager der Deutschen Post, Roger Crook, Mitglied im Vorstand und 2015 wegen Erfolglosigkeit als Chef der Frachtsparte abgesägt. Der Gewinn hatte sich im Jahr davor unter seiner Führung fast halbiert.

Trotzdem kassierte Crook dafür eine erfolgsabhängige Vergütung von fast 2,8 Millionen Euro. Zusammen mit dem Festgehalt summierte sich sein Einkommen in dem wirtschaftlich desaströsen Jahr auf rund 4 Millionen Euro. Wie sich nachträglich herausstellte, profitierte Crook von einer Vereinbarung, nach der Bonuszahlungen gleichmäßig auf die Geschäftsleitung verteilt werden sollten.[30]

Wie wenig Topmanager sich am mutmaßlich vorherrschenden Gerechtigkeitsgefühl orientieren, belegt der folgende Satz deutlich. Ausgesprochen hat ihn Hilmar Kopper, Ex-Vorstandssprecher der Deutschen Bank: »Ethik und Moral sind nicht strafrechtlich verfolgbar.« Das Statement stammt aus einer ARD-Dokumentation über den sogenannten Mannesmann-Prozess, das spektakulärste Wirtschaftsverfahren der deutschen Nachkriegsgeschichte.[31] Es ging um Abfindungen in Millionenhöhe, aber auch um Macht, Moral und Geldgier. Auf der Anklagebank: Ex-Mannesmann-Chef Klaus Esser, der ehemalige Vorsitzende der Gewerkschaft IG Metall, Klaus Zwickel, und Josef Ackermann, damals Chef der Deutschen Bank. Auch mehr als zehn Jahre danach ist sein Victory-Zeichen am Rande des Prozesses unvergessen. Zeige- und Mittelfinger gestreckt, dahinter Ackermanns siegessicheres Grinsen. Ein medialer Super-GAU, der Ackermann immer wieder einholte und bis heute als Zeichen einer abgehobenen, skrupellosen Managerkaste gilt.[32]

Warum fallen eigentlich immer wieder die gleichen Unternehmen negativ auf? Eine Art »self-fulfilling prophecy«? Weil man es nicht anders erwartet und nur noch den Blick für die Bestätigung der Vorurteile hat? Oder liegt es an der Branche, in der sich die Unternehmen tummeln, in denen es nicht anders funktioniert, als sich den Haifischmethoden der Konkurrenten anzugleichen? Oder liegt es doch an der Struktur und der Firmenpolitik des jeweiligen Unternehmens? Oder liegt es einfach nur am schnellen Geld, am Kapital, das lockt und ganz offenbar nie ein Sättigungsgefühl auslöst?

## Auch 2018 wieder die Deutsche Bank

»Die nimmersatten Bosse von der Deutschen Bank«, so titelte die *Bild*-Zeitung Anfang 2018 in gewohnt großen Lettern.[33] Das Finanzinstitut hatte am Tag zuvor seine Jahresbilanz vorgelegt: das dritte Minus in Folge, unter dem Strich mehr als eine halbe Milliarde Euro. Angeblich hätten Steueransprüche aus Großbritannien die Bilanz noch übler aussehen lassen als erwartet. Steueransprüche – wie man davon als Geldinstitut überrascht werden kann, blieb ungeklärt.

In nahezu allen Geschäftsbereichen hinkt die Bank bis heute ihren Ansprüchen hinterher. Dazu milliardenschwere Prozessrisiken, weil das Institut bei unzähligen Schweinereien in den vergangenen Jahren mitmischte: Zinsmanipulationen, Bestechung, geheime Absprachen – insgesamt rund 8000 Prozesse und Verfahren.[34] Ein Großteil ist bis heute nicht abgearbeitet. Unter keinem der Chefs. Nach den Herren Breuer, Ackermann, Fitschen und Jain durfte im Sommer 2016 wieder ein neuer ran: John Cryan, ein Investmentbanker aus Großbritannien. Die Vorschusslorbeeren waren so groß wie die Erwartungen. Cryan geißelte die hohen Kosten und forderte mehr Effizienz. An der Börse zog der Aktienkurs der Deutschen Bank zunächst deutlich an, um 20 Prozent innerhalb weniger Tage. Doch die Euphorie währte nur kurz. Zu groß die Baustellen, zu tief der Sumpf, zu festgefahren das System. Dass das Management das mitunter anders sieht, konnte man auf einer der letzten Bilanz-Pressekonferenzen verwundert miterleben. Da machte John Cryan das, was Manager in der Regel gut können: sich selbst loben. Und das eigene Personal.

Mit dieser Einschätzung stand er allerdings ziemlich allein da. An den Finanzmärkten wurde schon über die Ablösung Cryans spekuliert, über mögliche Nachfolger. Doch das hielt die Topmanager im Deutsche-Bank-Hochhaus im Frankfurter Westend nicht davon ab, mit ihrem »business as usual« vorerst fortzufahren. Denn was verkündeten die Vorstände um Cryan in dieser Situation: Zurückhaltung? Einsicht? Mäßigung? Nein, im Gegenteil. Die Botschaft lautete: Trotz des massiv gestiegenen Verlusts und des dritten Krisenjahres in Folge mache die Bank ihren Mitarbeitern ein beachtliches Geschenk, nämlich Bonuszahlungen im Volumen von 2,3 Milliarden Euro. Die Vergütungen der zwölf Vorstände stiegen um fast 20 Prozent auf knapp 30 Millionen Euro. Ungeachtet der Verluste, der schwachen Rendite, des Abbaus Tausender Arbeitsplätze. Der Aktienkurs hatte zu diesem Zeitpunkt übrigens gerade eine zwölfmonatige Berg- und Talfahrt hinter sich. Allerdings ging es mehr bergab, rund 30 Prozent Verlust. Allein am Bilanztag verlor das Papier noch einmal rund 10 Prozent an Wert. Offiziell hieß es: Gegen die Bonuszahlungen könne man nichts machen, die Rechtslage lasse nichts anderes zu, daran sei eben nicht zu rütteln.

Wenig später war John Cryan Geschichte. Christian Sewing übernahm nun das Ruder; ein Eigengewächs, das gleich zu Beginn »harte Einschnitte« ankündigte und eine »Jägermentalität« einforderte.[35] Diesmal erstickte die Euphorie an den Finanzmärkten gleich im Keim. Dabei wäre es dringend nötig, dass sich die wirtschaftliche Lage der Bank verbessert. Zumal der Finanzstabilitätsrat, eine internationale Organisation, die das Finanzsystem überwacht, die Deutsche Bank zuletzt als eine der fünf gefährlichsten Banken weltweit eingestuft hat. Nur die US-Institute JPMorgan Chase und Citigroup gelten als noch gefährlicher für das Finanzsystem.[36] Im Klartext: Diese Banken sind so groß, so vernetzt und agieren so risikoreich, dass eine Krise das *weltweite* Finanzsystem ins Wanken bringen würde, Ausgang ungewiss. Entsprechend müssten diese Banken eigentlich besonders verantwortungsvoll handeln. Sie tun es aber nicht. Unter diesem Aspekt hätten die letzten Bilanzen Schockwellen auslösen müssen. Mit Blick auf die hohen Verluste, den Aktienkurs, das lahmende Investmentbanking, die anhaltende Prozessflut, die ständigen Chefwechsel. Aber die Märkte hatten sich wohl schon an Hiobsbotschaften aus Frankfurt gewöhnt.

Dabei steht die Deutsche Bank durchaus unter dem Druck ihrer Anteilseigner, nicht nur der Kleinaktionäre, sondern vor allem der großen: Katar hält rund 8 Prozent, und der chinesische Investmentkonzern HNA war einst mit knapp 10 Prozent an der Deutschen Bank beteiligt. Woher HNA immer wieder die scheinbar unerschöpflichen Milliarden nimmt, ist ebenso wenig bekannt wie die Eigentümer, die dahinterstecken. Nur so viel ist bekannt: HNA besitzt Hunderte Flugzeuge, Beteiligungen und Tochterunternehmen und ist spezialisiert auf Logistik, Tourismus und Finanzen. Das war es an Informationen über einen Investor, der international Unternehmensanteile kaufte wie andere am Samstagmorgen ihre Brötchen: Deutsche Bank, Flughafen Hahn, die US-Hotelkette Hilton, Glencore aus der Ölbranche et cetera. Inzwischen weiß man allerdings, dass die

Milliarden dann doch nicht so unerschöpflich sind. Von Zahlungsschwierigkeiten war Anfang 2018 die Rede. Der Schuldenberg wuchs zwischenzeitlich auf 80 Milliarden Dollar. Eine groß angelegte Umstrukturierung sollte die Wende bringen, wozu auch der Verkauf von Anteilen zählte. So hat HNA seine Beteiligung an der Deutschen Bank in etwa halbiert. Kein ruhiges und damit kein gutes Fahrwasser für einen Tanker wie die Deutsche Bank, der mit gehöriger Schlagseite unterwegs ist. Dass der Mitgründer und Verwaltungsratschef von HNA, Wang Jian, im Juli 2018 bei einem tragischen Unfall in der Provence ums Leben kam, sorgte – abgesehen von der menschlichen Tragödie – für weitere Unsicherheit bei Anteilseignern und Geschäftspartnern.

Ein Wort noch zum ehemaligen Deutsche-Bank-Chef Jürgen Fitschen. Er ist inzwischen Aufsichtsratsvorsitzender bei Vonovia, dem größten Wohnungsvermieter Europas mit rund 400 000 Wohnungen. Dank Modernisierungen – auch gegen den Willen der Mieter – schaffte das Unternehmen Jahr für Jahr Gewinnsprünge, teilweise um das Vierfache. Die Renditen lagen zuletzt bei gut 7 Prozent. Entsprechend hoch fiel die Gewinnausschüttung in Form von Dividenden an die Aktionäre aus. Bezahlt von den Mietern, deren Einkommen meist nicht Schritt halten können. Viele von ihnen meldeten sich zuletzt auf der Vonovia-Hauptversammlung lautstark zu Wort und warfen dem Konzern Gier vor. Das Management sah aber keinen Grund, die angekündigten 1,4 Milliarden Euro Investitionen zurückzunehmen – ein großer Teil davon erneut für Modernisierungen.

## Commerzbank: vom Staat gerettet, trotzdem abkassiert

Wie dreist Topmanager immer wieder vorgehen, zeigte sich bereits wenige Jahre nach der Finanzkrise, als die Wunden noch frisch waren und Demut zumindest gefühlt en vogue. Damals mussten die beiden Vorstände der Commerzbank, Jochen Klösges und Ulrich Sieber, ihren Hut nehmen. Wohlgemerkt bei einem Institut, das der Staat gerade mit Milliarden der Steuerzahler gerettet hatte. Die Bilanz des Instituts war verheerend, deshalb sollte der Vorstand verkleinert werden.

Die Abfindungen für die beiden Vorstände beliefen sich auf jeweils 1 Million Euro, errechnet aus zwei Jahresgehältern. Damals galt eine Gehaltsobergrenze von 500 000 Euro pro Jahr; also 2 × 500 000 = 1 Million. Doch die Herren Klösges und Sieber machten eine andere Rechnung auf. Jeweils 2,5 Millionen Euro standen auf ihrem Zettel, trotz desaströser Zahlen, trotz Jobabbau und Filialschließungen, trotz Rettungseingriff des Staates. Denn auf die anteiligen Bonuszahlungen wollten die Topmanager keineswegs verzichten. Ihre Argumente: Die Vorstandsgehälter lägen de facto nicht mehr bei einer halben Million, sondern im Fall Sieber bei fast 1,5 Millionen. Und schließlich sei der Vertrag ja vor der Finanzkrise geschlossen worden, nicht danach. Rein rechtlich nachvollziehbar. Pacta sunt servanda – Verträge müssen eingehalten werden. Juristisch korrekt, für Kritiker dennoch moralisch fragwürdig.

Ein schmutziges Tauziehen begann. In einem Fall mit einem schnellen, im anderen Fall mit einem langwierigen Ende vor Gericht. Der Fall Klösges löste sich praktisch von allein. Er bekam einen gut dotierten Job in einer Reederei und einigte sich mit dem Aufsichtsrat der Commerzbank. Dagegen zog der geschasste Personalvorstand Ulrich Sieber vor Gericht und gewann. Die Abberufung durch die Commerzbank war nicht rechtens, urteilten die Richter, das Arbeitsverhältnis bestehe ungekündigt weiter.[37] Das hieß unter dem Strich: bis zum Vertragsende 1,5 Millionen Euro jährlich, mehr als 60 000 Euro pro Monat – für den Vorstand einer Bank, die wegen ihrer riskanten Geschäfte in Schieflage geraten war und mit Steuermitteln gerettet werden musste. Am Ende konnte sich Sieber über eine Abfindung von kolportierten 2,7 Millionen Euro freuen. Mit Zustimmung der Bundesregierung als Großaktionärin.

## Weg und doch lange da: das Vermächtnis der HSH Nordbank

Am 28. Februar 2018 verkündeten Hamburgs damaliger Erster Bürgermeister Olaf Scholz und Schleswig-Holsteins Ministerpräsident Daniel Günther den Verkauf der HSH Nordbank. Die erste Landesbank, die in private Hände kam. Für 1 Milliarde Euro griff ein Konsortium aus US-Investoren um die Investmentfirma Cerberus zu. In der griechischen Mythologie war Cerberus der Höllenhund, der das Tor zur Unterwelt bewachte. Dieser spezielle Höllenhund des 21. Jahrhunderts hatte in der Subprime-Krise bereits kräftig mitgemischt und schnappte nun bei einem Wettbewerber zu, der sich in derselben Arena verzockt hatte. Dennoch gaben sich alle sichtlich erleichtert, vor allem die Bundesländer Hamburg und Schleswig-Holstein. Dabei werden sie noch lange unter den Folgen von Missmanagement und Politikversagen leiden, denn die Schuldenberge in Hamburg und Kiel sind angesichts des Engagements bei der HSH deutlich gestiegen.

Der desaströse Ausflug in die Welt der Banken hat Hamburg und Kiel jeweils rund 5 Milliarden Euro Miese beschert, und möglicherweise wird sich diese Zahl sogar noch verdoppeln! Denn die Privatinvestoren haben zwar die lukrativen Teile gekauft, nicht aber die riskanten, problembehafteten maroden Schiffskredite. Trotzdem, so betonte die Politik in Endlosschleifen, werde das alles für die Bürger keine spürbaren Nachteile mit sich bringen und keine Folgen haben. Wer's glaubt, wird selig!

Denn auch wenn die Zinsen derzeit niedrig sind, die Zeiten ändern sich. Und mehr Schulden bedeuten immer auch höhere Zins- und Rückzahlungen. Und natürlich muss das Geld an anderer Stelle eingespart werden. Insgesamt 10 Milliarden Euro, möglicherweise auch 20 Milliarden. Und das soll ohne Folgen bleiben? Unwahrscheinlich. Viel wahrscheinlicher werden die nächsten Landesregierungen sich damit herumschlagen müssen, aber dann kann man ja gegen die Vorgänger wettern. Mal ehrlich: Aufrichtig geht anders.

Noch viel skrupelloser hat sich allerdings im Fall HSH Nordbank die Managerkaste gezeigt. Wen wundert's? Trotz massiver Verluste und einer bedrohlichen Schieflage der Bank haben die Führungskräfte eiskalt abkassiert. Selbst in der Krise. Der frühere Deutsche-Bank-Manager und HSH-Aufsichtsratschef Hilmar Kopper legte mitten in der Finanzkrise ein neues Vergütungsmodell vor. Die Bank war zu dem Zeitpunkt gerade in Schieflage geraten, mit 2,8 Milliarden Euro Verlust. Hamburg und Schleswig-Holstein mussten eingreifen. Deshalb galt *eigentlich* die politisch gewollte Obergrenze für Managergehälter von 500 000 Euro pro Jahr. So hatten es die Landesparlamente von Schleswig-Holstein und Hamburg vorgegeben. Das hielt allerdings nicht lange, ein Bonussystem hebelte die Vorgabe aus. Denn für eine halbe Million – so der Tenor der Bank – bekomme man keine guten Leute. Entsprechend sah Hilmar Koppers Vergütungsmodell ganz andere Zahlungen vor: 500 000 Festgehalt plus 100 000 für Altersrückstellungen plus ein neues Bonussystem, das den begünstigten Managern jeweils bis zu 500 000 Euro bringen sollte – wobei es für den Bonus eigentlich keine Obergrenze gab. Im Klartext: In Zeiten der Begrenzung auf 500 000 Euro pro Jahr schufen sich raffgierige Manager ihr ganz persönliches Hintertürchen für einen jährlichen Verdienst von bis zu 1,1 Millionen Euro und mehr, während gleichzeitig Hunderte Mitarbeiter in Hamburg und Kiel um ihre Jobs bangen mussten.

An der Spitze der HSH Nordbank arbeitete zu diesem Zeitpunkt ein Mann, der noch heute als Paradebeispiel des gierigen und skrupellosen Managers gilt: Dirk Jens Nonnenmacher, auch bekannt als Dr. No. Zusammen mit seinen Vorstandskollegen soll er der Bank mit dubiosen Finanzgeschäften einen Schaden von 30 bis 50 Millionen Euro zugefügt haben. Zeitweise war sogar von mehreren Hundert Millionen Euro die Rede. Deshalb standen Dr. No und Co. ab 2013 vor dem Hamburger Landgericht. Die Vorwürfe lauteten unter anderem schwere Untreue und Bilanzfälschung. Es war das typische Schauspiel: Horden von Verteidigern, ein Manager, der nichts gewusst hat und der praktisch von Hartz IV lebt. Er verdiene doch nur noch 12 000 Euro pro Jahr, sagte Nonnenmacher im Prozess aus. Der Staatsanwalt hielt dagegen: Richtig seien wohl eher 1000 Euro pro Tag. Was damals stimmte, blieb offen.

Letztlich war es auch egal, denn der Richter sprach alle sieben angeklagten Vorstände frei – trotz festgestellter Verletzungen der Sorgfaltspflicht, trotz hochriskanter Havariefahrt, trotz Millionenverlusten. Der Richter erklärte: Im Zweifel für den Angeklagten. Sprich: Das Gericht sah keine »gravierende Pflichtverletzung«. Der Kommentar des Rechtsbeistands der HSH Nordbank Klaus Landry im Jahr 2014: »Nicht alles, was anstößig ist, ist rechtswidrig. Und nicht alles, was rechtswidrig ist, ist auch strafbar.«[38] Möglicherweise hat er dieses Statement allerdings verfrüht geäußert. Denn der Bundesgerichtshof hat das Urteil zwei Jahre später kassiert und den Fall erneut ans Hamburger Landgericht zurückgewiesen. Wann der neue Prozess eröffnet wird, ist offen.

Offen ist auch, welche Folgen eine späte Verurteilung haben könnte. Unwahrscheinlich ist, dass Nonnenmacher seine von der HSH erhaltenen Millionen zurückzahlen muss. 4 Millionen Euro kassierte er als Abfindung, 3 Millionen bereits Jahre zuvor fürs Weitermachen. Denn eigentlich hatte Dr. No. schon im Jahr 2009 die Brocken hinwerfen wollen. Eines ist allerdings schon heute klar: Wenn das Urteil im Fall HSH fällt, wird es diese Bank unter diesem Namen nicht mehr geben – ein Schicksal, welches das Bankhaus Sal. Oppenheim zwar nicht teilt, dessen Namen gibt es bis heute. Allerdings verlor auch dieses Institut wegen riskanter Investments einiger weniger sein Fundament und damit die Selbstständigkeit. Auch in diesem Fall dauerten die Prozesse länger als ein Jahrzehnt.

## Sal. Oppenheim: Ende einer Historie

Am 14. März 2018 verkündet der Bundesgerichtshof: Vier ehemalige Topmanager des Bankhauses Sal. Oppenheim erhalten Haftstrafen. Drei davon werden zur Bewährung ausgesetzt. Ein Verantwortlicher muss hinter Gitter. Die Vorwürfe sind zu dem Zeitpunkt schon zehn Jahre alt. Jahrelang hatten die Beschuldigten mit Millionen hantiert wie unsereins mit Spielgeld beim Monopoly, teilweise durchaus erfolgreich, jedenfalls bis zum Jahr 2008. Der Nutznießer des hochriskanten Investments: die Arcandor AG, früher besser bekannt als Karstadt-Quelle, später deren Mutterkonzern. Dieser Fall steht beispielhaft für die Seilschaften zwischen Banken und Wirtschaftslenkern, für skrupellose Geldgier, für Kritikunfähigkeit und jede Menge Ignoranz. Auch wenn die beteiligten Manager das in den bis zuletzt andauernden Gerichtsprozessen natürlich ganz anders sahen.

Sal. Oppenheim – seit 1789 konnte nichts das Kölner Bankhaus der Reichen erschüttern. Kein Krieg, keine Unruhen, keine Umbrüche, keine Revolutionen. Das Bankhaus wurde konservativ geführt, Risiken vermieden. Bis Anfang der 1990er-Jahre. Da entschied sich die Führung, ein Joint Venture zu gründen, um sogenannte geschlossene Immobilienfonds aufzulegen – meist finanziert von Sal. Oppenheim. Dank überhöhter Mieten für die Geschäftsgebäude ging das Modell zunächst auf. Und mit der Aussicht auf Rendite wurden immer neue, risikoreiche Investments getätigt. Bis 2008. Da hatte sich die Privatbank mit ihrer mehr als 200-jährigen Familiengeschichte und bis zu 4500 Mitarbeitern in eine ausweglose Situation manövriert. Sie hatte sich abhängig gemacht von einem Schuldner, den man nicht mehr fallen lassen konnte, ohne selbst mit in den Strudel gerissen zu werden. Systemrelevant könnte man sagen, jedenfalls relevant für das System Sal. Oppenheim, die Manager und deren Geschäftspartner.

Das Bankhaus hatte der damaligen Quelle-Erbin Madeleine Schickedanz seit Anfang der 2000er-Jahre immer wieder hohe Millionenkredite gewährt, um ihren Anteil an Karstadt-Quelle zu erhöhen. Zum Teil floss das Geld über eine undurchsichtige Gesellschaft in der Schweiz. Selbst als die Pleite kurz bevorstand und kein Sanierungskonzept vorhanden war, zeichneten die Bankmanager noch Beträge frei: Einer der letzten Kredite belief sich auf rund 20 Millionen Euro – ohne Sicherheiten. Davor waren schon knapp 60 Millionen Euro in Aktien geflossen, die zum Kaufzeitpunkt keine 20 Millionen mehr wert waren. Dazu ein umstrittenes Grundstücksgeschäft für mindestens 23 Millionen Euro. Gesamtschaden: fast 84 Millionen Euro.[39] Selbst der geschasste Arcandor-Chef Thomas Middelhoff bekam noch einen lukrativen Beratervertrag.

Das war zu viel für Sal. Oppenheim. Am Ende kosteten die Arcancor-Geschäfte die Bank den Kopf. Sie meldete Insolvenz an und wurde später von der Deutschen Bank geschluckt. Damit war das Kapitel aber nicht beendet. Was folgte, waren jahrelange Prozesse um Ex-Bankchef Matthias Graf von Krockow und die ehemaligen Topmanager Christopher Freiherr von Oppenheim, Dieter Pfundt, Friedrich Carl Janssen und Josef Esch. Im Jahr 2015 wurden die ersten Urteile gesprochen. Da wollten die ehemaligen Weggefährten schon nichts mehr voneinander wissen, weder während der Termine im Gerichtssaal des Kölner Landgerichts noch davor oder danach. Und auch die reichen Kunden wollten keinen Kontakt mehr zu ihren einstigen Anlagestars. Sie waren jahrelang umschmeichelt worden, hatten

Millionen in exklusive Immobilienfonds einbezahlt und verloren.

Als einer der Drahtzieher galt Josef Esch, einst Polier auf dem Bau, später Immobilienunternehmer und Milliardenjongleur, ausgestattet mit umfangreichen Bankvollmachten. Auch Eschs Fonds hingen von Arcandor ab. Von den Mieten, die der Konzern für die genutzten Gebäude zahlte. Als die Gelder ausblieben, waren die Verluste seiner gut betuchten Kunden programmiert. Weil die Richter Esch allerdings »nur« wegen Beihilfe zur Untreue und vorsätzlichem unerlaubtem Betreiben von Bankgeschäften verurteilten, kam er am Ende mit Geldstrafen davon. Unterm Strich blieb ein Milliardenschaden, der bis heute nicht im Ansatz getilgt ist. Die ehemaligen Topmanager haben ihre Millionen zum Großteil behalten. Bis heute ist die juristische Aufarbeitung nicht abgeschlossen.

Eine Aufarbeitung fehlt auch bis heute in einem weiteren Kapitel deutscher Wirtschaftsgeschichte und ihrer Topmanager. Dem sinnbildlichen Absturz des Ferienfliegers Air Berlin.

## Air Berlin: Absichern gegen den Absturz

Rote Schokoherzen, das ist wohl alles, was von der insolventen Fluggesellschaft Air Berlin in Erinnerung bleiben wird. Eine Tonne davon wurde Anfang des Jahres von einem Hamburger Auktionshaus versteigert. Für die Medien im wahrsten Sinne ein gefundenes Fressen: Schokoherzen unterm Hammer. Neben Businessclass-Geschirr, Vanity-Bags, ein paar Economy-Class-Sitzen, Air-Berlin-Trolleys und Kinder-Sets in Form von Blechkoffern mit Malutensilien. Jeder konnte so für ein paar

Euro ein Stück gescheiterte Firmengeschichte ergattern. Der Erlös? Nicht der Rede wert bei einem Schuldenberg in Milliardenhöhe.

Dabei steht Air Berlin eigentlich nicht für süße Schokoherzen, sondern für eine bittere Firmengeschichte. Und das nicht erst in den letzten Wochen vor der Insolvenz im August 2017. Air Berlin ist ein Paradebeispiel für ein unfähiges Management, einen ungezügelten, unkontrollierten Wettbewerb, das Versagen der Politik: Die ständig wechselnden Unternehmenschefs wollten Wachstum um jeden Preis. Zu Beteiligungen und Übernahmen zählten die Airlines Niki, DBA, LTU und eigentlich auch Condor, doch der Plan scheiterte. Eine klare Strategie war nie erkennbar. Und am Ende unterschätzten die Topmanager die Billigkonkurrenz wie Easyjet oder Ryanair völlig, die ihrerseits die Standortvorteile unter anderem in Irland gnadenlos ausnutzten. Vor allem aber steht das Schicksal Air Berlins für den Erfolg der Strippenzieher im Vorder- und Hintergrund – und deren Gier. Dabei beginnt die eigentliche Geschichte vom Niedergang der Fluggesellschaft bereits zwei Jahre vor der Insolvenz.

Die Deutsche Lufthansa hat ein Auge auf Air Berlin geworfen. Vor allem, um die Billigkonkurrenten in Europa auf Distanz zu halten. Ryanair und Co. sollen keine weiteren Start- und Landerechte in Deutschland erhalten, sollte Air Berlin straucheln. Am Ende mietet die Lufthansa 38 Air-Berlin-Maschinen und setzt sie bei zwei Konzerntöchtern ein. Eine Komplettübernahme durch Lufthansa ist zu diesem Zeitpunkt nicht möglich, zu mächtig ist Air Berlins Großaktionär Etihad. Die Airline aus dem Nahen Osten hatte sich das begehrte Übernahmeziel schon 2011 gesichert, um im deutschen Markt Fuß zu fassen und Air Berlin für Zubringerflüge einzusetzen, also Inlandsflüge zu den großen Drehkreuzen, um dann mit den eigenen Maschinen die Langstrecken zu bedienen. Einziger Haken: Air Berlin schreibt tiefrote Zahlen. Zu hart ist der Konkurrenzkampf unter anderem mit dem irischen Billigkonkurrenten Ryanair und seinem Chef Michael O'Leary, der regelmäßig medienwirksam dokumentiert, wie skrupellos Erfolg sein kann.

Skrupellos ist auch das Stichwort für das, was dann im Februar 2017 seinen Lauf nimmt. Air Berlin wechselt den Chef aus: Es geht der Vorstandsvorsitzende Stefan Pichler, es kommt Thomas Winkelmann. Im Nachhinein fühlt man sich an die Sage von Troja und vor allem an das trojanische Pferd erinnert. Denn Thomas Winkelmann ist nicht nur der neue Air-Berlin-Chef, er ist auch Ex-Lufthansa-Manager und Ex-Vertrauter von Lufthansa-Chef Carsten Spohr. Aus Sicht der Lufthansa könnten die Posten im Fall einer drohenden Pleite von Air Berlin nicht besser besetzt sein: ein ehemaliger Vertrauter auf dem Chefsessel des mutmaßlichen Übernahmekandidaten.

Aber so schnell geht es dann doch nicht. Natürlich betont Thomas Winkelmann bei Amtsantritt, dass er Air Berlin retten will. Wie wenig Vertrauen Winkelmann in seine eigene Arbeit hat, zeigt sich allerdings auch direkt bei seinem Amtsantritt. Denn er sichert sein Millionengehalt sofort gegen nahezu alle Risiken ab. Selbst bei einer Insolvenz stehen ihm Millionen zu. Wollte ja sonst keiner machen, den Job, wird er hinterher sagen. Im Nachhinein ein gutes Näschen, denn während Tausende Mitarbeiter von Air Berlin um ihre Jobs und Hunderttausende Flugpassagiere um ihre Tickets bangen, lässt eine Bankbürgschaft Winkelmann ruhig schlafen. Seinen ungeliebten »Knochenjob« bei Air Berlin versüßt er sich am Ende zumindest auf dem Papier mit der stattlichen Summe von rund 4,5 Millionen

Euro. Monatelang wird ihm daraufhin von Wirtschaftsethikern »Raffke-Mentalität« vorgeworfen. Winkelmann erklärt dazu im Luftfahrt-Presse-Club: Ihm tue das weh. Nicht sein Verhalten, sondern die Vorwürfe. Dann allerdings doch die späte Einsicht im Juli 2018. Winkelmann verzichtet auf einen Teil seiner Bezüge und löst seinen Vertrag Ende 2018 auf. Wie viel Geld Winkelmann damit der Insolvenzmasse hinterlässt und damit den Gläubigern, bleibt unklar.[40] Die Deutsche Lufthansa hat indessen ihr Ziel erreicht.

## Airbus: Stellen weg und abkassieren

Pleiten, Pech und Pannen, dieses Motto begleitet das Leben des einstigen Hoffnungsträgers A380. Probleme bei der Verkabelung und der Elektronik, Lieferverzögerungen, Strafzahlungen, und das jahrelang. Nach Problemen am Rolls-Royce-Triebwerk werden 2017 zahlreiche A380-Maschinen stillgelegt. Betroffen waren unter anderem die Airlines Lufthansa, Quantas und Singapore Airlines. Dabei sollte der Riesen-Airbus die Luftfahrtindustrie revolutionieren. Airbus-Chef Tom Enders sprach 2007 von einem neuen Kapitel der Luftfahrtgeschichte. Eine drastische Fehleinschätzung der Airbus-Manager, die inzwischen den ganzen Konzern belastet. Gut zehn Jahre hatte sich die »Königin der Lüfte«, wie es beim Erstabnehmer Singapur Airlines hieß, gehalten. Allerdings sanken die Bestellungen gen null. Anfang 2018 droht das komplette Aus. Nur eine Buchung des treuesten und nunmehr einzigen Kunden, der Fluggesellschaft Emirates, rettet den Riesenflieger.

Ähnlich groß ist das Desaster beim A400M. Das ist der

Transportflieger, der eigentlich schon seit Jahren für die deutsche Bundeswehr und Frankreich im Einsatz sein soll. Wieder gibt es technische Probleme. Wieder wird der Auslieferungszeitpunkt nach hinten verlegt. Dann heißt es: Airbus werde weniger Maschinen bauen als geplant. Schnell wird klar, dass das erhebliche Folgen für die Mitarbeiter mit sich bringt, denn Airbus will Stellen streichen oder verlegen. »Verlegen« heißt in der Regel: Mitarbeiter verlieren ihre Jobs, außer sie ziehen dorthin, wo sie künftig gebraucht werden könnten. 3600 Stellen sollen bei Airbus insgesamt betroffen sein, ein Großteil davon in Deutschland. Airbus gibt sich zunächst wortkarg, Tage später folgt dann die Bestätigung. Man sei aber bemüht, die besten Lösungen für die Beschäftigten zu finden, sagt ein Sprecher.

Airbus-Chef Tom Enders gilt zu dieser Zeit schon als angezählt, Gerüchte über seine Ablösung machen die Runde. Dann heißt es, der Vertrag werde nicht verlängert. 2019 ist demnach Schluss. Zum Zeitpunkt der Bekanntmachung wird unter anderem gerade in Großbritannien, Deutschland, Österreich und Frankreich gegen Airbus ermittelt wegen des Verdachts des Betrugs, der Korruption und schwarzer Kassen. Welche Rolle Tom Enders dabei gespielt hat, ist offen. Aufkommende Vorwürfe haben er und der Konzern stets zurückgewiesen.

Und so ermitteln die Staatsanwaltschaften seit Jahren, was auch daran liegt, dass der Ursprung des mutmaßlichen Skandals in den frühen 2000er-Jahren liegt. Tom Enders war zu diesem Zeitpunkt noch Chef der Rüstungssparte bei EADS. Die machte gute Geschäfte, auch dank des Topmanagers Jean-Paul Gut und seiner hauseigenen Vertriebsabteilung.[41] Jean-Paul Gut, ein Macher. Einer, der Käufer überzeugen konnte, wenn diese zweifelten. Einer, der Airbus zu dem gemacht hatte, was

Airbus war – zur Nummer 2 hinter US-Konkurrent Boeing. Wie Gut das erreichte, darüber wurde offen nicht kommuniziert. Offenbar aus gutem Grund, wie der jetzige Korruptions- und Schmiergeldskandal zeigt. Angeblich wurden in zahlreichen Ländern Entscheider begünstigt, um an lukrative Militäraufträge für das Kampfflugzeug Eurofighter zu kommen. In diesem Zusammenhang flogen Zahlungen Richtung Panama auf. Von bis zu 90 Millionen Euro ist die Rede, die über undurchsichtige Kanäle transferiert wurden. Ob auch zivile Luftfahrtprojekte betroffen waren, ist bis heute nicht geklärt. Im Zusammenhang mit der hauseigenen Vertriebsabteilung von Jean-Paul Gut sprach Enders später vom »Bullshit Castle«.[42] Öffentlichkeitswirksam wurde die Abteilung geschlossen. Gut verließ den EADS-Konzern, offiziell mit einer Abfindung von 2,8 Millionen Euro plus Pensionsansprüchen. Zudem erhielt er einen Dienstleistungs- sprich Beratervertrag. Das war's. Beobachter werteten das als günstigen Deal und Erfolg für Enders.

Doch wenig später die Wende: Gut arbeitete weiter für Airbus, nur als eine Art freier Mitarbeiter. Gerüchte machten die Runde, er habe 12 Millionen Euro kassiert, nicht 2,8. Wenig später war auch das Makulatur. Jetzt war von 80 Millionen Euro die Rede. Unterschrieben war der Vertrag von: Tom Enders. Nur bekam von den Zahlungen zunächst keiner etwas mit, weil all das im Geschäftsbericht derart verklausuliert versteckt wurde, dass nicht einmal Finanzexperten den Braten rochen. »Die Zugänge der sonstigen immateriellen Vermögenswerte im Geschäftsjahr enthalten in Höhe von 86 Millionen Euro den Kauf von Rechten, die vorher in einer Dienstleistungsvereinbarung enthalten waren«, zitierte der *Spiegel* aus dem Geschäftsbericht von 2008.[43] Mit dem Fazit: »Verklausulierter geht es kaum.« Ein goldener Handschlag trotz Schmiergeldaffäre. Oder gerade deshalb? Schmerzensgeld? Schweigegeld?

All das ploppte Ende 2017 auf. Wenig später dann das Aus für Enders, um dessen Zukunft man sich allerdings keine Sorgen machen muss. In den vergangenen Jahren verdiente Enders bei Airbus bis zu 8 Millionen Euro jährlich. Was Enders mitnimmt, wenn er den Luftfahrtkonzern verlassen wird, ist offen.

## VW: Vollgas zum Bonus

Mit seinem Schicksal ist Enders nicht allein. Auch er gehörte einst zu den bestbezahlten Managern Deutschlands: Ex-VW-Chef Martin Winterkorn. Bis zu 17 Millionen Euro pro Jahr. Dann allerdings führte der Abgas-Skandal zu seiner Ablöse, und nach und nach quollen die Umstände seines Lebensstils und seines Abgangs empor. 400 Quadratmeter Luxusvilla zum Schnäppchenpreis für ganze 5 Euro pro Quadratmeter Miete. Vermieter: eine VW-Tochter. 3100 Euro Betriebsrente, pro Tag, macht 1,1 Millionen Euro pro Jahr plus Dienstwagen bis zum Lebensende. Zusätzlich gab's Millionen aus seinem mitnichten gekündigten Vertrag plus Bonuszahlung. Die Tageszeitung *Die Welt* taxierte Winterkorns Pensionsansprüche auf fast 30 Millionen Euro.

Fast zeitgleich verloren 30 000 VW-Mitarbeiter wegen der Abgaskrise ihren Job. Während die Mitarbeiter also echte Konsequenzen tragen mussten, wurde für die Topmanager weiter tief ins Portemonnaie gegriffen. Das machte auch der Fall Christine Hohmann-Dennhardt deutlich. Sie kassierte nach dreizehn Monaten im Vorstand bei VW rund 12 Millionen Euro plus Rente, etwa 8000 Euro monatlich. Von »unterschiedlichen Auffassungen über Verantwortlichkeiten« war nach ihrem Ausscheiden die Rede.[44]

Alle Hoffnungen ruhten auf Winterkorns Nachfolger Matthias Müller, bis dahin erfolgreicher Porsche-Chef, nun also an der Spitze von Volkswagen mit einem jährlichen Einkommen von rund 9,6 Millionen Euro. Abgesegnet vom VW-Aufsichtsrat, in dem auch Vertreter des Landes Niedersachsen sitzen. Das Land hält 20 Prozent der Stimmrechte.

Ohnehin ist die Arbeitnehmerseite im VW-Konzern stark besetzt. 2017 feierten beide Seiten, Arbeitnehmer und Arbeitgeber im Aufsichtsrat, die Einführung einer Gehaltsobergrenze bei Volkswagen. Ministerpräsident Stephan Weil nannte die Entscheidung einen wichtigen Schritt: Für den Vorstandsvorsitzenden sollte bei 10 Millionen Euro Schluss sein. Für alle anderen Vorstandsmitglieder gilt seitdem eine Grenze von 5,5 Millionen Euro pro Jahr.

Maximal 10 Millionen für den Chef. Also eigentlich. Denn für Matthias Müller wurde die 10-Millionen-Euro-Grenze »mal eben« ausgehebelt. Denn er erhielt für 2017 trotz der Gehaltsgrenze unter dem Strich 10,14 Millionen Euro, satte 40 Prozent mehr als im Vorjahr. Zwar nicht offiziell, dafür aber aus Sicht des VW-Konzerns durchaus gut begründbar. Möglich wurde das, wie es hieß, durch verspätet ausgezahlte Boni, Pensionsaufwendungen und Nebenleistungen. Geht doch! Kritiker mögen anmerken, »lediglich« 140 000 Euro mehr als festgelegt. Angesichts des medialen Aufrisses bei der Einführung der 10-Millionen-Obergrenze aber dennoch ein Tabubruch in Zeiten des Abgasskandals. Und ein Beleg für die Haltung zur Einhaltung von Regeln.

Nachfragen zu seinem Gehalt wies Müller auf der Jahrespressekonferenz Anfang 2018 zurück. Er konzentriere sich jetzt auf die Rekordergebnisse des Konzerns. Was Müller von Gehaltsobergrenzen hält, wurde wenig später in einem Interview mit dem Nachrichtenmagazin *Der Spiegel* deutlich. Da brachte Müller die Regulierung und Deckelung von Managergehältern mit der ehemaligen DDR in Verbindung. Dabei ging es um eine Obergrenze von 5 Millionen Euro pro Jahr.[45] Niedersachsens Ministerpräsident Stephan Weil übte danach in der Zeitung *Die Welt* öffentlich Kritik an Müller.[46] Bundeskanzlerin Angela Merkel zeigte sich über Matthias Müllers Gehaltszahlungen – so wörtlich – »erstaunt«.[47] Alles durchaus medienwirksam, allerdings auch genauso folgenlos. Schließlich hatte Weil hinter verschlossenen Türen als Mitglied des VW-Aufsichtsrats Müllers aktueller Vergütung zugestimmt! Und die neue Bundesregierung wird gegen hohe Bonuszahlungen – wie zu Beginn ausgeführt – rein gar nichts unternehmen.

## Schweiz: auch kein Vorbild

Im Jahr 2013 musste in der Schweiz einer der bestbezahlten Manager seinen Stuhl räumen: Daniel Vasella, Chef des Pharmakonzerns Novartis. Fast zwanzig Jahre lang hatte er bis dahin die Geschicke des Konzerns geleitet, nachdem Sandoz und Ciba-Geigy fusioniert waren. In dieser Zeit hat Vasella geschätzt fast 400 Millionen Schweizer Franken kassiert.[48] Doch der Topmanager war alles andere als unumstritten. Unternehmensentwicklung, Aktienkurs, Managergehälter – die Anteilseigner waren nicht zufrieden. Einige waren richtiggehend wütend. Auch wegen der offensichtlichen Selbstbedienungsmentalität. Vasellas Gehalt betrug zwischen 2002 und 2012 bis zu 40 Millionen Schweizer Franken pro Jahr. Dann der Bruch. Auch weil auf der alljährlichen Generalversammlung fast jeder zweite Aktionär eine weitere massive Anhebung der Managervergütungen verweigert hatte.[49]

Vasella ließ sich seinen Abgang teuer bezahlen. Ein extrem goldener Handschlag, denn er sicherte Vasella verteilt über sechs Jahre bis zu 72 Millionen Schweizer Franken zu, das sind umgerechnet rund 60 Millionen Euro. Die Aufregung war groß, die Anteilseigner waren außer sich, die Politik wetterte, die Bevölkerung war fassungslos. Zunächst verteidigte sich Vasella noch. Schließlich sei das Geld an ein Konkurrenzverbot gekoppelt, er dürfe nicht bei einem anderen Pharmakonzern arbeiten. Zudem wolle er das Geld ohnehin spenden. Doch als die Empörung nicht kleiner wurde, sondern größer, zog Vasella die Reißleine: Er verzichtete auf die Zahlungen und Novartis strich im Gegenzug das Konkurrenzverbot. Diesmal hatten sich Gesellschaft und Politik durchgesetzt, zumindest in diesem Punkt.

Eigentlich könnte die Geschichte um Vasella und den Pharmakonzern damit vorbei sein. Doch hinter den Kulissen gab es noch einen weiteren Deal, von dem die Öffentlichkeit zunächst nichts erfuhr: Denn trotz seines Abgangs arbeitete Vasella weiter für Novartis. Der Topmanager hatte von dem Pharmakonzern einen lukrativen Beratervertrag erhalten. Der garantierte ihm bis zu 25 000 Dollar – pro Tag. Allein 2013 soll der damals 59-Jährige so noch einmal rund 5 Millionen Schweizer Franken kassiert haben. Heute lebt Daniel Vasella unter anderem im Fürstentum Monaco.

## Vermeintlich armer Schlucker: Schlecker im Nobel-Porsche

Wie man sich in der Pleite noch die Taschen vollmacht, dieses Kunststück führte auch Anton Schlecker samt Familie vor. Anfang 2012 versicherte Tochter Meike vor laufender Kamera: »Es ist nichts mehr da.«[50] Alles weg. Pleite. Kasse leer. Zumindest für die rund 25 000 Mitarbeiter traf diese Feststellung zu. Wer noch da war, verlor seinen Job. Meist waren es Frauen. Ihr Ex-Chef brachte es dann doch irgendwie fertig, ein bisschen was zu retten. Zumindest so viel, dass er Jahre später nach Ende eines Prozesses vor dem Landgericht Stuttgart mit einem schwarzen Porsche Panamera davonfahren konnte, um sich wenig später in der Südsee von all den Strapazen zu erholen. Vorsätzlicher Bankrott, das war alles, was ihm die Richter noch zur Last legten. Eine Bewährungsstrafe, 54 000 Euro Geldstrafe – das war's. Dass der Apfel nicht weit vom Stamm fällt, legten seine Kinder Meike und Lars nahe. Da fiel die Liste der Vorwürfe vor Gericht schon länger aus: Insolvenzverschleppung, Untreue und Bankrott. Das gibt nach Rechnung der Richter 32 beziehungsweise 33 Monate Haft. Dass beide Rechtsmittel einlegten – reine Formsache.[51]

Viel mehr als die rechtliche Frage treibt die Betroffenen allerdings die moralische um. Denn klar scheint: Schlecker hat Millionen beiseitegeschafft – 16 Millionen Euro vermutete die Staatsanwaltschaft –, in Form von Geschenken, ausgeschütteten Gewinnen, überzogenen Abrechnungen. Geld, von dem die Gläubiger nichts zu sehen bekamen. Geld, auf das die Lieferanten warteten. Geld, das den Mitarbeitern fehlte, die zum Teil bis heute auf der Straße sitzen. Aber vielleicht sehen sie ja eines

Tages einen schwarzen Porsche Panamera, der Richtung Flughafen unterwegs ist. Dann können sie winken …

## Es geht nicht um Geld, das ausgegeben werden kann

Den Bürgern muss bei aller Kritik klar sein: In den obersten Sphären geht es längst nicht mehr um Geld, das ausgegeben werden kann. Es geht um das Ansehen innerhalb der Managerkaste. Um Anerkennung. Um Eitelkeiten. Um neue Türen, die sich öffnen, sofern man zu den Topverdienern der Branche zählt, wenn man eine psychologische Grenze durchbrochen hat. 1 Million, 2 Millionen, 10 Millionen, 12 Millionen. Viele seien schlichtweg der Meinung, das Geld stehe ihnen zu, so ein Personalberater. Dabei spiele es irgendwann keine Rolle mehr, wie das Geld erwirtschaftet wird. Hauptsache, es ist da.

Dieses unbedingte Streben, die Nummer 1 beim Gehalt zu sein, ist allerdings nicht den Managern vorbehalten. Ähnliches spielt sich derzeit im Sport ab, vor allem im Fußball. Seitdem die Transfersummen keine Grenzen mehr kennen, steigen auch die Gehälter in zuvor ungekannte Höhen. Mit Folgen, nicht nur für die Vereine, die sich das nicht mehr leisten können, sondern auch für die Spieler, die Monate oder Jahre zuvor ihren Kontrakt unterschrieben haben und nun nicht damit zurechtkommen, dass andere Newcomer plötzlich auf der Gehaltsliste weiter oben stehen.

Eines der prominentesten Beispiele ist Mohamed Salah, Torkanone unter Trainer Jürgen Klopp beim FC Liverpool. Dort verdient Salah gut 5 Millionen Euro pro Jahr. Liverpool bot in neuen

Vertragsverhandlungen 12 Millionen Euro Jahresgehalt. Doch dann rief Real Madrid an, der Verein, für den auch Ronaldo auf Torejagd geht und der dort der unangefochtene Spitzenverdiener mit gut 32 Millionen Euro pro Jahr ist. Mohamed Salah wollte nicht so viel wie Ronaldo, aber zumindest auf Position 2 stehen. Doch dagegen gab es offenbar Widerstand im Team. Nicht weil Salah möglicherweise nicht zum Spiel der Königlichen gepasst hätte. Nicht weil die Mitspieler meinten, die Position sei schon gut besetzt. Nein, es ging ums Gehalt. Angeblich soll sich Kapitän Sergio Ramos ebenso gegen den Ägypter Salah starkgemacht haben wie auch Marcelo und der deutsche Mittelfeldstratege Toni Kroos. Angeblich wollten sie nicht, dass ein Neuer mehr verdient als sie. Dabei sind alle Stars längst aus dem Gröbsten raus. Mehr Villa, mehr Sportflitzer, mehr Luxus geht kaum. Und doch kratzt es offenbar stark am Ego, wenn ein anderer noch ein bisschen mehr haben könnte. Nur Ronaldo blieb ruhig, kein Wunder: Wie gesagt, die Nummer 7 auf dem Spielfeld wäre ja nach wie vor die Nummer 1 beim Gehalt geblieben, auch wenn sich dieses Thema ohnehin erledigt hat. Der Portugiese spielt inzwischen für Juventus Turin.

Auch ein Großteil der Topmanager spielt in einer eigenen Liga und strebt dabei stets nach mehr. Ist eine Grenze nach oben durchbrochen, ist auch der Weg für alle anderen frei. Ex-Porsche-Chef Wendelin Wiedeking verdiente im Geschäftsjahr 2007/2008 mehr als 100 Millionen Euro.[52] 2 Millionen Fixgehalt, 0,5 Millionen Tantiemen, gut 98 Millionen Euro Gewinnbeteiligung. Danach war der Bann gebrochen. Heute nimmt die Öffentlichkeit Einkommen von DAX-Vorständen im ein- bis zweistelligen Millionenbereich zur Kenntnis, wenn überhaupt. Und diese Spirale wird sich weiterdrehen – nicht, weil das Geld von den Topmanagern ausgegeben werden kann oder benötigt wird, sondern weil es da ist. Mitsamt der Gier, im Ranking der Bestverdiener unbedingt ganz oben zu stehen.

# Aufrichtig statt unehrlich

Jeder fünfte Topmanager trägt Züge eines Psychopathen. Zu diesem Ergebnis kam vor wenigen Jahren eine Studie der australischen Bond University, über die der britische *Telegraph* berichtete.[53] Dazu nahmen die Forscher die Profile von gut 260 Unternehmenschefs unter die Lupe – angesichts der Fallzahl nicht repräsentativ, aber dennoch entlarvend. Das Ergebnis für jeden Fünften: weder empathisch noch ehrlich und noch dazu oberflächlich. Kein sonderlich gutes Zeugnis, oder? Die Wissenschaftler waren nach eigenem Bekunden selbst überrascht. Allerdings lieferten sie bei der Vorstellung der Ergebnisse in Melbourne auch gleich eine Erklärung dazu: Die Unternehmen interessierten sich in der Regel nicht für die Charaktereigenschaften ihrer Topmanager, vielmehr stehe deren fachliche Kompetenz im Fokus.

## Der Fall Steinhoff: ohne Skrupel

> Topmanager 1: »Ich brauche bitte deine Hilfe. Bitte lass mich wissen, wenn du verstehst, was ich zu tun beabsichtige. Ich brauche heute wirklich deine Hilfe, bitte.«
>
> Topmanager 2: »Du wirst dich an die Bilanzen erinnern, die wir in den vergangenen Jahren nach oben gedrückt haben.«

Über diesen E-Mail-Verkehr berichteten NDR und *Süddeutsche Zeitung* im Februar 2018.[54] Ihnen waren Dokumente aus dem Steinhoff-Konzern zugespielt worden, einem Möbelriesen mit Ursprung und Europasitz im niedersächsischen Westerstede, der Verwaltung in Südafrika, einem Briefkastenhauptsitz in den Niederlanden und zwischenzeitlich tausend Standorten in aller Welt. Und an der Spitze Selfmade-Milliardär Bruno Steinhoff. In den 1960er-Jahren hatte er den Möbelgiganten gegründet. Eine Erfolgsgeschichte – bis Anfang 2018. Im Januar musste das Unternehmen plötzlich Unregelmäßigkeiten in mehreren Jahresbilanzen einräumen. Manager sollen die Zahlen gezielt aufgepumpt und schöngerechnet haben. Steinhoff zog die Notbremse und die Jahresabschlüsse zurück. Der Aktienkurs schmierte in der Folge ab. CEO Markus Joosten tauchte unter – vermutlich in Südafrika –, und für die 100 000 Steinhoff-Mitarbeiter begann eine unruhige Zeit.

Keine Frage, ein dreister Fall. Aber einer, der zeigt, welcher Geist in einigen Führungsetagen heute herrscht, selbst in ehemaligen Traditionsunternehmen. Bei Steinhoff hat der Aktienkurs entsprechend reagiert: Nach dem Skandal wurde das Papier zum Pennystock, war also weniger wert als einen Euro. Das lag zum einen am Skandal selbst, zum anderen aber auch am Umgang mit den Vorkommnissen im Konzern. Statt Aufklärung und Transparenz durch Steinhoff sorgten Journalisten auch Monate danach immer wieder mit neuen Enthüllungen für Schlagzeilen.

Auch wenn der Fall Steinhoff in einer eigenen Liga spielt, bleibt dennoch die Frage, wie sollte ein Unternehmen mit negativen Nachrichten oder gar einem Skandal umgehen? Auch zum Schutz von Mitarbeitern, dem Unternehmen, den Aktionären?

Wie kann sich ein Konzern auf die Fragen verängstigter Mitarbeiter, aufgebrachter Kunden und zubeißender Journalisten vorbereiten?

## Medien- und Krisentraining: der richtige Augenaufschlag

Meist reicht dafür die einfache Pressearbeit aus. In großen Unternehmen steht zu diesem Zweck in der Regel eine ganze Riege von Pressesprechern bereit. Bei Volkswagen und Daimler jeweils rund zwanzig, und jeder hat sein Spezialgebiet. Journalisten müssen Anfragen zunehmend schriftlich einreichen, die Antworten kommen dann glatt geschliffen per E-Mail. Ein paar Mal im Jahr »darf« der Chef aber selbst ran, üblicherweise bei der Vorlage der Bilanzzahlen oder im Fall eines persönlichen Interviews.

Nahezu jeder Spitzenmanager hat dafür im Vorfeld ein oder sogar mehrere Medientrainings absolviert. Deren Ziel ist es, Botschaften möglichst eindringlich, glaubwürdig, authentisch und sympathisch verkaufen zu können, auch wenn der Inhalt noch so negativ ist. Die Tipps der Medienprofis reichen von der Wortwahl über die Körperhaltung bis hin zur Blickrichtung. Alles wird haarklein diagnostiziert, ausgewertet und verbessert. Menschlich muss es sein, nahbar, sei der Trainierte im wahren Leben auch noch so uneinsichtig und selbstherrlich. Vor der Kamera, dem Mikrofon oder der Webcam gibt sich der trainierte Chef als Mensch – wenigstens für ein paar Minuten.

Wie gut die Trainings funktionieren, dokumentieren tagtäglich die Spitzensportler in aller Welt. Von ein paar Charakterköpfen abgesehen, sind sämtliche Aussagen aalglatt, verständlich, menschlich, sympathisch. Selbst nach den härtesten Fußball-Fights auf dem Bundesliga-Grün fällt kein böses Wort: nicht gegen den irrenden Schiedsrichter, nicht gegen die unfähigen Mitspieler, nicht gegen die unfairen Gegner, nicht gegen die unsportlichen Fans und schon gar nicht vor laufender Kamera gegen den zu hart kritisierenden Journalisten. Nur ganz selten bekommt Letzterer sein Fett weg. Ansonsten sorgt die regelmäßige Kameraschulung für unangreifbare Worthülsen, aber gleichzeitig eben auch für Langeweile.

Verwerflich ist das nicht unbedingt. In Zeiten von Facebook, Twitter und Co. ist der Shitstorm wegen eines unüberlegten Statements nicht weit. Und so freuen sich alle Fußballer, dass sie »der Mannschaft helfen konnten«, »allen Mitspielern ein Kompliment aussprechen können, für den tollen Einsatz«, »dem Trainier für die taktische Ausrichtung gratulieren dürfen«.

## Sei glatt, nicht angreifbar!

Neben den üblichen Medientrainings gibt es allerdings auch noch die sogenannten Krisentrainings, wenn also etwas im Unternehmen schlummert, das platzen und außer Kontrolle geraten könnte. Im Krisenfall geht es dann nicht mehr allein um sympathische Floskeln, sondern um Existenzielles, zum Beispiel Managementfehler, die ein ganzes Unternehmen ins Wanken bringen können, oder um Sanierungspläne und Kürzungen oder gar die Streichung von Arbeitsplätzen. Doch wie verkündet eine Führungskraft den Verlust Tausender Jobs freundlich und empathisch? Noch dazu, wenn der Topmanager den Jobabbau durch seine Entscheidungen selbst verursacht hat, für den er allerdings keine persönlichen Konsequenzen befürchten muss, geschweige denn den Verlust der eigenen Position. Ganz einfach: Die »richtige« Reaktion wird wieder und wieder geprobt. In gemieteten Fernsehstudios, Produktionsfirmen oder Konferenzräumen. Mit Kamera, Monitoren, teils sogar mit gestandenen Journalisten. Bis alles perfekt sitzt.

Entsprechend kritisch müssen Medien beim Umgang mit Konzernen und ihren Topmanagern sein. Interviews oder die Teilnahme an Pressekonferenzen müssen gut vorbereitet, die Fragen auf einem rissfreien Fundament aufgebaut sein. Viel zu häufig landen Statements der Protagonisten unkommentiert und ohne Einordnung beim Zuschauer, Zuhörer oder Leser, weil mal eben O-Töne oder Bilder für eine Nachrichtenminute abgegriffen werden. Nicht selten eingefangen von unbedarften Praktikanten, die die kleinste Schuld trifft. So kann Qualitätsjournalismus nicht funktionieren. Denn der fordert genau das ein: sich kritisch und gut informiert mit der Materie auseinanderzusetzen und die richtigen Fragen zur richtigen Zeit zu stellen. Das aber fällt viel zu häufig Effizienz, Sparwut und Gewinnstreben zum Opfer.

## Medientraining verwerflich?

Nicht alles daran ist verwerflich. Auch Topmanager wollen oder müssen in der Öffentlichkeit gut dastehen. Denn die Öffentlichkeit ist wichtig, und sei es nur als potenzielle Käufergruppe.

Und die sollte und will man nicht vergraulen. Verwerflich wird das Modell, wenn es um Verfehlungen geht, die das Potenzial haben, Menschen zu schädigen, wie etwa Produktionsfehler, illegal verwendete Stoffe, Gesundheitsgefährdungen oder ein Rückruf, der zwar angeraten wäre, aber ausbleibt, weil er als zu teuer oder imageschädigend eingestuft wird. Gerade dann wird geprobt: Was soll der Chef sagen, wenn ein großer Sachschaden entsteht oder – noch schlimmer – ein Mensch zu Schaden kommt? Dann kann ein falsches Wort oder eine falsche Geste Millionen kosten oder ganze Karrieren.

Welche Rolle der erste Eindruck und Sympathie spielen, kann jeder an sich selbst testen, und zwar als Fernsehzuschauer der einschlägigen TV-Talkrunden. Die Akzeptanz von Argumenten hängt dort nicht immer vom Inhalt ab, sondern davon, von wem und wie sie präsentiert werden. Wer sich als Studiogast danebenbenimmt, hat es in der Regel deutlich schwerer, seine Botschaften zu platzieren, als ein sympathischer, freundlicher, zugewandter Gesprächspartner. Wir erinnern noch einmal an das Victory-Zeichen des ehemaligen Chefs der Deutschen Bank, Josef Ackermann: ein Medien-GAU für Ackermann und die Deutsche Bank. Gezieltes Medientraining hätte das nie zugelassen. Genau wie bei Hilmar Kopper, ebenfalls Deutsche Bank: Er bezeichnete offene Rechnungen in Millionenhöhe als »Peanuts«. Das war für die Öffentlichkeit untragbar, wenn auch wenigstens ehrlich.

## Ehrlich unehrlich

Volkswagen hat während der Abgaskrise demonstriert, wie gute Krisenkommunikation funktioniert. Sie erinnern sich bestimmt: Das öffentliche Schauspiel war an gefühlter Dramatik kaum zu überbieten. Für den großen VW-Konzern ging es angeblich ums nackte Überleben. Branchenkenner sinnierten täglich über eine drohende Zerschlagung. Welche der dreizehn Tochterunternehmen von MAN über Škoda bis Seat würde es wohl zuerst treffen? Wie viele Jobs würden verloren gehen? Nicht nur am Stammsitz in Wolfsburg stieg die Verunsicherung, sondern auch an der Börse. Der Aktienkurs rauschte in den Keller, zunächst um 20 Prozent. Zwischenzeitlich halbierte sich der Wert des Papiers. VW-Aufsichtsratschef Hans Dieter Pötsch sprach von einer existenzbedrohenden Krise für den Vorzeigekonzern mit rund 600 000 Mitarbeitern, der wie kaum ein anderer für Deutschlands wirtschaftlichen Erfolg stehe.[55] Die Politik forderte eine lückenlose Aufklärung. Von einem schweren Schaden für Image und Verbrauchervertrauen war die Rede, sowohl seitens der Politik als auch der Industrie.

Zwei Jahre danach war alles vergessen. Volkswagen wurde wieder zum größten Autobauer der Welt gekürt. Der Konzern hat 2017 mehr als 10 Millionen Pkws verkauft, mehr als die Hälfte davon trug das Logo der Kernmarke VW. Imageschaden? Mag sein. Die Absatzzahlen sprechen allerdings eine andere Sprache. Wenn auch angetrieben von Marketingaktionen wie der Umweltprämie und dem Absatzmarkt in China.

Ein Schlüssel heißt erfolgreiche Krisenkommunikation. Volkswagen ist ein Paradebeispiel dafür, wie es funktioniert. Sobald der erste öffentliche Schock überwunden ist und die Phase der Dementis, geht es vereinfacht gesagt ans Aufräumen. Man zeigt sich einsichtig, bestürzt, bekundet öffentlich Reue. Der Betrogene, also die Öffentlichkeit, möchte nun einen reumütigen Sünder sehen, im Fall VW möglichst Ex-Chef Martin Winterkorn, der den Verbrauchern genau das sagt, was sie hören wollen – wenn auch nur per Videobotschaft. Am 20. September 2015 entschuldigt sich Winterkorn bei den Kunden. Er spricht von einem Vertrauensbruch und kündigt eine externe Untersuchung an. Wörtlich heißt es:

> »Wir arbeiten mit den zuständigen Behörden offen und umfassend zusammen, um den Sachverhalt schnell und transparent vollumfänglich zu klären. [...] Das Vertrauen unserer Kunden und der Öffentlichkeit ist und bleibt unser wichtigstes Gut.«[56]

Einen persönlichen Fehler gesteht er jedoch nicht ein. Winterkorn – ein Mann, der während seiner aktiven Zeit dafür bekannt war, die Verwendung jeder noch so kleinen Schraube im Konzern zu kennen und jedem Werksarbeiter persönlich die Hand zu schütteln. Er war einst Vorstandsvorsitzender der Porsche Automobilholding SE und Aufsichtsratsvorsitzender der Audi AG, promovierter Physiker und Werkstoffspezialist sowie Forscher bei Robert Bosch, Leiter der Qualitätssicherung bei Audi sowie später im gleichen Haus Leiter der technischen Entwicklung. Die *Frankfurter Allgemeine Zeitung* nannte Winterkorn, der bei VW ein Jahreseinkommen bis zu 17 Millionen Euro kassierte, einmal »Deutschlands bestbezahlten Qualitätsfanatiker«, der am liebsten in den Werken unterwegs sei, um seinen Leuten die Qualitätsstandards einzuschärfen.[57] Aber von der

Abgasaffäre will Winterkorn nichts mitbekommen haben. Bis heute hält der Schwabe daran fest. Gut so, dürften sich Krisenstrategen denken, auch wenn in den USA nun Klage gegen Winterkorn erhoben wurde.

Wie abgekartet dieses Spiel im September 2015 war, zeigt der Umstand, dass in diesem Video nichts juristisch Verwertbares zu finden ist. Nichts, was es Kunden erleichtert hätte, vor Gericht Schadenersatz einzufordern. Emotion ohne Inhalt – perfekt. Bis heute fehlt ein offizielles, justiziables Schuldeingeständnis des VW-Konzerns. Vielmehr ist vom Fehlverhalten Einzelner die Rede.

Es folgte Winterkorns Rücktritt. Auch das ist ein klassischer Zug der Krisenkommunikation: Man entledigt sich eines vermeintlichen Drahtziehers, ohne diesen öffentlich an den Pranger zu stellen. Zeitgleich kündigt man einen Neuanfang an, also neue Köpfe, Untersuchungen, Zusammenarbeit mit den Behörden. Alles kontrolliert und abgesegnet von PR- und Marketingstrategen. Wenn es allerdings um Einzelheiten geht, beißen sowohl Journalisten als auch Ermittler auf Granit. Ehrlichkeit sieht anders aus, ist aber unter Umständen auch nicht so erfolgreich.

Zur ganzen Wahrheit gehört allerdings auch, dass Politik und Justiz ihren Teil dazu beitragen müssen – oder gerade nicht. Auffällig war im Frühjahr 2018, dass zwar Klage gegen Martin Winterkorn erhoben wurde, aber nur in den USA. Dort drohen dem Ex-VW-Chef bis zu 25 Jahre Haft plus eine saftige Geldstrafe. Winterkorn soll der Kopf einer Verschwörung gewesen sein, die den Abgasbetrug jahrelang verschwiegen hat. Dass Winterkorn jemals in den USA hinter Gittern sitzen wird, ist jedoch praktisch ausgeschlossen, außer er verbringt dort seinen Urlaub. Das ist schon VW-Manager Oliver Schmidt schlecht bekommen: Sein Trip in die USA verlängerte sich per Richterspruch im Jahr 2017 unfreiwillig um ganze sieben Jahre.

## Gefakte Prozesse: moralisch zweifelhaft

Eine ganz besondere Variante des Medientrainings stammt aus den USA: der sogenannte Mock-Trial, ein Probeverfahren eines bevorstehenden Gerichtsprozesses, eine Art Theaterstück. Nicht zu verwechseln mit den Rollenspielen, mit denen Anwälte ihre Zeugen auf die ungewohnte Situation im Gerichtssaal vorbereiten. Denn Mock-Trials sind wesentlich umfangreicher. Es gibt Richterposten, Staatsanwälte, Verteidiger, oft auch Zeugen – allesamt gespielt von Laien-Darstellern und Medienprofis. Ursprünglich dienten Mock-Trials zu Ausbildungs- und Unterrichtszwecken. Inzwischen allerdings werden gespielte Plädoyers, Befragungen und Gutachten von Unternehmen dazu genutzt, sich auf anstehende Gerichtsprozesse vorzubereiten. Rechtlich eine Grauzone, weil die reine Vorbereitung auf eine ungewohnte Situation durchaus sinnvoll sein kann, Paragraf 58, Absatz 1, der Strafprozessordnung aber vorschreibt: »Die Zeugen sind einzeln und in Abwesenheit der später zu hörenden Zeugen zu vernehmen.« Sinn ist es, Zeugen getrennt zu befragen und damit auch Absprachen und angeglichene Aussagen zu verhindern. Ansonsten wäre die Glaubwürdigkeit im Prozess dahin. Doch wer kann im Vorfeld eines Gerichtsverfahrens bei einer »privaten« Veranstaltung dieser Art schon die Einhaltung der Grenzen überprüfen?

Doch genau das, also Absprachen in Form von Mock-Trials,

hatte die Staatsanwaltschaft München 2015 der Deutschen Bank vorgeworfen. Damals stand Co-Chef Jürgen Fitschen vor dem Landgericht München. Im Prozess ging es erneut um die Pleite des Medienunternehmers Leo Kirch. Die Staatsanwaltschaft warf dem Geldhaus vor, Mitarbeiter gezielt auf deren Zeugenaussage vor Gericht vorzubereiten – in Mock-Trials. Die Staatsanwaltschaft zeigte sich zudem davon überzeugt, dass dies jahrelange Praxis bei der Deutschen Bank gewesen sei. Bereits im Prozess gegen Ex-Bank-Chef Rolf Breuer rund vier Jahre zuvor soll es demnach auch zumindest einen Mock-Trial gegeben haben, um, wie es hieß, die Richter zu täuschen und Schadenersatzzahlungen zu verhindern.[58] Der Staatsanwalt erklärte, an der Mock-Trial-Praxis der Deutschen Bank habe sich nichts geändert. Daraufhin eskalierte die Situation vor Gericht. Die Anwälte der Beschuldigten reagierten empört und verärgert und kündigten die Zusammenarbeit auf.

Im Fall der Deutschen Bank wurde der Vorwurf der Staatsanwaltschaft nie bestätigt. Mock-Trials gehören heute zum Tagesgeschäft, in Schulen und Universitäten, aber genauso auf Unternehmensebene, allerdings nie offiziell. Denn der Grat zwischen legaler Vorbereitung und illegaler Zeugenabsprache bis zum Prozessbetrug ist schmal.

## Das skrupellose Spiel der Wirtschaft mit Emotionen, Ängsten, Sorgen

»Mindestlohn«, »Arbeitnehmerfreizügigkeit«, »Brexit-Folgen«, das alles macht einfach nur schlechte Laune. Zumindest wenn man den Bedenken der Wirtschaft folgt. Denn die Warnungen der Topmanager waren und sind massiv: Jobverluste, explodierende Kosten, die Gefährdung des Wirtschaftsstandorts Deutschland. Bedrohlicher schwarzer Rauch also. Das Gute an den Horrorszenarien: Am Ende bleibt meist wenig bis nichts davon übrig.

Nehmen wir das Beispiel Mindestlohn. Als der Mindestlohn von 8,50 Euro in Deutschland im Jahr 2015 eingeführt wurde, warnten Arbeitgeber und Topmanager vor dem Verlust Zehntausender Arbeitsplätze in der Bundesrepublik. Gerade die einfacheren Jobs seien so nicht mehr rentabel und damit nicht zu halten, drohten Verbände und Vereinigungen.[59] Die Union wollte den Mindestlohn gar aushöhlen und Studenten, Zeitungsausträger, Taxifahrer, Saisonarbeiter und Rentner davon ausnehmen. Doch bereits ein halbes Jahr nach Einführung war klar: Der Mindestlohn hatte keine negativen Auswirkungen auf den Arbeitsmarkt, im Gegenteil. Die Nachfrage nach Mitarbeitern war – auch dank der anziehenden Wirtschaft – weiter positiv. Zudem profitierte die Binnenkonjunktur von den höheren Einkommen und der damit gestiegenen Kaufkraft der Bevölkerung.

Und was taten Wirtschaftsforscher und Arbeitgeberverbände in der Folge? Zurückrudern? Ihre Fehleinschätzung einsehen? Mitnichten! Sie stellten klar, dass bei 8,50 Euro Schluss sein müsse, ansonsten könne es für den Standort gefährlich werden, wenn der Mindestlohn steige und sich die Wirtschaft abkühle. Bis 2018 war davon allerdings nichts zu spüren.

Warum aber zeichnen Topmanager immer wieder ein solch düsteres Bild? Wissen sie es wirklich nicht besser? Sind diese Drohkulissen tatsächlich einem möglichen realistischen Bild geschuldet? Nein, sind sie nicht. Gerade betroffene Unternehmenschefs wissen genau abzuschätzen, welche langfristigen Folgen politische Entscheidungen haben werden. Das ist ihr Job. Ihr Job ist es aber auch, Geld zu verdienen. Und je größer die Belastung für das Unternehmen, desto schlechter die Bilanz. Das mag ein Grund für düstere Botschaften sein, eine Legitimation ist das nicht.

Ebenso sinnfrei stellt sich im Nachhinein die Debatte um die Arbeitnehmerfreizügigkeit dar. Seit April 2011 gilt für Menschen aus Estland, Lettland, Litauen, Polen, Tschechien, Slowakei, Slowenien und Ungarn die sogenannte Arbeitnehmerfreizügigkeit. Für Rumänen und Bulgaren war ein halbes Jahr später das Realität, was für alle Mitgliedsstaaten der Europäischen Union gilt. Jeder EU-Bürger hat das Recht, in einem anderen EU-Land eine Arbeit aufzunehmen – und zwar unter gleichen Bedingungen wie die Menschen vor Ort. Die Arbeitgeber sahen in der Konkurrenz aus dem Osten ein willkommenes Mittel, um zu warnen und die Löhne erneut zu drücken beziehungsweise Lohnforderungen zurückzuweisen. Ökonomen prophezeiten, in welchen Branchen und Bereichen es nun für deutsche Arbeitnehmer besonders eng werden würde: Das Tableau reichte von der Industrie über die Bauwirtschaft bis zum Dienstleistungssektor samt Gastronomie und Pflege. Heute ist von diesem Horrorszenario nichts mehr übrig. Im Gegenteil. Gerade in den genannten Branchen gibt es vor allem eins: freie Stellen! Sowohl in Vollzeit als auch in der Ausbildung. Was bleibt, ist die Erkenntnis, dass – wie schon die Großmütter sagten – nichts so heiß gegessen wird, wie es gekocht wird.

So wird es vermutlich auch beim Brexit sein, dem Austritt Großbritanniens aus der Europäischen Union, sofern er überhaupt kommt. Obwohl weder Ablauf noch Einzelheiten bekannt sind, jagt seit Monaten eine Studie die andere. Deutschland sei besonders betroffen, heißt es da. Jobs seien in Gefahr, die Unsicherheit groß. Beraterfirmen wittern ebenso das große Geld wie Immobilienmakler. Parallel dazu warnen große Wirtschaftsverbände vor den Folgen eines ungeregelten Ausstiegs. Den wollen aber weder Großbritannien noch die EU. Und wenn es doch zu Verzögerungen kommt, wird es über kurz oder lang vermutlich Freihandels- und Zollabkommen geben. Im Gegenzug wird sich die EU zusichern lassen, dass die Arbeitnehmer aus der Union auf der Insel vorerst uneingeschränkt weiterarbeiten können. Vermutlich wird also auch hier alles halb so heiß gegessen ... Wie gesagt, wenn es überhaupt so weit kommt.

Auch der aufziehende Handelsstreit zwischen den USA und China trieb schon frühzeitig seltsame Blüten. An den Börsen wurde jeder Tweet von US-Präsident Donald Trump als Vorwand genutzt, um die Kurse abstürzen oder abheben zu lassen. Fast täglich gab es im Frühjahr 2018 Nachrichten über neue Strafzölle auf noch mehr Produkte. Auf Stahl und Aluminium folgten Hightech-Artikel. China antwortete mit möglichen Strafzöllen auf Sojabohnen, Flugzeugteile, Autos und Schweinefleisch. Letzteres führte dazu, dass sich auch die deutschen Bauern zu Wort meldeten: Die Preise für Schweinefleisch seien an den internationalen Märkten bereits gefallen, ebenso die für Sojabohnen. Vor Verwerfungen an den Agrarmärkten warnte der Bauernverband und davor, dass Landwirte und Verbraucher möglicherweise die Zeche für den Handelsstreit zahlen müssten. Wieder Schwarzmalerei. Wieder Sorgenfalten.

Das gab es doch schon einmal: Erinnern Sie sich noch an Russland und die Importverbote für Agrargüter aus den USA, Kanada, Australien, Norwegen und der EU: Milchprodukte,

Obst, Gemüse, Fisch, Fleisch? Das war 2013, und Russland zählte zu den wichtigsten Handelspartnern der EU für Nahrungsmittel und Getränke; nur die USA importierten noch mehr. Auch damals waren Warnungen an der Tagesordnung. Und tatsächlich wurden Obst und Gemüse innerhalb der EU und damit auch innerhalb Deutschlands günstiger, vor allem weil der Absatzmarkt Russland fehlte. Doch nach ein paar Monaten war diese Phase vorbei, und inzwischen hat sich der Markt längst wieder reguliert. Den Bauern und Landwirten machen eher das Wetter und die »normale« Konkurrenzsituation zu schaffen: Molkereien, Discounter, das Quasi-Oligopol der Supermärkte. Russland ist längst kein Thema mehr.

Wie gesagt: Etwas mehr Realitätssinn und Ehrlichkeit und etwas weniger Schwarzmalerei wären wünschenswert, und zwar von allen Beteiligten. Auch wenn sich in unsicheren Zeiten deutlich mehr fordern und vermeintlich mehr durchsetzen lässt.

Deutlich mehr Ehrlichkeit wäre auch in anderen Bereichen gefragt – wenn es um die Zukunft von Unternehmen und vor allem deren Mitarbeitern geht. Wann wird bei Insolvenzen oder Firmenübernahmen schon offen über die Folgen gesprochen? In der Regel gibt es medial gut platzierte Lippenbekenntnisse, tröstende Worte, das Versprechen, sich für die Betroffenen einzusetzen, mit etwas Glück auch Standortgarantien für eine begrenzte Zeit. Wie groß der Graben zwischen Hoffnung und Realität oftmals ist, zeigt das Beispiel der inzwischen insolventen Fluggesellschaft Air Berlin.

## Husarenstück Air Berlin

Auch Monate nach der Insolvenz von Air Berlin hatte noch immer ein großer Teil der Ex-Mitarbeiter keinen neuen Job. Und wer einen neuen Arbeitsplatz fand, wurde oftmals deutlich schlechter bezahlt. Dabei hatten Wirtschaft und Politik beteuert, außer in der Verwaltung stünden die Chancen für Piloten, Bord- und Bodenpersonal sehr gut. Sehr gut stehen heute indessen ausnahmslos die Airlines da. Denn sie haben sich ihre Teile vom Air-Berlin-Kuchen gesichert, ohne Rücksicht auf die Mitarbeiter, dafür aber mit der größtmöglichen Portion Unehrlichkeit.

Der deutsche Staat hatte Air Berlin nach der Insolvenz im Spätsommer 2017 einen Kredit über mehrere Hundert Millionen Euro gewährt. Offiziell, um den Betrieb am Laufen zu halten und die Urlauber aus den Ferien zurückzuholen. Inoffiziell, um die Bundestagswahl nicht zu belasten. Tausende gestrandete Urlauber im Vorfeld einer Bundestagswahl stehen einer amtierenden Regierung nun einmal nicht gut zu Gesicht. Dass Berlin bei der Genehmigung des Staatskredits eigenmächtig handelte und nicht einmal auf ein angefordertes Gutachten wartete, wurde erst später publik.[60] Es dokumentiert die Eile, in der das Paket geschnürt wurde, allen kritischen und mahnenden Worten zum Trotz. Die gab es nämlich zuhauf: von Kritikern, der Opposition, Luftfahrtexperten und Ökonomen. Ihnen war zu diesem Zeitpunkt längst klar, dass ein Großteil des Geldes für immer verloren sein und am Ende der Steuerzahler zur Kasse gebeten würde.

Doch die Bundesregierung ließ das kalt – auch weil der Kredit noch eine weitere Funktion hatte, abseits der Bundestagswahl. Denn dank des Kredits hatten die Air-Berlin-Konkurrenten und speziell die Lufthansa Zeit, sich in Stellung zu bringen, hinter den Kulissen Gespräche zu führen und Möglichkeiten auszuloten. Mit zweifachem Erfolg: Am Ende war Lufthansa der einzige ernst zu nehmende Gesprächspartner im Tauziehen um den Nachlass von Air Berlin samt Maschinen und Landerechten, und die Airline konnte zudem über Monate die Preise im Flugverkehr diktieren. Lufthansa und ihre Billigtochter Eurowings bildeten im innerdeutschen Flugverkehr über Monate quasi ein Monopol.

Die Fluggesellschaft profitierte massiv davon, dass nun fast alle Maschinen ausgebucht waren und die letzten raren Plätze zu horrenden Preisen verkauft werden konnten. In der Folge stieg der durchschnittliche Ticketpreis massiv an und entsprechend lukrativ verlief das Geschäftsjahr 2017. Den Vorwurf von Preiserhöhungen wies die Airline zwar kategorisch zurück, man habe am Preismodell nichts geändert, hieß es. Fakt ist aber: Die Passagiere zahlten im Schnitt deutlich mehr und bescherten der Airline ein außerordentlich gutes Jahr, wie es hieß. Das dritte Rekordjahr in Folge für die Kranich-Airline und ihren Chef Carsten Spohr. Ein Gewinnzuwachs von 70 Prozent – der Air-Berlin-Pleite sei Dank.

Nicht weniger abgekartet war ganz offensichtlich die Zockerei um die ehemalige Perle von Air Berlin, den Ferienflieger Niki. Nachdem das Verkaufsverfahren im Zuge der Air-Berlin-Insolvenz neu aufgerollt und von Berlin nach Wien verlegt werden musste, war Insidern längst klar, was das hieß: Jetzt würde Formel-1-Legende und Niki-Gründer Niki Lauda zum Zug kommen. Und so kam es auch. Der Ex-Rennfahrer prognostizierte seinem früheren Baby eine glänzende Zukunft mit vielen sicheren Jobs. Auffällig war zu diesem Zeitpunkt nur, dass sich die sonst so aggressive irische Billigairline Ryanair aus dem Bietergefecht heraushielt. Warum der sonst so lautstarke Chef Michael O'Leary kleinlaut an der Seitenlinie stand, wurde erst Wochen später deutlich, als Ryanair bei Niki einstieg, inzwischen unter der Firmierung Laudamotion mit Niki Lauda an der Spitze. Ryanair erhielt 24,9 Prozent der Anteile. Noch kurz zuvor hatte Niki Lauda auf einer Pressekonfernenz erklärt, er wisse von Gesprächen mit den Iren – so wörtlich – »null«.

## Ehrlichkeit und Studien – zwei Welten

Im Frühjahr 2018 plante die Stadt Kiel eine Studie zum Thema Luftreinhaltung. Im Kern ging es um die Frage, ob möglicherweise Fahrverbote drohen, denn zumindest am Theodor-Heuss-Ring, einer Hauptverkehrsstraße, wurden die Grenzwerte für Stickoxide regelmäßig überschritten. Bezahlt werden sollte die Studie vom Volkswagen-Konzern. Bis hierhin ist noch alles in Ordnung, schließlich hatten die Automobilkonzerne beim Nationalen Forum Diesel der Bundesregierung zugesichert, Städte und Gemeinden zu unterstützen, gerade wenn es um die Kosten für Gutachten, Studien und das Erarbeiten neuer Luftreinhaltepläne und Maßnahmen zur Emissionsreduzierung ging.

Getreu dem Motto »Wer die Zeche zahlt, wählt die Musik« engagierte aber nicht die Stadt Kiel, sondern VW den Gutachter, das Softwareunternehmen PTV Group – Planung, Transport, Verkehr – Karlsruhe. Es sollte ein Gutachten über die Stickoxidbelastung in Kiel, den Verkehrsfluss und mögliche

Maßnahmen erstellen, um die Situation vor Ort zu verbessern. Das alles sollte in den Luftreinhalteplan der Stadt einfließen, der die Grundlage für alle Maßnahmen bildet. Als Beleg für die Expertise der PTV Group wurde ins Feld geführt, dass das Unternehmen schon mehrfach für die Stadt gearbeitet habe, aber auch für Regierungen, mehr als 2000 andere Städte und die EU.

Bis dahin hörte sich auch noch alles gut an – bis herauskam, dass die PTV Group zur Porsche Holding gehört. Im Jahr 2017 hatte Porsche 97 Prozent des Unternehmens für rund 300 Millionen Euro übernommen. Über diese Tatsache verlautbarte der VW-Konzern öffentlich kein Wort, erst durch Recherchen kam die Verbindung ans Licht.[61] Das »Modell« sieht demnach so aus: Der Auslöser der Dieselaffäre – Volkswagen – bezahlt Gutachter aus dem eigenen Konzern – Porsche-Tochter PTV –, um die Folgen der Dieselaffäre auszuwerten und zu beurteilen. Das hat nicht nur in meinen Augen mehr als ein »Geschmäckle«, auch wenn Porsche jeden Vorwurf der Einflussnahme zurückweist.

## Schiedsgerichte und Gefälligkeitsgutachten

In den Diskussionen um Freihandelsabkommen stehen auch immer die sogenannten Schiedsgerichte im Mittelpunkt. Sie sind eine Art Schlichtungsstelle, sollte es Unstimmigkeiten zum Beispiel zwischen Konzernen und Staaten geben. Fälle, in denen sich Unternehmen ungerecht behandelt fühlen oder daran gehindert werden, Geschäfte zu machen. Fälle, in denen zwar Investitionen getätigt, die gemachten Zusagen aber angeblich nicht eingehalten oder Grundstücke dann doch nicht freigegeben werden. Die meisten dieser Verfahren und Klagen auf sogenannten Investitionsschutz landen bei der Weltbank in Washington, genauer: vor dem Internationalen Zentrum zur Beilegung von Investitionsstreitigkeiten. Mehr als hundert dieser Investitionsschutzabkommen hat Deutschland mit ausländischen Handelspartnern geschlossen. Noch deutlich mehr Staaten haben die internationalen Regeln anerkannt.

Eigentlich gelten Schiedsgerichte als sinnvoll, schließlich können so langwierige Prozesse vermieden werden, die Zeit, Geld und Nerven kosten, auch wenn die Verfahren durchaus ebenfalls mehrere Millionen Euro kosten können. Ursprünglich waren die Schiedsgerichte einmal dafür gedacht, um in politisch instabilen Ländern Investoren zu schützen und Rechtssicherheit zu gewährleisten. Doch mit der zunehmenden Globalisierung ist dieses Sicherheitsdenken dem Konzernstreben nach Marktanteilen, Macht und Profit gewichen. Heute werden die meisten Verfahren von multinationalen Konzernen aus den USA und der EU geführt. Umweltauflagen können ein Grund sein, oder aber neue Gutachten, die Zusagen, politische Veränderungen, neue Erkenntnisse infrage stellen. Den Konzernen ist das alles im Zweifelsfall egal. Sie pochen auf ihren Investitionsschutz und verlangen in der Regel viel Geld.

Doch nicht nur deshalb halten viele Kritiker Schiedsgerichtsverfahren für gefährlich. Denn der Schiedsspruch ist in jedem Fall bindend, unabhängig davon, wie er ausfällt – außer es gibt Mängel im Verfahren. Das Problem: Die Schiedsgerichte sind praktisch private oder halb-private Veranstaltungen, tagen hinter verschlossenen Türen, also im Grunde unkontrolliert. Zwar sind sie paritätisch besetzt mit Kläger, Verteidiger und Richter, aber mit ungleichen Mitteln. Da wird aus Schiedsgerichten schnell eine Veranstaltung für Großkonzerne wie Siemens oder BASF, die sich das leisten können, im Gegensatz zu kleinen und mittelständischen Unternehmen. Denn anders als sie haben die meisten Großkonzerne in der Regel nahezu unbegrenzte finanzielle Möglichkeiten. Und das ist nötig, kann es doch schnell um Hunderte von Millionen, wenn nicht gleich Milliarden Euro an Schadenersatzforderungen gehen.

Für Aufsehen sorgte unter anderem ein Urteil gegen den Staat Ecuador, der wegen eines nicht zustande gekommenen Ölfördervertrags fast 2 Milliarden Dollar zahlen musste. Eine Summe, die den Staat komplett überforderte.[62] Aus derartigen Urteilen erwächst bei Kritikern die Sorge, dass Staaten künftig schon im Vorfeld klein beigeben werden, um nicht Gefahr zu laufen, Unsummen an Schadenersatz zahlen zu müssen. Möglicherweise auch in Fragen, in denen es um den Schutz der eigenen Bevölkerung geht.

Man stelle sich vor, ein Freihandelsabkommen schließt Investitionen in die Grundversorgung der Bevölkerung nicht aus, zum Beispiel mit Trinkwasser. Dann könnte hinter verschlossenen Türen darüber verhandelt werden, ob der Staat lieber den Weg für eine Privatisierung frei macht oder Schadenersatz an einen potenziellen Investor zahlt. Dass der Fall durchaus eintreten kann, zeigt das aktuelle Freihandelsabkommen zwischen der EU und Japan. Die Trinkwasserversorgung ist einer der Punkte, über den bis zuletzt verhandelt wurde, für den es aber keine abschließende rechtliche Einschätzung gibt. Fakt ist: In Japan können Trinkwassernetze privatisiert werden. Im Zuge des Abkommens hätte dieser Part eigentlich übernommen werden und in der EU verbindlich umgesetzt werden müssen. Um das zu verhindern, wurde extra eine Schutzklausel installiert. Unklar ist bislang, ob diese Klausel ausreicht oder ob es für Konzerne Möglichkeiten gibt, im Sinne des Freihandels dagegen vorzugehen.

Die Zahl der Schutzklagen hat in den vergangenen Jahren dramatisch zugenommen, von etwa 100 auf inzwischen nahezu 700 pro Jahr. Deutschland wurde auch schon mehrfach verklagt, unter anderem vom schwedischen Energiekonzern Vattenfall. Dabei ging es um die getätigten Investitionen in die Atomenergie. Mitverdient haben allerdings auch zahllose Anwaltskanzleien, die sich auf derartige Verfahren spezialisiert haben und offensiv Kunden suchen. Kein Wunder bei Anwaltshonoraren von mehreren Tausend Euro pro Stunde!

Da aus diesen Gründen der Widerstand gegen Schiedsgerichte im Vorfeld der TTIP-Verhandlungen zwischen EU und den USA und der CETA-Verhandlungen zwischen EU und Kanada immer größer wurde, gaben die Regierungen Gutachten in Auftrag. Unabhängige Gutachten, die helfen sollten, die Rolle der Schiedsgerichte neutral zu bewerten. Auch die Bundesregierung engagierte entsprechende Gutachter. Genauer: der damalige Bundeswirtschaftsminister Sigmar Gabriel. Den Auftrag erhielt das Max-Planck-Institut in Heidelberg. Das Ergebnis fiel recht eindeutig aus: kein Grund zur Aufregung. Von Schiedsgerichten drohe keine Gefahr. Na, das war doch erst einmal beruhigend, nicht wahr? Allerdings nur so lange, bis bekannt wurde, dass der Verfasser des Gutachtens selbst Schlichter für das Internationale Zentrum zur Beilegung von Investitionsstreitigkeiten ist.[63] Wie bitte? Ein Schlichter, der selbst Schlichtungsverfahren durchgeführt hat, urteilt über genau dieselben? Wie passt das denn zusammen? Bekannt wurde zudem, dass das Transatlantic Economic Council und das Transatlantic Business Council direkt oder indirekt mit am Verhandlungstisch saßen. Dahinter steckte aber mitnichten wie kolportiert eine Art politische Beraterinstitution, sondern Großkonzerne, die im Hintergrund Druck machten: Deutsche Bank, Microsoft, Anwaltskanzleien, Hedgefonds.

Keine Frage: Wir brauchen mehr Ehrlichkeit in Gutachten. Ohne Wenn und Aber müssen die Auftraggeber bekannt sein, nicht nur das beauftragte Institut. Wer dahintersteckt, diese Recherche kostet Journalisten oft viel Zeit, sofern die überhaupt vorhanden ist. Wenn Gutachten als »neutral« verkauft werden, obwohl Interessenvertreter dahinterstehen, muss sich die Bevölkerung getäuscht fühlen. Gerade in Fragen von Gesundheit und Gesundheitsgefahren ist das ein untragbarer Zustand. Notfalls muss es Standards geben, die deutlich machen: Wes Brot ich ess, des Lied ich sing.

# Verantwortungsvoll statt machthungrig

Manager müssen heutzutage nur selten persönliche Verantwortung übernehmen: für eigene Entscheidungen, resultierende Konsequenzen, auch finanzieller Art. Selbst wenn Ex-VW-Chef Matthias Müller im Nachrichtenmagazin *Der Spiegel* erklärte:[64] »Als solcher [Konzernchef] steht man immer mit einem Fuß im Gefängnis.« Doch Hand aufs Herz: Das passiert nicht allzu oft. Ex-Arcandor-Chef Thomas Middelhoff ist einer der wenigen, die einfuhren, allerdings wegen Untreue und Steuerhinterziehung. Oder auch der ehemalige Chef der Bremer Schwergutreederei Beluga, Niels Stolberg. Er bekam dreieinhalb Jahre Haft aufgebrummt. Ihm hatte die Staatsanwältin im Zusammenhang mit dem Untergang des Unternehmens eine »hohe kriminelle Energie« vorgeworfen.[65] Im »Normalfall« droht Topmanagern dagegen kein Ungemach. Selbst dann nicht, wenn ihre Entscheidungen dazu führen, dass dem eigenen Unternehmen hoher Schaden entsteht oder Jobs verloren gehen. Falsche oder zu teure Investitionen, Produkte, die vom Markt genommen werden müssen, fehlerhafte Bilanzen, sogar Insolvenzverschleppung, weil man dachte, man bekommt den Laden doch noch auf Vordermann.

Von diesen sogenannten Pflichtverletzungen können viele betroffen sein, Geschäftsführer, Vorstände, Aufsichtsräte – sprich: das gesamte Topmanagement. Doch persönliche Haftung ist für viele Führungskräfte kein Thema. Möglich macht das die sogenannte Managerhaftpflichtversicherung, auch bekannt unter der englischen Bezeichnung Directors and Officers' Liability Insurance, kurz D&O.[66] Während die Betriebshaftpflichtversicherung einspringt, wenn einem dritten Unternehmen ein Schaden entstanden ist, hat die Managerhaftpflichtversicherung einen anderen Zweck: Sie schützt die Topmanager, also Chefs, Vorstände, Aufsichtsräte. Die D&O ist dazu da, wie eine Art Rechtsschutzversicherung Ansprüche abzuwehren und den Manager vor Forderungen zu schützen, sodass er persönlich nicht haftbar gemacht werden kann. Egal wofür. Je nach Ausführung der Versicherung gilt das in fast allen Lebenslagen. Nicht nur wenn Verfehlungen aus Versehen passiert sind, sondern auch wenn es ein Alleingang war, nicht gut recherchiert wurde oder Sorgfaltspflichten verletzt wurden. Nur Vorsatz ist in der Regel nicht abgedeckt. Also Absicht. Aber wem kann das schon eindeutig nachgewiesen werden?

Mehr Ehrlichkeit. Das wäre eine Lösung. Mehr Rückgrat, Selbstreflexion und Verantwortungsbewusstsein. Auch Topmanager sollten uneingeschränkt zu ihren Taten stehen, genauso wie der Pförtner, der einen Eindringling nicht abgefangen hat, oder eine Kassiererin, bei der am Abend die Kasse nicht stimmt. Die erhalten eine Rüge, eine Abmahnung oder verlieren im schlimmsten Fall den Job. Auch für die Oberen gilt: Nur wer für seine Taten geradestehen muss, handelt mit Bedacht und Umsicht und lernt daraus. Eine neue Ehrlichkeit in Managementetagen im Umgang mit dem Unternehmen, den Mitarbeitern, den Bürgern – aber auch mit sich selbst wäre ein wünschenswerter Schritt.

## Vollkasko für Dilettantismus

Die D&O ist für Manager praktisch eine Vollkaskoversicherung ohne Selbstbehalt. In börsennotierten Unternehmen sind solche Versicherungen inzwischen Standard, im Mittelstand haben sieben von zehn Unternehmen entsprechende Policen abgeschlossen.[67] Schäden von 10, 20, 100 Millionen Euro und mehr sind üblicherweise abgesichert. Bei Volkswagen ist von rund 500 Millionen Euro die Rede. Einige Konzerne decken für ihr Führungspersonal Schadenssummen von bis zu 1 Milliarde Euro ab. Ein Freibrief für Entscheider, egal ob Betrug, Korruption, Verstöße gegen das Wettbewerbsrecht, Verstöße gegen das Kartellrecht. Entsprechend wird die D&O-Versicherung beworben. In der Regel stehen rund um die Uhr Anwälte, Sanierungsberater und Strafrechtler bereit, um im Fall der Fälle einzugreifen. Das würde sich Otto Normalverbraucher wünschen, der meist mit seiner Versicherung um eine sichtbare oder unsichtbare Flamme bei einem Brandloch im Teppich verhandeln muss.

Dass die D&O-Versicherungen eine gute Zukunft haben, belegt die Studie »D&O Insurance Insights: Management Liability Today« der Allianz Global Corporate & Specialty aus dem Jahr 2016. Dabei kommen die meisten Forderungen an die Manager gar nicht von externen Unternehmen, sondern aus dem eigenen Haus: »In Deutschland dominieren Innenregresse [...] Compliance-Verstöße als Hauptursache von D&O-Schadensfällen.« Rund 80 Prozent der Forderungen stammen demnach aus dem eigenen Umfeld. In diesem Zusammenhang spricht die Studie von »zunehmendem Aktivismus von Aktionären oder Aufsichtsbehörden sowie dem Einfluss von Prozessfinanzierern ...«[68].

Von den Versicherungen profitieren die Juristen am meisten, nicht der oder die Geschädigte. Der Versicherungsmakler Howden untersuchte tausend Schadensfälle. Ergebnis: In Rechtsverfahren kommen 70 Prozent der Aufwendungen den Anwälten zugute, nur 30 Prozent des Geldes gingen an die geschädigten Unternehmen. Als Grund gelten die aufwendigen und zeitintensiven Verfahren, die meist Jahre dauern. Im Mittelstand dauert es im Schnitt drei Jahre, bis eine Entscheidung vorliegt. Bei größeren Verfahren gut doppelt so lange. Bis dahin können Betrieb und Arbeitsplätze längst verloren sein, während der Manager zwar auf der Anklagebank sitzt, aber eigentlich nichts zu befürchten hat. Schon gar nicht finanziell.

Hier muss es eine deutliche Beschleunigung der Verfahren geben – und quantitativ und qualitativ mehr Sachverstand aufseiten der ermittelnden Behörden. In einer digitalen Welt werden entsprechende Verfahren immer komplexer, globaler, undurchsichtiger. Server auf den Seychellen, Tochterunternehmen quer über dem Globus, Standorte, die als reine Briefkastenadressen dienen. Dies alles darf am Ende nicht dazu führen, dass die Justiz ausgehebelt oder gelähmt wird. Der Staat muss hier mit adäquaten Mitteln antworten. Warum gibt es bis heute keine Frist, in der entsprechende Wirtschaftsverfahren abgeschlossen sein müssen?

Deutschland ist übrigens zusammen mit den USA und Australien das Land mit den meisten D&O-Schadensfällen. Eine entsprechende Untersuchung kommt zu dem Ergebnis, dass sich die Zahl in den vergangenen 20 Jahren etwa verdreifacht hat. Die meisten Verfahren werden mit einem Vergleich beendet.

Übrigens: Eigentlich sind in Deutschland die Vorstände von Aktiengesellschaften dazu verpflichtet, wenigstens einen kleinen Teil der oftmals mehrere Millionen schweren Schäden zu schultern. Doch selbst das können Chefs umgehen: mit dem Abschluss einer echten Vollkaskoversicherung ohne Selbstbehalt. Es ist sozusagen die 24-Karat-Vergoldung der Managerhaftpflichtversicherung und nennt sich »persönliche Selbstbehaltsversicherung«. Auch die zahlt meist der Konzern.

Dass der Abschluss der D&O-Versicherungen heute der Normalfall ist, macht diesen Umstand nicht weniger falsch. Falsch ist es, dass die Konzerne und damit die Belegschaft die Kosten tragen. Falsch ist aber auch, dass die Topmanager heute praktisch von jeder persönlichen Verantwortung und Haftung freigehalten werden. Denn gerade die Gefahr, für persönliche Fehler geradestehen zu müssen, sorgt für Umsicht, Abwägung, Einordnung, Vorsicht. Risikoaffine Pioniere wird es trotzdem geben, keine Sorge. Nicht zuletzt ist es gerade die große Verantwortung, mit der Konzernlenker ihre hohen Einkommen begründen. Und diese Verantwortung sollten sie auch wahrnehmen und notfalls dafür geradestehen. Warum sollten gerade sie das nicht tun? So wie jeder Normalbürger auch, der eine folgenschwere Entscheidung fällt. Wer später die daraus resultierenden, persönlichen Konsequenzen nicht für gerechtfertigt hält, kann auf juristischem Weg Genugtuung erstreiten. Das steht selbstverständlich auch jedem Topmanager offen. Mit dem Unterschied, dass er sich in der Regel die besten Anwälte des Landes leisten kann.

## Mehr Verantwortung – allein durch Diversity

Sind Krisen männlich? Oder anders gefragt: Verhalten sich Frauen in Führungspositionen verantwortungsvoller als Männer? Umsichtiger? Zuverlässiger? Gehen Frauen anders mit kritischen Situationen um? Lassen sie es möglicherweise erst gar nicht so weit kommen? Fehlt männerdominierten Konzernführungen grundsätzlich ein weibliches Korrektiv? Und sorgen Frauen von vornherein für ein anderes Klima in Chefetagen – einfach durch ihre Anwesenheit?

## Sind Frauen die besseren Männer?

»Frauen und Männer führen sehr ähnlich. Es gibt allerdings einen entscheidenden Unterschied: Frauen führen flexibler, teamorientierter, tauschen sich aus, diskutieren mit anderen, passen ihre Ansichten an und kommen dann zu einer Entscheidung. Schon allein dieses Vorgehen trägt dazu bei, dass es erst gar nicht zu Krisensituationen kommt«, sagt Christine Theodorovics, eine der wenigen Frauen, die es in den Vorstand eines internationalen Konzerns geschafft haben. »Mehr Köpfe wissen einfach mehr«, findet sie. Die Stationen der Österreicherin: Swiss Life, Credit Suisse, Zurich Insurance Group.

Christine Theodorovics war an der Wirtschaftsuniversität in Wien, am Europakolleg in Brüssel, am Swiss Finance Institut in Zürich und hat über zwanzig Jahre Auslandserfahrung. Sie sagt, auch andere hätten gute Ausbildungen, und daran scheitere ein höherer Frauenanteil auch gar nicht, sondern am Sponsor. Ohne männlichen Sponsor, also einen Fürsprecher auf höherer Ebene, einen Unterstützer, haben Frauen ihrer Meinung nach kaum eine Chance, in Führungspositionen zu gelangen. »Man wird herausgepickt, dann gibt es die großen Sprünge. Wenn man das Pech hat, dass niemand einen entdeckt oder fördert, dann passiert es einfach nicht. Das ist keine automatische Funktion der Leistung.« Ein Problem sei, so die 49-Jährige, dass Männer eher Männer fördern. Da seien Frauen anders. »Frauen schauen nicht aufs Geschlecht, sondern auf die Leistung.«

Christine Theodorovicz spricht aus eigener Erfahrung – auch im Ausland, wo sie sich lange mit Entwicklungsprojekten befasst hat, unter anderem in Nepal und Nigeria. Dort, sagt sie, sei die Handschrift von Frauen im Alltag spürbar. Denn in der Regel seien von Frauen geleitete Hilfsprojekte bei Weitem die erfolgreichsten. Als Hauptgrund sieht die Managerin den verantwortungsvolleren Umgang mit Geld, Know-how, Ressourcen und Menschen. So würden Frauen neu erworbenes Vermögen einsetzen, um die Familie und die Community zu ernähren, andere fortzubilden, Frauen zu schulen, kleinere Produktionsstätten zu unterstützen. Das alles sei so in den alten patriarchischen Strukturen nicht vorgesehen. Da komme das Geld nicht der Familie zugute, sondern werde »auf den Kopf gehauen«. Das könne man nicht wegdiskutieren. Frauen wirtschafteten nachhaltiger, mit mehr Gemeinsinn als Männer.

Was das für Konzernstrukturen heißen könnte? Aus ihrer Erfahrung heraus wirbt Christine Theodorovics für eine – wie sie sagt – »Diversity, eine gute Mischung« in den Führungsetagen. Diese sei für den Erfolg eines Unternehmens unabdingbar. Zur Mischung zählten Jung und Alt ebenso wie Mann und Frau.

Eine Einschätzung, die von einer Studie des Washingtoner Peterson Institutes for International Economics untermauert wird. Die Forscher haben 22 000 Unternehmen in mehr als 90 Ländern untersucht.[69] Ihr Fazit: Managerinnen pushen den wirtschaftlichen Erfolg von Firmen erheblich. Steigt der Frauenanteil in den Chefetagen um 30 Prozent, wächst der Nettoumsatz um 15 Prozent. Dafür müssen Frauen laut Untersuchung nicht einmal den Chefposten besetzen. Der Effekt tritt demnach bereits ein, wenn ausreichend Frauen im Vorstand und in den direkten Hierarchieebenen darunter vertreten sind. Zu einem ähnlichen Ergebnis kam McKinsey bereits im Jahr 2007.[70] Die Unternehmensberatung wies einen direkten Zusammenhang zwischen einem höheren Frauenanteil in Führungsteams und einem Anstieg von Eigenkapitalrendite und Marge, also Gewinnspanne, nach.

2018 lautete das Ergebnis der McKinsey-Studie »Delivering Through Diversity«:[71] Bei Unternehmen mit einem hohen Grad an Diversität steigt die Wahrscheinlichkeit, überdurchschnittlich erfolgreich zu sein, um 21 Prozent. Auch die Schweizer Bank Credit Suisse untersuchte im »The CS Gender 3000: Women in Senior Management«[72/73] den Effekt eines höheren Frauenanteils in Chefetagen in den Jahren 2012 und 2015. Die Ergebnisse waren auch hier eindeutig: Bereits die Anwesenheit einer Frau im Verwaltungsrat führte dazu, dass die Eigenkapitalrendite höher ausfiel. Im untersuchten Zeitraum lag der Wert bei durchschnittlich 14,1 Prozent, bei Unternehmen mit rein männlichen Verwaltungsräten bei 11,2 Prozent. Übrigens profitierten nicht nur die Renditen, sondern auch die Aktienkurse.

Dennoch liegt der Frauenanteil in den Führungsetagen auch vieler deutscher Unternehmen weiterhin unter 10 Prozent. Zwar

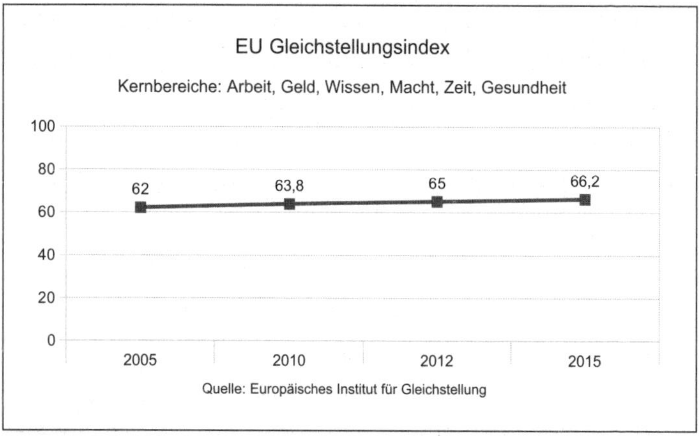


Abbildung 6: EU-Gleichstellungsindex

investieren laut der McKinsey-Studie »Women Matter«[74] rund 80 Prozent der deutschen Unternehmen in Programme zur Frauenförderung, in die Vereinbarkeit von Beruf und Familie, flexiblere Arbeitszeiten, Kinderbetreuung, Home-Office-Möglichkeiten et cetera. Aber »trotz dieser Maßnahmen lassen sich die Versäumnisse der Vergangenheit nicht so schnell aufholen«, heißt es in der Studie. Im Rest Europas sieht es noch düsterer aus. Laut Untersuchung investieren »europaweit 66 % der Großunternehmen in Frauenförderung [...], ohne bislang konkrete Fortschritte zu sehen«. Das deckt sich auch mit den Ergebnissen des EU-Gleichstellungsindex, der zuletzt 2017 veröffentlicht wurde und sich auf Daten von 2015 bezieht (siehe Abbildung 6). Bei 100 Zählern wären Frauen und Männer gleichgestellt – bei Arbeit, Geld, Wissen, Macht, Zeit und Gesundheit. Doch der EU-Gleichstellungsindex belegt:[75] Seit 2005 gab es kaum Bewegung. Die Frage ist nur: Warum ist das noch immer so?

Die Soziologin Ann Morrison prägte bereits vor mehr als 30 Jahren den Begriff der »gläsernen Decke«. Gemeint ist damit all das, was Frauen davon abhält, die Karriereleiter nach oben zu steigen. Einige Vorgesetzte halten danach Frauen mit der spärlichen Weitergabe von Informationen auf Distanz, andere haben mit selbstbewussten Frauen ein Problem. Und Männer akzeptieren Frauen nicht immer als gleichberechtigt.

Eine Topmanagerin eines internationalen Konzerns erklärte während der Recherchen: Vor einiger Zeit sei ihr die Leitung für ein internationales Projekt übertragen worden. Außer ihr seien nur Männer im Team gewesen. Diese hätten sich zunächst hinter vorgehaltener Hand »das Maul zerrissen« – vor allem, als sie einmal mittags nach Hause musste, um sich um ihr krankes Kind zu kümmern. Warum sie überhaupt Kinder bekommen habe, sei sie gefragt worden. In dieser Zeit, so die Managerin, seien ihre Selbstzweifel gewachsen, ihr Selbstvertrauen habe gelitten, und ihr schlechtes Gewissen wurde größer und größer. Am Ende wurde der Gang in das Unternehmen zur täglichen Belastung, sie wurde ausgegrenzt, teilweise von den Kollegen ignoriert – bis sie alles auf eine Karte setzte. Die nächste Besprechung sollte die Wende bringen: ein Neubeginn oder das Aus. Dafür habe sie sich inhaltlich extrem gut vorbereitet und in der Konferenz alle überzeugt. Fachlich, das sei ihr wichtig gewesen. Sie habe auf keinen Fall um Verständnis bitten wollen. Seitdem sei Ruhe. Andere, die diesen Schritt nicht gewagt hätten, steckten dagegen weiterhin fest. Denn die Szenerie ist kein Einzelfall in den Chefetagen. Vielmehr hat die Kombination aus Ignoranz, Aus- und Abgrenzung und Verteidigung des eigenen Machtbereichs ganz offensichtlich System.

## Der Mix ist gut fürs Geschäft

Dabei zeigen Studien, dass gemischte Teams nicht nur gut fürs Geschäft sind, sondern auch um Fehlentwicklungen zu stoppen. Unternehmensberater sprechen Frauen zu, rationaler zu denken als Männer, zielorientierter. Sie verzetteln sich seltener, organisieren besser, indem sie priorisieren und fokussieren. Das sei ihren Doppelbelastungen in Familie und Beruf geschuldet. Denn gerade dort seien Stressresistenz und organisiertes Handeln praktisch an der Tagesordnung. Aufstehen, Frühstück, Busfahrplan, Schule, Hausaufgaben, Arzttermine, Sport ... so mancher Familienkalender gleicht dem prall gefüllten Terminplan eines Vorstands.

Dass Frauen meist teamorientierter führen als Männer, bestätigt auch eine Untersuchung des Verbands der Deutschen Unternehmerinnen in Zusammenarbeit mit der Deutschen Bank. Für die Studie »Mitten im Leben«[76] wurden 440 Frauen aus der Wirtschaft und parallel dazu 200 männliche Entscheider aus mittelständischen Unternehmen befragt, worauf ihr Fokus liegt: Kundenbindung, Mitarbeiterbindung, strategische Ausrichtung, Weiterbildung, Dienstwagen, Bonuszahlungen et cetera. Das Ergebnis: Die Männer konzentrierten sich auf Finanzen und Investitionen, die Frauen achteten dagegen verstärkt darauf, dass die Kunden gut betreut wurden und die Mitarbeiter zufrieden waren. Um das zu erreichen, hatten Frauen ganz bestimmte Vorstellungen und setzten entsprechende Schwerpunkte, unter anderem eine bessere Fortbildung und weitere Angebote zur besseren Vereinbarkeit von Familie und Beruf. Männer setzten dagegen auf finanzielle Anreize, wie etwa Bonuszahlungen und Dienstwagen.

Christine Theodorovics strebt ein Mann-Frau-Verhältnis in Führungsetagen von zwei zu eins an, also ein Drittel Frauen, mindestens. Fifty-fifty sei jedenfalls derzeit utopisch. Gemischt könne aber auch nicht heißen, eine einzige Frau und fünfzehn Männer. Sobald sich in den Gremien das Verhältnis zugunsten von Frauen substanziell verschiebe, so Theodorovics, würde sich die Kultur von Verhandlungen, Diskussionen und Gesprächen in den oberen Firmenetagen verändern. Aus eigenen Erfahrungen und Gesprächen mit anderen weiblichen Führungskräften sei ab 25 bis 30 Prozent Frauenanteil zu beobachten, dass die Qualität der Diskussion zunehme, ebenso die Dauer der Wortbeiträge. Darunter würden Frauen oft weggebügelt, deren Reden unterbrochen, zudem kämen sie ohnehin seltener zu Wort als ihre männlichen Kollegen.

Die Österreicherin möchte mithelfen, das gängige Modell zu durchbrechen. Sie möchte ein Vorbild sein für junge Frauen, denen der Mut fehlt, in die Männerriege vorzudringen. Wie in der Finanzbranche, in der Theodorovics unterwegs ist und in der noch immer die Männer das Sagen haben. Von außen betrachtet sei die Branche für Frauen nicht sonderlich attraktiv: »Ich sage immer provokativ: Es ist ja nicht die Traumvorstellung von jeder Frau, in irgendeinem Konferenzzimmer mit fünfzehn Kollegen zu sitzen, alle ungefähr im gleichen Alter, alle mit den gleichen Ansichten, alle in grauen Anzügen. Aber das ist die Realität.«

Frauen müssten aber auch mutiger sein. Sie seien weniger fordernd als Männer. Auch und gerade dann, wenn es um Karriereschritte oder Gehaltsforderungen gehe, findet die Topmanagerin. Danach treten Männer meist sehr selbstbewusst auf, pochen schnell auf ein höheres Gehalt und reklamieren Karrierechancen, während Frauen eher abwarten, mitunter Selbstzweifel haben, zurückhaltender, zögerlicher sind. Und das selbst dann, wenn man ihnen neue Aufgaben zuteilt. »Traue ich mir das überhaupt zu? Schaffe ich das?«, diese Fragen stellen sich Frauen demnach wesentlich öfter als Männer. Dann sei es an den Führungskräften, den Frauen einen Vertrauensvorschuss zu geben, sie zu unterstützen, Fehler zuzulassen. Nur so lasse sich das eigentliche Problem der Frauen in Spitzenpositionen beseitigen, sagt Christine Theodorovics. Aus Sicht der Topmanagerin braucht es eine größere Masse an potenziellen weiblichen Führungskräften. Die Anzahl müsse steigen. Die Basis, aus der Topmanager rekrutiert werden können. Denn bei den Frauen fehle es an einer breiten mittleren Führungsebene. Es gebe praktisch keine Möglichkeit, auszuwählen. Dass sich daran grundlegend in den kommenden Jahren etwas ändert, damit rechnet die Topmanagerin nicht. »Da passiert nichts, weder in Deutschland, Österreich noch der Schweiz. Ich müsste lügen, wenn ich sehr positiv wäre.«

Hoffnungen machen der Topmanagerin die jüngeren Generationen. Diese versuchten, die Anforderungen des Familienlebens gemeinsam zu meistern. Allerdings tue sich an der »gläsernen Decke« nichts. Ohne Sponsor, ohne Fürsprecher, ohne Netzwerk, ohne Fans und ohne das nötige Glück hätten Frauen auch in Zukunft das Nachsehen. »So richtig optimistisch bin ich nicht. Ich habe in meiner Zeit wenig Änderung gesehen. Ich höre die gleichen Gehaltsunterschiede seit Jahren. Ich bin vor fast zwanzig Jahren in die Schweiz gekommen in eine Schweizer Bank. Da waren alle ganz stolz darauf, dass sie den Gehaltsunterschied auf 27 Prozent reduziert hatten. Und das wurde auch noch lautstark verkündet.«

## Ernüchternde Zahlen

Dass sich in puncto Gleichstellung in Deutschland aber auch auf europäischer Ebene wenig bewegt, belegt der entsprechende Index des Europäischen Instituts für Gleichstellung, kurz EIGE. Es untersucht regelmäßig verschiedene Themen wie Zeit, Macht, Gesundheit, Geld, Arbeit, Wissen. Dabei geht es unter anderem um Frauen in Entscheidungspositionen, faire Bildungschancen, um die Frage, wer sich um die Familie und die Hausarbeit kümmert. Zu Letzterem ist laut Untersuchung EU-weit nur jeder dritte Mann bereit, aber knapp 80 Prozent der Frauen. Nach der Devise: »Muss ja gemacht werden, dann mache ich es halt, bevor es liegen bleibt.« Im Gleichstellungsindex für 2017 erreichten die EU-Länder im Schnitt 66 von 100 maximal erreichbaren Punkten. Das waren lediglich vier mehr als noch vor zehn Jahren. Das heißt, in puncto Gleichstellung hat sich kaum etwas getan, und Deutschland liegt sogar noch unter dem durchschnittlichen Zuwachs.

Den letzten Platz im Ranking belegt Griechenland mit gerade einmal 50 Punkten. Dort hat sich in den vergangenen Jahren praktisch gar nichts bewegt. Beobachter werten dies als Indiz dafür, dass sich gerade in wirtschaftlichen Krisenzeiten die Chancen für Frauen verschlechtern oder zumindest nicht verbessern. Laut Europäischer Statistikbehörde Eurostat zählten zu den schwächsten Regionen in der EU zuletzt auch Portugal und die Slowakei. Dort gab es wie in Griechenland praktisch keine Veränderung. Über die konkreten Gründe kann nur spekuliert werden. Auch scheinen sich hier die Erfahrungen von Christine Theodorovics zu bestätigen: Wenn es um die Verteilung des Kuchens geht, sind Männer aggressiver, fordernder, setzen sich eher durch. Dazu kommt: Je kritischer die Lage, desto seltener gehen Führungskräfte Risiken ein. In der Krise setzen Konzernvorstände also eher auf gewohnte Methoden, und damit logischerweise auch auf Männer.

Frauen in Führungspositionen sind nach wie vor eine Seltenheit, vor allem in Weltkonzernen. In den Vorständen der DAX-Konzerne finden sich gerade einmal 13 Prozent Frauen. Eine weibliche Führungskraft sitzt also etwa acht Männern gegenüber. Konzernchefinnen gibt es bislang nicht, nur ein DAX-Konzern hat eine weibliche Doppelspitze im Aufsichtsrat: Henkel mit Simone Bagel-Trah und Birgit Helten-Kindlein. Die Verhältnisse haben sich leicht verschoben. Grundsätzlich geändert oder gar angeglichen hat sich die Verteilung zwischen Frauen und Männern nicht, trotz der angeblichen Bemühungen und des propagierten Fachkräftemangels. Die deutsche Wirtschaft nutzt damit die Hälfte des sogenannten Humankapitals nicht – und das seit Jahrzehnten.

Ebenso drastisch sind die Zahlen, wenn es um Finanzen geht. In den DAX-Konzernen ist nur etwa jede zehnte Stelle für Finanzen oder Controlling von einer Frau besetzt. Laut einer Studie des Online-Brokers Comdirckt von knapp 670 nur gut 70, und zwar auf Vorstandsebene und in Aufsichtsräten.[77] Rechnet man die Aufsichtsratsposten heraus, bleiben nur drei Finanzchefinnen übrig: bei der Deutschen Lufthansa, beim Medizinkonzern Fresenius und beim Immobilienkonzern Vonovia. Aber warum sollte es in der Wirtschaft anders laufen als in der Politik? Dort herrscht schließlich ein ähnliches Bild. Im Deutschen Bundestag sitzen derzeit 219 Frauen verteilt auf 709 Sitze. Der Anteil liegt damit bei gerade einmal 30 Prozent. Oder anders ausgedrückt: Nicht einmal jeder dritte Platz wird von einer Frau besetzt. Im österreichischen Nationalrat liegt die Quote unwesentlich höher bei knapp 35 Prozent, im Schweizer Nationalrat bei 33 Prozent.[78]

## Der Chef als emotionaler Krüppel

Dabei gibt es durchaus Zweifel daran, dass Männer in jedem Fall die bessere und sicherere Wahl sind. Der Psychologe, Therapeut und Autor Peter Dogs stellt der Managerkaste jedenfalls kein gutes Zeugnis aus:[79] In der *Welt am Sonntag* war von »emotionalen Krüppeln« die Rede, die sich kaum um Frau und Kinder kümmern. Mit Neigung zu Depressionen, unfähig, Gefühle zu zeigen. Mit unzufriedenen Ehefrauen, die sowohl unter der Beziehung als auch dem enthaltsamen Dasein im Schlafzimmer litten. Das alles gipfelte in der Empfehlung, möglichst keine eigenen Kinder zu bekommen. Auch weil schlichtweg die Zeit für den Nachwuchs fehle. Und Peter Dogs weiß, wovon er spricht. Zu seinen Patienten zählten nach eigenen Angaben rund 150 Topmanager auch großer deutscher Konzerne wie Siemens und VW.

Aus den Therapiegesprächen hat Peter Dogs noch eine weitere Erkenntnis gewonnen, die durchaus überrascht. Denn dass Geld allein nicht glücklich macht, gilt als altbekannte Weisheit. Dass viel Geld aber todunglücklich macht, ist neu. Soll aber so sein, zumindest mit Blick auf die von Peter Dogs therapierten Patienten. Topmanager, so der Psychologe Peter Dogs weiter, seien oft sehr unglückliche Menschen, und zwar gerade wegen des vielen Geldes, das sie verdienen. Zermürbt von Selbstzweifeln: Verdienen sie das Geld wirklich? Bekommen sie das viele

Geld zu Recht? Was wird alles dafür von ihnen erwartet? Werden sie diesen Erwartungen gerecht? Angeblich treiben diese Fragen die internationale Elite mehr um als alles andere. Mehr als Schlagzeilen in der Presse, Druck im Unternehmen, Vorgaben der Politik oder die Last der Konkurrenz.

Hieraus erwächst zumindest ein neuer Ansatz für eine Diskussion über Einkommensobergrenzen. Diesmal nicht aus dem Blickwinkel einer Gerechtigkeitslücke, sondern aus Sicht der Topmanager. Denn die Last des Geldes scheint vielfach so groß zu sein, dass sich Führungspersonal zu Entscheidungen getrieben fühlt. Möglicherweise ist das auch ein Grund für riskante Fehlentscheidungen. Die gefühlte Pflicht, etwas zu bewegen. Eine Gehaltsobergrenze und weniger flexible, erfolgsabhängige Anteile könnten diesen Druck deutlich nehmen und dafür sorgen, dass der Fokus nicht auf kurzfristige Effekte, sondern langfristige Strategien gelegt wird.

Meine eigenen Erfahrungen mit einem Spitzenbanker aus der Investmentbranche während einer früheren Recherche decken sich allerdings nur bis zu einem bestimmten Punkt mit Dogs Einschätzung: Emotionaler Krüppel? Ja. Unfähig, Gefühle zu zeigen? Ja. Aber unglücklich über seinen Reichtum, immerhin ein dreistelliges Millionenvermögen? Ganz sicher nicht. Der Topmanager leitete ein Tochterunternehmen eines großen US-Investmenthauses. Er residierte in einem abgeschirmten Büro in einem Frankfurter Hochhaus, erreichbar nur über einen nicht frei zugänglichen Aufzug. Jede Sekunde betreut von seinem Kommunikationschef, der bei jedem unvollständigen, sinnlosen Satz eingriff. Und er griff oft ein. Aber unglücklich? Nein.

# Offen statt hinterhältig

»Man muss das, was wir gerade erleben, einordnen in eine sehr viel historischere Phase, in der es um die Neuordnung der Welt geht.«

Prof. Henning Vöpel, Leiter Hamburgisches Weltwirtschaftsinstitut (HWWI)

Im Frühjahr 2018 waren sie sich alle einig. Gut, fast alle – bis auf US-Präsident Donald Trump. Ansonsten Wirtschaftsvertreter in Deutschland und den USA sowie Politiker rund um den Globus, von Berlin bis Peking. Auch die Chefin des Internationalen Währungsfonds (IWF), Christine Lagarde, warnte. Und doch hat die Welt US-Präsident Donald Trump nicht gestoppt. Dieser hatte zu diesem Zeitpunkt die ersten Strafzölle gegen China auf den Weg gebracht. Im Fokus: Aluminium und Stahl. Peking drohte umgehend mit Vergeltung. In den folgenden Wochen veröffentlichten beide Seiten im Wechsel immer längere Listen mit Produkten, die mit Strafzöllen belegt werden sollten und später auch wurden. Produkte ohne wirtschaftliche Relevanz, aber auch Produkte, die schmerzen, zum Beispiel Hightech-Waren aus China oder Soja und Autos aus den USA. Eine gefährliche Ausgangslage, denn »Trump-Land« ist hochverschuldet. Inzwischen liegt das Minus bei mehr als 20 Billionen Dollar (siehe Abbildung 7).

HWWI-Leiter Prof. Henning Vöpel spricht vom »Beginn eines größeren Spiels in der Weltwirtschaft. Weg von einer zwanzig Jahre lang andauernden, entfesselten Globalisierung, hin

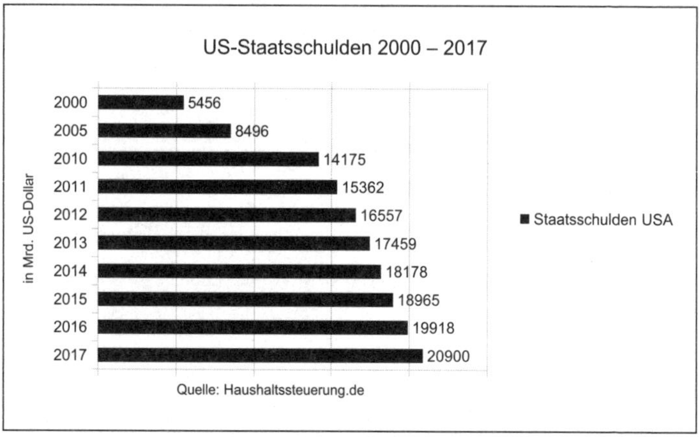


Abbildung 7: US-Staatsschulden 2000 bis 2017

zu einer neuen Globalisierung, in der jeder versucht, Vorteile auszuloten. Ein Spiel, das fortgesetzt wird. Mit Maßnahmen und Gegenmaßnahmen.« Es ist ein Paradigmenwechsel. Kein vorübergehendes Phänomen, sondern eine neue Phase, in der Protektionismus, Egoismus und nationale Interessen in den Vordergrund gerückt werden. Eine komplett fragmentierte Welt. Nicht nur mit Blick auf China, Russland, Iran und Türkei. Die Liste ließe sich beliebig verlängern.

An dieser Stelle wäre es allerdings falsch, nur auf die beteiligten Staaten und die Politik zu blicken. Wirtschaftlich relevante Entscheidungen »passieren« nicht einfach. Trump etwa ist ein Mann der Wirtschaft: Er hat mit Immobilien, Casinos und Golfplätzen viel Geld verdient. Trump selbst spricht von Milliarden, Kritiker halten Millionen für realistischer. Sein Netzwerk und seine Verbindungen in die Chefetagen der größten US-Unternehmen galten schon vor seinem Amtsantritt als Präsident der Vereinigten Staaten von Amerika als weitreichend. Wenn Trump heute ruft, klopfen selbst die größten Unternehmensbosse an seine Tür. Und so stecken hinter all seinen Entscheidungen die Wirtschaft, Verbände, Interessengruppen, Lobbyisten, Topmanager. In anderen Ländern ist das allerdings nicht anders.

## Handelspartner, Handelskonkurrent, Handelsgegner

Inzwischen dreht sich die Spirale immer schneller. Eine aufsteigende Spirale mit Blick auf Protektionismus und Eigeninteressen; eine absteigende Spirale mit Blick auf die Steuern. Unterm Strich scheint es kaum noch gemeinsame Interessen der Weltgemeinschaft zu geben. Dabei gibt es doch zahlreiche Konflikte und Probleme, die nur gemeinschaftlich zu lösen sind: Migration, Klimawandel, Ernährung der Weltbevölkerung, um nur einige zu nennen.

Doch US-Präsident Trump ist alles recht, um seine Macht und die Vormachtstellung der USA zu zementieren, zumal China diese Vormachtstellung zunehmend für sich beansprucht. Der aufziehende Handelskrieg nicht nur zwischen den USA und China wird den gesamten Welthandel vermutlich über Jahrzehnte überschatten und belasten. Bei US-Strafzöllen und entsprechenden Gegenmaßnahmen wird es vermutlich auch nicht bleiben. Vöpel rechnet in naher Zukunft mit einem Währungskrieg zwischen Dollar und Euro. Dahinter steckt der Umstand, dass eine günstige eigene Währung üblicherweise den Export ankurbelt und den Import schwächt.

Eine vereinfachte Rechnung zur besseren Illustration: Kostet ein Auto aus Deutschland 40 000 Euro und das Verhältnis von Euro zu Dollar beträgt eins zu eins, müssen die US-Bürger 40 000 Dollar auf den Tisch legen. Ist dagegen der Dollar stark und – sagen wir mal – 1,30 Euro wert, fallen in den USA gut 30 000 Dollar für dasselbe Auto an. Klar, dass dadurch die deutschen Exportchancen steigen, weil sich mehr Amerikaner einen deutschen Wagen leisten können. Im Gegenzug allerdings werden US-Waren in Deutschland teurer, denn hierzulande müssen mehr Euro berappt werden. Ein amerikanisches Automodell, das in den USA 30 000 Dollar kostet, würde in unserem Eins-zu-eins-Beispiel ebenfalls 30 000 Euro kosten. Bei einem starken Dollar wären aber hierzulande 39 000 Euro dafür fällig. Wie für jede andere exportorientierte Nation ist auch für die US-Exportwirtschaft eine schwache Währung, hier ein schwacher Dollar, wünschenswert, um auf dem Weltmarkt konkurrenzfähig zu sein. Die exportabhängige deutsche Wirtschaft wünscht sich einen schwachen Euro.

Natürlich ist das eindimensional betrachtet, weil Unternehmen heute weitverzweigte Produktionsstätten haben und auch von anderen Währungsräumen profitieren und Konzerne ihre Geschäfte natürlich gegen starke Währungsschwankungen absichern. Dennoch haben Staaten in der Regel kein Interesse an zu starken Währungen. Wenn diese Interessen aufeinanderprallen und kein Gleichgewicht gefunden wird, droht ein Währungskrieg. Es ist nur eine Frage der Zeit, bis Donald Trump fordern wird, den Euro zu stärken und den Dollar zu schwächen. Zumal auch die Notenbanken unterschiedliche Wege eingeschlagen haben, die den Dollar zusätzlich stärken: Während in den USA schon fleißig an der Zinsschraube gedreht wird, macht die Europäische Zentralbank keine Anstalten, das Zinsniveau maßgeblich zu ändern. Gibt es aber im Dollar-Raum mehr Zinsen, macht das die US-Währung interessant für Investoren. Die Folge: Der Dollar steigt. Dieser Belastung der amerikanischen Exporte wird Donald Trump nicht lange tatenlos zusehen. Dass der US-Präsident keine Skrupel hat, auch die Geldpolitik maßgeblich zu beeinflussen, hat der Austausch an der Spitze der US-Notenbank deutlich gemacht: Die Notenbank-Chefin Janet Yellen musste ihren Hut nehmen, Jerome Powell leitet inzwischen die Geschicke der Federal Reserve Bank, kurz Fed. Powell ist schon seit Jahren Mitglied der Fed. Von ihm wird vor allem erwartet, dass er im Sinne des US-Präsidenten handelt. Powell ist gut vernetzt. Früher war er Partner der berühmt-berüchtigten Beteiligungsgesellschaft Carlyle. Sein Privatvermögen beläuft sich auf rund 55 Millionen US-Dollar.

Zölle, Handelsbarrieren, Währungen, das sind Themen der Politik und der Zentral- und Notenbanken. Die Wirtschaft kann hier nicht aktiv eingreifen. Sie kann beraten, loben, mahnen und auch warnen. Und das vielfach zu Recht. Denn die Wirtschaft fordert immer wieder stabile Rahmenbedingungen ein, um langfristig planen und investieren zu können. Durchaus sinnvoll. Dennoch stellt sich die Frage: Plant die Wirtschaft überhaupt noch langfristig? Ist das in Zeiten der Digitalisierung überhaupt noch möglich? In Zeiten, in denen Aktionäre alle drei Monate detailliert Auskunft über Geschäftsergebnisse einfordern und Schwächephasen nicht geduldet werden. Dieser 3-Monats-Irrsinn gehört abgeschafft. Auch wenn unklar ist, ob dadurch Topmanager ihr Streben nach schnellen Gewinnen ändern würden. Bislang jedenfalls stehen die meist an erster Stelle. Wider besseres Wissen.

## Was zählt, ist einzig der schnelle Erfolg

> »Auch Unternehmen handeln wider besseres Wissen. Mit Blick darauf, dass es keine langfristigen Lösungen sind. Sondern, dass sie kurzfristig Gewinne einstreichen können. Das ist auf die Dauer keine gute Strategie.«
>
> Bernhard Emunds, Professor für christliche Gesellschaftsethik und Sozialphilosophie an der Hochschule St. Georgen

Für Emunds ähnelt die aktuelle Lage einem Mikado-Spiel. Wer sich zu heftig bewegt, verliert. Übertragen auf Unternehmen heißt das: Wer auf aktuelle Probleme reagiert, aus Fehlern lernt, etwas ändert, kann möglicherweise langfristig und nachhaltig erfolgreich sein, nicht aber auf kurze Sicht die Gewinne maximieren. »Das heißt, man wartet ab. Aber keiner will vorangehen.« So auch beim beliebten Thema Nachhaltigkeit. Das sei erst mal etwas für die Hochglanzbroschüren, für abendliche Diskussionsrunden am Kaminfeuer. »Aber es ändert sich an den Strategien nichts. Die bleiben kurzsichtig, die bleiben daran orientiert, dass möglichst schnell möglichst hohe Gewinne gemacht werden, sogar im Krisenfall.«

Das liegt nach Ansicht des Ökonomen auch daran, dass weltweit die Konzerne noch immer von Finanzmanagern dominiert werden, die auf schnelle Gewinne setzen. Insofern gehe es bei Krisen auch nicht darum, zu lernen und Konsequenzen zu ziehen. Zumindest keine, die das Ergebnis kurzfristig belasten könnten. Es geht um Schadensbegrenzung und Gewinnmaximierung, und das möglichst schnell. Das sind die dominierenden Begriffe. »Die Eliten der Wirtschaft sehen die Problemlagen. Die Nachdenklichkeit ist gewachsen – über Ökologie, die

Ungleichheit, die Zuspitzung des Reichtums. Diese Probleme werden wahrgenommen, aber es ändert sich nichts am Handeln. Die Geschäftsstrategien sind die alten. Da ist man nicht bereit, grundlegende Veränderungen einzuleiten.«

Aber warum handeln Unternehmen und ihre Manager so? Warum ziehen die Beteiligten nicht rechtzeitig die Reißleine? Warum treiben sie sich selbst immer tiefer in den Sumpf? Eine Antwort darauf gibt die Theorie der Pfadabhängigkeit, auch Pfadtheorie genannt, der US-Forscher Brian Arthur und Paul David. Es ist ein Modell der Volkswirtschaftslehre, mit dem sich zwar nicht alle Krisenverläufe erklären lassen, aber viele.

Rechts oder links? Rot oder schwarz? Legal oder illegal? Jeder Mensch steht in seinem Leben immer wieder vor Entscheidungen, sowohl gewichtigen als auch unerheblichen. Das gilt für Verbraucher genauso wie für Unternehmenschefs. Oft sagt einem der gesunde Menschenverstand, was richtig ist. Oder ein Bauchgefühl. Oder die eigenen moralischen Vorstellungen und Werte. Dennoch ist das alles kein Garant dafür, dass wir auch entsprechend handeln. Wenn allerdings erst einmal eine falsche Entscheidung getroffen wurde und man ins Zweifeln kommt, wer zieht dann die Notbremse? Und wann? Und wie? Gibt es einen Punkt, an dem es zu spät ist? Auch und gerade wenn es um Krisen geht? Mit diesen Fragen haben sich die US-Forscher befasst und ihre Theorie der Pfadabhängigkeit entwickelt.

Auch der Autor Robert Musil gönnte diesem Thema in seinem Jahrhundertroman *Der Mann ohne Eigenschaften* (1952) einige Zeilen:

> »Man sollte meinen, dass wir in jeder Minute den Anfang in der Hand haben und einen Plan für uns alle machen muss-

> ten […] Aber so ist es ganz und gar nicht. Die Sache hat uns in der Hand. […] Und eines Tages ist das stürmische Bedürfnis da: Aussteigen! Abspringen! […] Zurückkehren zu einem Punkt, der vor der falschen Abzweigung liegt!«

Im Mittelpunkt der Theorie der Pfadabhängigkeit stehen dabei die Fragen, wie entstehen Entscheidungen? Und warum halten Menschen, Unternehmen und Organisationen an teils falschen und ineffizienten Entscheidungen fest? Zum Teil so lange, bis es keinen Ausweg mehr gibt und die Beteiligten sehenden Auges in die Krise stürzen.

Der Ansatz der Theorie der Pfadabhängigkeit ist folgender: Zu Beginn jeder persönlichen oder unternehmerischen Entwicklung steht eine Entscheidung – ein neuer Job, ein Kauf, eine Standortwahl, eine Idee. Zu diesem Zeitpunkt steht es jedem zunächst frei, wie er sich entscheidet. Alles ist möglich. Man befindet sich praktisch an einer Art Kreuzung des Handelns, von der zahlreiche Wege abgehen. Keiner davon ist wirklich richtig oder falsch; alle könnten zum Ziel führen oder auch nicht. Das Ergebnis ist zwar erhofft, zu diesem Zeitpunkt aber noch nicht absehbar. Den alten Job behalten und damit Sicherheit wählen? Oder doch lieber die Herausforderung? Den Vorschlag zur »kreativen Steuervermeidung« annehmen und umsetzen? Oder doch lieber moralisch korrekt handeln? Moral vor Moneten?

Es folgt eine Phase der positiven Verstärkung: ein Umfeld, das einem zurät, Statistiken, die das präferierte Handeln untermauern. Etappenziele scheinen erreichbar, die vom Unternehmen gewünscht oder sogar vorgegeben sind. Es gibt Geschäftspartner, die ähnlich agieren. Dabei gilt: Je öfter eine Entscheidung kopiert wird, desto eher setzt sie sich durch.

Anfang der 1980er-Jahre lieferten sich beispielsweise drei Videosysteme einen Kampf um die Kunden: Beta, VHS und Video 2000. Am Ende setzte sich VHS durch. Ob es zu diesem Zeitpunkt tatsächlich das beste System war, ist bis heute umstritten. Aber die großen Player, unter anderem Sony, hatten sich eben für VHS entschieden, und andere folgten dem Vorbild: die Rekorder-Hersteller, die Videoproduzenten und schließlich auch die Kunden mit ihrer Kaufentscheidung. Eine ganz ähnliche Entwicklung nahm Jahre später der Konkurrenzkampf zwischen DVD-HD und Blu-ray. Der kostenlose Einbau eines Blu-ray-Players in die Playstation von Sony galt als Durchbruch für das System. Andere sprangen auf den Zug auf. Die Kunden griffen zu und DVD-HD verschwand. Nicht weil Blu-ray zwingend das bessere System war, sondern weil sich einige große Konzerne der Unterhaltungsindustrie für einen Weg entschieden hatten und andere folgten, bis am Ende die Alternativen verschwanden. Ein Umschwenken wäre ohnehin nicht mehr möglich gewesen.

Sobald die Entscheidung gefallen ist, läuft der Prozess der positiven Verstärkung und der Entscheidungsspielraum verengt sich. Ein Abweichen fällt dann immer schwerer und schwerer. Um Unsicherheit zu verhindern, sucht man aktiv nach Bestätigungen für die eigene Entscheidung, im persönlichen Umfeld, aber auch auf geschäftlicher Ebene. Selbst wenn die Überzeugung schwindet, oder gerade dann: »Ist schon richtig, dass du kündigen willst«, »Sehr gute Entscheidung, wer zahlt schon gerne Steuern? Und alles ist ja auch legal.« Dieser selektierte Zuspruch hilft, die eigene Entscheidung zu rechtfertigen, und er sorgt gleichzeitig dafür, dass sich die eigene Einstellung weiter verfestigt. Auch vor sich selbst.

Es entsteht eine Dynamik, die immer mehr an Fahrt gewinnt. Eine Dynamik, die man im Griff zu haben scheint. Nein, eine Dynamik, die man im Griff hat. Die Beteiligten sind sich da ganz sicher. Sie haben die Kontrolle. Wer denn sonst? Die Entscheidung ist nicht mehr aufzuhalten, wie ein rollender Zug, der durch das Grünland jagt. Ans Stoppen denkt jetzt keiner mehr. Dabei hat der Zug jetzt noch gar nicht seine volle Geschwindigkeit erreicht. Noch wäre eine Umkehr möglich. Aber wozu? Je länger dieser Zustand anhält, desto geringer wird die Wahrscheinlichkeit, desto geringer wird aber auch die Möglichkeit einer Umkehr oder eines Stopps. Denn auch das besagt die Theorie der Pfadabhängigkeit: Je weiter der Weg fortgeschritten ist, desto schwieriger wird der Wechsel auf einen anderen Pfad. Oder die Rückkehr auf einen früheren Ausgangspunkt. Im Unternehmen ist das die Phase, in der Dinge nicht mehr umkehrbar sind: zu teuer, zu umständlich. Selbst wenn den Verantwortlichen doch klar geworden ist, dass das ein Irrweg ist und unaufhaltsam ins Desaster führt.

Eines Tages, so heißt es in der Pfadtheorie, wird der Drang übermächtig, umzukehren, alles rückgängig zu machen, auszusteigen, den Irrweg zu korrigieren. Doch dann ist es zu spät. Man kann noch versuchen, das Tempo zu drosseln. Doch das Ziel und damit das Desaster rücken unaufhaltsam näher – bis es eines Tages erreicht ist.

Ein Beispiel ist der Berliner Großflughafen BER. Irgendwann, sagen die Pfadtheoretiker, muss auch dem letzten Verantwortlichen klar gewesen sein, dass hier etwas schiefläuft, dass Termine nicht eingehalten werden können, dass die Kosten aus dem Ruder laufen, dass das in naher Zukunft und auch mittelfristig mit der Eröffnung nichts mehr wird. Wie auch bei anderen Großprojekten tun sich dann nach einer Bestandsanalyse wieder neue Pfade auf: Alles abreißen? Oder die Termine um Jahre strecken? Oder aussitzen? Oder vertuschen? Zumindest so lange, bis es nicht mehr geht?

Ein ganz persönliches Schicksal mit weitreichenden Folgen war der Fall von Jérôme Kerviel, ehemaliger Investmentbanker der französischen Großbank Société Générale. Jahrelang wurde Kerviel für seine angeblich erfolgreichen Spekulationen gefeiert und in seinem Handeln bestärkt.[80] Kontrollmechanismen gab es nicht mehr, oder sie wurden ignoriert. Kerviel war praktisch unangreifbar – bis zu jenem Zeitpunkt, als das Desaster im Jahr 2008 aufflog. Am Ende wurde der Verlust aus Spekulationsgeschäften auf fast 5 Milliarden Euro taxiert.

Oder Jahre zuvor der Fall des Derivatehändlers Nick Leeson,[81] der die rund zweihundert Jahre alte Barings Bank in die Pleite trieb. Zunächst vertuschte der ehemalige Starspekulant bei seinen Aktivitäten in Singapur die Verluste. Dann ging der Mitte Zwanzigjährige immer riskantere Positionen ein, um die vorherigen Miesen auszugleichen. Doch am Ende fiel das Kartenhaus zusammen. 1,3 Milliarden Pfund Verlust war für die Barings Bank zu viel. Der Ruin folgte. Dabei war auch Nick Leeson zuvor in seinem Treiben bestärkt worden.

Nach der Pfadtheorie haben beide Spekulanten die Warnzeichen ausgeblendet. Wurde es kritisch, suchten sie nach Auswegen, neuen Gleisen. Dann wurden Kontrollmechanismen ignoriert und außer Kraft gesetzt, sowohl von den Protagonisten als auch ihren Instituten – bis es zu spät war und in beiden Fällen die Phasen der möglichen Umkehr längst verstrichen waren. In der dritten und letzten Phase der Pfadtheorie gab es dann keine Bremse mehr. Der Zug fuhr unaufhaltsam immer weiter bis zum Ziel – welches auch immer.

## Entwicklung stoppen, Schuld eingestehen?

Auch im Fall des Abgasskandals bei VW gab es Momente, an denen eine Umkehr noch möglich gewesen wäre. Doch diese Momente haben alle Verantwortlichen verpasst. Im Jahr 2005 beispielsweise. Damals sollen laut Deutscher Presse-Agentur der damalige VW-Chef Bernd Pischetsrieder und Markenchef Wolfgang Bernhard sich für eine Software entschieden haben, um die Abgaswerte zu reduzieren. Der Raum für andere Möglichkeiten wäre vorhanden gewesen. Doch offenbar sahen die beiden Topmanager die Anforderungen an die Abgasreinigung und den Schadstoffausstoß in einigen Märkten mit den bisherigen Mitteln als nicht erreichbar an. Oder die Alternativen waren schlichtweg zu teuer. Oder die Etappenziele wären zwar erreichbar gewesen, allerdings nur mit deutlicher zeitlicher Verzögerung.[82] Nach der Theorie der Pfadabhängigkeit wäre zu diesem Zeitpunkt eine andere Entscheidung jederzeit möglich gewesen. Auch eine Umkehr. Denn bis dahin war praktisch nichts passiert. Noch stand die Entwicklung ganz am Anfang. Noch war alles Theorie.

Was folgt, fasst die Pfadtheorie unter dem Begriff der Entscheidungseskalation zusammen. Warum bleiben Menschen bei Entscheidungen, die sie einmal getroffen haben? Gerade bei Entscheidungen, bei denen sie unsicher sind, ob es die richtige ist. Die Theorie sagt, der Mensch hoffe auf positive Signale, dass sich die Lage verbessert, dass sich der eingeschlagene Weg doch als der richtige herausstellt. Und natürlich, dass man einen Fehler noch korrigieren kann, sollte sich der eingeschlagene als Irrweg herausstellen.

Bei VW wäre ein Stopp zwar auch später noch möglich gewesen, aber nur mit Schuldeingeständnissen und dem Risiko erheblicher Folgen, auch finanzieller Art. Eine Erkenntnis, die auch den zuständigen Ingenieuren irgendwann zwischen der Aufgabenverteilung und der Umsetzung gekommen sein muss, in der Pfadtheorie als »critical juncture« bezeichnet. Ein Wendepunkt in der Entwicklung, verbunden zum Beispiel mit dem Eingeständnis, dass die gesetzten Anforderungen mit den vorhandenen Mitteln nicht erreichbar sind, oder mit dem Eingeständnis, dass für Alternativmethoden zur Abgasreinigung deutlich mehr Geld investiert werden müsste, zulasten von Produktivität und Profit.

Doch diese kritische Phase wurde ganz offensichtlich nicht als solche begriffen. Möglicherweise war dies mit Blick auf die über Jahre gewachsenen Strukturen des Weltkonzerns praktisch undenkbar, auch wegen des drohenden Gesichtsverlusts der Verantwortlichen. Das alles hat also nicht nur eine wirtschaftliche, eine moralische und psychologische, sondern auch noch eine soziale Komponente.

Und so wuchs der Druck weiter. Zwei Jahre später führte Volkswagen einen neuen Dieselmotor in Europa und kurz darauf in den USA ein. Unter dem Begriff »Clean Diesel« sollte er den Amerikanern schmackhaft gemacht werden. Erneut hätte es Alternativlösungen gegeben, um den Ausstoß von Stickoxiden zu minimieren, unter anderem durch die Zugabe von Harnstoff. Technisch anspruchsvoll und teuer, aber durchaus leistbar. Erneut hätte es also Ausstiegsmöglichkeiten gegeben. Erneut hätte man den Kurs korrigieren können. Doch im VW-Konzern wurde laut Pfadtheorie die Log-in-Phase eingeläutet, also die Festlegung auf einen Pfad. So hat Volkswagen die Chance zum Ausstieg abermals verpasst.

Stattdessen wurden der Kreis der Mitwisser vergrößert und Zulieferer mit eingebunden, wie etwa Bosch. Dieser entwickelte zwar die angeforderte Software. Doch die Lieferung war verbunden mit einem Schreiben. Laut *Bild am Sonntag* warnte Bosch den Volkswagen-Konzern darin ausdrücklich vor der Verwendung der Software.[83] Nach der Pfadtheorie versuchte Bosch so, vor allem für sich eine Hintertür offenzulassen. Denn Bosch zweifelte. Für VW fuhr der Zug dagegen immer schneller, und die ersten Erfolge stellten sich ein: in den Tests, bei den Zulassungsverfahren. Eine Phase der positiven Verstärkung, und was einmal klappt, funktioniert auch wieder. Natürlich wurde das nun im Konzern auch erwartet. Die Verantwortlichen vertuschten.

> »Leute mögen es nicht, sich einzugestehen, dass etwas falsch war. Dass man etwas getan hat, was nicht richtig ist. Man lügt klein, dann ein bisschen größer. Man vertuscht das. Und dann noch mal und noch mal und noch mal. Und am Ende ist die Dynamik gar nicht mehr kontrollierbar.«
>
> Finanzmanager einer Banktochter eines namhaften Autoherstellers, der anonym bleiben wollte.

Andere wissen zwar über die Vorgänge im Konzern Bescheid, wollen aber offiziell nicht darüber informiert worden sein und werden. Doch je öfter das System zur Anwendung kommt, je schneller der Zug fährt, desto schwieriger wird der Wechsel auf ein anderes Gleis oder gar die Umkehr. Vor allem, wenn wie im Fall VW weitere Bestärkungseffekte einsetzen wie positive Verkaufszahlen in den USA und Europa und vor allem hierzulande ein boomender Dieselverkauf. Angetrieben natürlich auch von den geringen Verbräuchen, den staatlichen Subventionen unter anderem auf Dieselkraftstoff, der Haltbarkeit und der Nachfrage gewerblicher Kunden. Irgendwann wurde vermutlich nicht einmal mehr über Alternativen nachgedacht.

## Ein-Mann-Vergehen oder Systemversagen?

Die Frage, die Wissenschaftler jetzt stellen, lautet: Handelt es sich um eine individuell ausgelöste, also von Einzelnen herbeigeführte Krise, so wie es der Konzern suggeriert? Oder doch eher um eine systemisch begründete Krise? Also eine, die im Fall VW im System begründet liegt, in den gewachsenen Strukturen, in einer seit Jahren gepflegten Machokultur nach der Devise: »Wenn du das nicht machst, dann finde ich schon jemanden, der den Schneid hat und das kann.«

Die Unternehmenskultur gilt als ein entscheidender Faktor, wenn es darum geht, dass bestimmte Alternativen nicht einmal mehr gedacht oder diskutiert werden (dürfen). Diese Haltung hat bei einigen Weltkonzernen bereits zum (Beinahe-)Untergang geführt. Der Handy- und Netzwerkhersteller Nokia beispielsweise folgte lange der Argumentation: »Wir waren dreißig Jahre lang erfolgreich. Warum sollten wir etwas ändern? Wir können auch noch die nächsten zwanzig Jahre erfolgreich sein. Wir sind die Marktführer. Wir setzen die Standards.« Am Ende musste der Konzern sein Geschäftsmodell radikal ändern, vom Handyhersteller zum Netzwerkausrüster.[84] Es war der letzte Ausweg vor dem Abgrund. 2017 wagte der Erfinder des legendären »Knochens«, dem Mobiltelefon 3310, ein Smartphone-Revival – doch zum Überflieger wurde Nokia nicht mehr. Vielleicht erleben wir in diesen Tagen ähnliche Entwicklungen bei Amazon, Microsoft und Apple. Denn der Druck am Markt wächst, vor allem aus China. Unter anderem gelten Alibaba, JD.com als die neuen, innovativen Stars des Online-Handels.

Die Beispiele machen aber auch deutlich: Pfadabhängige Systeme und Prozesse sind in sich meist stabil. Ein System wie bei Volkswagen bestärkt sich selbst. Ein Pfadbruch kann demzufolge nur von außen kommen, durch externe Impulse und externen Sachverstand, nicht aus den Unternehmen selbst. Als Impulse gelten Misserfolge, Marktkorrekturen, öffentlicher Druck, politische Einflussnahme, Insolvenz, externe Prüfungen oder auch neue Rahmenbedingungen. Nur ganz wenige Visionäre schaffen es, das System aus dem Inneren umzukrempeln. Der verstorbene einstige Apple-Chef Steve Jobs galt als einer der seltenen Visionäre, die Dynamik erzeugen und einen neuen Pfad öffnen konnten.

## Das System dominiert

»Culture eats strategy for breakfast.«

Peter Drucker, US-Ökonom

Frei interpretiert: Es kann oben einer stehen, der die tollsten Ideen hat. Wenn es mit der Unternehmenskultur nicht passt, der Unterbau nicht da ist oder das Unternehmen zu groß und unflexibel, werden auch die besten Ideen nicht funktionieren. Oder anders ausgedrückt: Durch Bauernopfer ändert sich kein

System, weder bei VW noch sonst wo. Schon gar nicht, wenn die Neuen aus dem Unternehmen rekrutiert werden.

Doch am 12. April 2018 wird VW-Markenchef Herbert Diess zum neuen Konzernchef ernannt. Er ist zwar erst seit wenigen Jahren dabei, aber ein interner Topmanager mit Machtbefugnissen, die zuletzt sein Vor-Vorgänger Manfred Winterkorn hatte. Auch bei der Deutschen Bank tritt mit Christian Sewing ein Manager an die Spitze und die Nachfolge von John Cryan an, der bis dahin rund dreißig Jahre lang im Konzern tätig war. Der umstrittene Aufsichtsratschef Paul Achleitner bleibt. Laut Pfadtheorie keine gute Grundlage für einen Neubeginn.

Tatsächlich gelingt ein Neustart aus dem Unternehmen heraus selten. Eine erlernte Unternehmenskultur, Verbindungen, Freundschaften machen harte, aber notwendige Entscheidungen mitunter schwierig bis unmöglich. Aber auch ein externer Zugang kann an vorhandenen Strukturen scheitern, wenn es nicht gelingt, diese aufzubrechen. Die Deutsche Bank steht für beide Varianten. Warum trauen sich die Unternehmen eigentlich nicht, die Belegschaft über den künftigen Chef abstimmen zu lassen – oder zumindest mitbestimmen zu lassen? Das könnte für Vertrauen, Akzeptanz, Motivation und Überzeugung sorgen und gerade in schwierigen Zeiten die entscheidenden Impulse liefern.

## Herr Kaiser macht auf Einzelfall

Wir kommen zur Versicherungswirtschaft. Genauer zur Ergo. Viele werden sich noch erinnern, vor allem an den zweiten Teil der Geschichte. Ende 2017 sorgte ein Bericht der *Frankfurter All-*

*gemeinen Zeitung* für Aufsehen.[85] Mehreren Topmanagern der russischen Konzerntochter Ergo Rus wurden Untreue und Betrug vorgeworfen. Es ging um gestohlene Autos, Hehlerei und Versicherungsbetrug. Die beschuldigten Versicherungsmanager verkauften gestohlene und wieder aufgetauchte Autos einfach weiter. Von einem zweistelligen Millionenschaden war die Rede. Die Manager wurden freigestellt. Die Ergo-Mutter bestätigte zwar, dass bereits im Vorjahr entsprechende Ermittlungen aufgenommen worden waren. Doch wie üblich wollte man sich mit Verweis auf die laufenden Ermittlungen nicht weiter äußern. Erst später wurde eine Wirtschaftsprüfungsgesellschaft eingeschaltet. Die Vorwürfe wurden weitgehend bestätigt. In einer eigenen Mitteilung hieß es:[86]

> »ERGO arbeitete den Fall seitdem mit externer forensischer und juristischer Unterstützung akribisch auf und kooperierte dabei auch mit lokalen Behörden.«

Wieder mal ein Vergehen einzelner Manager. Darf nicht, kann aber passieren, möchte man sagen. In diesem Fall ist das allerdings anders. Denn gerade die Ergo hatte bereits Jahre zuvor die Folgen eines wieder mal allzu menschlichen Versagens ertragen müssen, samt wochenlangen Negativschlagzeilen. Oder besser die Ergo-Tochter Hamburg-Mannheimer.

Im Jahr 2011 flog ein Sexskandal auf. Mitarbeiter hatten sich in Budapest mit Prostituierten vergnügt. Vorstandschef Torsten Oletzky sprach zunächst von einem Einzelfall. Öffentlich entschuldigte er sich in der *Bild*:[87] »Im Namen des Vorstandes kann ich mich bei Mitarbeitern und Kunden für einen derartigen Verstoß gegen die Werte des Unternehmens nur entschuldigen.«

Doch je länger immer neue Einzelfälle die Schlagzeilen beherrschten, desto unglaubwürdiger wurde die Einzelfalltheorie. Es entwickelte sich einer der schmutzigsten und umfangreichsten Skandale nicht nur des Ergo-Konzerns.

Die Ergo-Tochter Hamburg-Mannheimer hatte ihre hundert besten Manager und Verkäufer für gute Geschäfte ganz besonders belohnt.[88] Der erste aufgeflogene Fall stammt vom Juni 2007. Eine sogenannte Incentive-Reise in die Gellert-Therme im ungarischen Budapest. Allerdings war die Veranstaltung eine andere als die, zu der üblicherweise Gäste in dem historischen Bad Ruhe und Entspannung suchen. In der Gellert-Therme warteten diesmal Prostituierte und Hostessen auf die in jeder Hinsicht geilen Erfolgsvertreter aus Deutschland. Zwischen siebzig und hundert Damen sollen dabei gewesen sein. Gekennzeichnet mit roten, gelben und weißen Bändchen. Die Farbe sollte den Anwesenden klar signalisieren, wofür die Damen engagiert wurden. Die mit den weißen Bändchen waren für den Vorstand reserviert, die Bosse, die Topmanager, die Spitzenverkäufer, intern die »Top Five« genannt. Wie oft die Damen »frequentiert« wurden, dokumentierten Stempelabdrücke auf den Armen, versicherte später ein Zeuge eidesstattlich.

Wie die Revision anhand von Protokollen, Zeugenaussagen, Rechnungen und Handydaten feststellte, war Budapest aber alles andere als ein Einzelfall. Sowohl in den Jahren zuvor als auch in den Jahren danach gab es bei der Ergo-Tochter weitere Lust- und Sexreisen. Das *Handelsblatt* sprach von einem gängigen Belohnungsinstrument.[89] Bis zu dreimal pro Jahr. Mal flog »Herr Kaiser« mit seinen Kumpels nach Budapest, mal nach Mallorca, mal in einen Swinger-Club auf Jamaika. Kosten: mal 30 000 Euro, mal 50 000 Euro, mal 70 000 Euro. Dass sich im

Nachhinein der eine oder andere Verantwortliche nicht mehr an Einzelheiten erinnern konnte, lag möglicherweise an der hochprozentigen Stimmung. Und auch wer sich eigentlich hätte erinnern können, wollte nicht. Ohnehin sahen sich die Beteiligten zu Unrecht kritisiert. Laut dem Magazin *Stern* erklärte ein Vertriebsmitarbeiter Lustreisen zu einer »üblichen Praxis« und berichtete von gleichen Anreizsystemen in anderen Konzernen und Branchen.

So ganz üblich scheint es allerdings doch nicht gewesen zu sein. Vor dem Besuch der Gellert-Therme in Budapest, das wurde hinterher bekannt, wurden allen Beteiligten sämtliche Fotoapparate und Handys abgenommen. Bilder dieser so üblichen Veranstaltung sollten also auf keinen Fall nach draußen gelangen. Stellte die Reise doch – wie Ergo verbreitete – einen gravierenden Verstoß gegen geltende Richtlinien des Unternehmens dar. Angeblich verloren alle Beteiligten kurz nach Bekanntwerden des Skandals ihre Jobs. Die Herren Kaiser gehen nun also woanders auf die Jagd beziehungsweise schwimmen.

## Legal, illegal, scheißegal

Wider besseres Wissen heißt auch, Urteile zu ignorieren, und seien es auch höchstrichterliche – offenbar ein gängiges Modell. Im Jahr 2014 fällte der Bundesgerichtshof ein erstes eindeutiges Urteil – BGH AZ: IV ZR 76/11. Sinngemäß heißt es darin: Sind Widerspruchsbelehrungen falsch oder fehlerhaft, kann der Verbraucher abgeschlossenen Verträgen widersprechen. Das gilt laut BGH unter anderem für Rentenversicherungen, Lebensversicherungen und laut späteren Urteilen auch für

Hypothekenkredite für Haus oder Wohnung. Besonders weitreichende Folgen für die Versicherungswirtschaft und die Verbraucher hatte der Richterspruch vor allem deshalb, weil das Urteil auch Kreditverträge betraf, die schon Jahre zuvor abgeschlossen wurden. Sprich: In Zeiten, in denen ein ganz anderes, nämlich deutlich höheres Zinsniveau herrschte als in den Folgejahren.

Wer beispielsweise einen Altvertrag im Zuge eines Immobilienkaufs abgeschlossen hatte, dessen Widerspruchsbelehrung fehlerhaft war, konnte diesen laut BGH widerrufen und durch einen neuen mit deutlich besseren Konditionen ersetzen. Gerade bei Verträgen mit langen Laufzeiten versprach dies für Verbraucher hohe Ersparnisse nicht selten von mehreren Tausend Euro. Das war allerdings noch nicht alles. Denn die Verbraucher konnten sich auch die bereits bezahlten Prämien samt Zinsen wieder auszahlen lassen. Mitunter eine fünf- bis sechsstellige Geldspritze. So die Theorie.

In der Praxis stellte sich der Ablauf aber deutlich komplizierter dar als auf dem Papier. Denn Teile der Finanzbrache ignorierten schlichtweg die Urteile des BGH. Oder sie interpretierten den Richterspruch zu ihren Gunsten. Selbst dann, wenn ihre Widerspruchsbelehrungen eindeutig fehlerhaft waren. Im Fall von Lebensversicherungen verschickten unter anderem die Versicherer Neue Leben, Generali, Ergo und AachenMünchener entsprechende Absageschreiben.[90] Betroffene, die ihre Versicherungen zwischen 1995 und 2007 abgeschlossen hatten, konnten entweder klagen oder den Ombudsmann beanspruchen, eine Instanz, um Ärger mit der Versicherung außergerichtlich zu klären. Die Versicherungen selbst verwiesen auf ein noch ausstehendes Urteil des Bundesverfassungsgerichts. Wider besseres Wissen, mit dem Ziel, Zeit zu gewinnen, zu verzögern und die Versicherten hinzuhalten.

Und dann gibt es noch die Geschäfte, die am Rand der Legalität ablaufen. Oder leicht dahinter. Die nicht verhindert wurden, weil der Sachverstand in der Politik dafür nicht ausreichte. Cum-ex-Deals gehören dazu – ein komplizierter Vorgang, der über Jahre hinweg Aktienpakete derart schnell über Grenzen hinweg kursieren ließ, dass am Ende auch die Finanzämter nicht mehr nachvollziehen konnten, wer wann wo gekauft oder verkauft hatte. Und vor allem wer wann wo welche Steuervorauszahlung geleistet hatte. Die beteiligten Drahtzieher wussten allerdings, dass sie sich Geld vom Finanzamt erstatten lassen konnten. Geld, das sie aber nie bezahlt hatten. Zahllose Banken machten mit und verhalfen so vor allem ihren gut betuchten Kunden zu der einen oder anderen Extra-Million. Der Schaden für Fiskus und Steuerzahler ging am Ende in die Milliarden!

Bis heute ist vieles davon nicht aufgearbeitet oder verfolgt. Einigen Finanzbehörden fehlt aus unerfindlichen Gründen der Elan dazu. Ein gutes Beispiel ist Hamburg. Dort geriet die Warburg Bank wegen genau dieser dubiosen Cum-ex-Geschäfte ins Visier von Ermittlern. Allerdings, wie NDR, WDR und *Süddeutsche Zeitung* im Januar 2018 berichteten, wurde die Hamburger Finanzbehörde von einer rätselhaften Lethargie heimgesucht.[91] Erst durch das Eingreifen des Bundesfinanzhofs konnte eine Verjährung in praktisch letzter Minute verhindert werden. Finanzsenator war zu der Zeit übrigens Hamburgs jetziger Erster Bürgermeister Peter Tschentscher.

# Gemeinschaftlich statt egoistisch

»Der Trend geht dahin, dass Konzerne überhaupt keine Steuern mehr bezahlen. Also null. Stattdessen werden sie sogar zunehmend Geld zurückbekommen, also Steuererstattungen.«

Markus Meinzer, Tax Justice Network.

Halb legale Steuertricks und kreative Steuervermeidung dürften bald ausgedient haben. Allerdings nicht, weil Steuergesetze das verhindern, sondern weil es schlicht und einfach nicht mehr nötig sein wird, Lücken zu suchen. Illegal ist überflüssig, denn Steuerdumping wird legal. Diese Ansicht vertritt jedenfalls Markus Meinzer von Tax Justice Network, einer nichtstaatlichen Organisation mit Sitz in Großbritannien, die immer wieder in der Öffentlichkeit Steueroasen, Steuerdumping und Steuervermeidung anprangert.

Derzeit, so Meinzer, erleben wir einen Steuerwettbewerb, der weltweit zu Steuerdumping führen wird – und das ganz offiziell. Denn mit niedrigsten Steuersätzen versuchten Staaten, Konzerne in ihr Land zu locken. Das Ziel: neue Arbeitsplätze. Das sei in den USA schon jetzt Realität. Kann man diese Entwicklung aufhalten? Keine Chance, sagt Meinzer: Solange das System nicht geändert wird, werde dieser Wettbewerb unaufhörlich weitergehen.

## Was wäre, wenn ... alle ihre Steuern zahlten?

> »Wie sähe die Finanzsituation vieler Industrie- und Entwicklungsstaaten aus, wenn die großen Konzerne und die Superreichen dieser Welt die Steuern zahlen würden, die sie zahlen müssten?«
>
> Bernhard Emunds, Professor für christliche Gesellschaftsethik und Sozialphilosophie an der Hochschule St. Georgen

»Kreativ« – hört sich erst einmal gut an. Bedeutet ja so viel wie künstlerisch, begabt, ideenreich, pfiffig, einfallsreich, schlau, intelligent. Wenn sich allerdings der Begriff »Steuervermeidung« dazugesellt, verblasst der edle Teil. Auch mit Blick auf die Beteiligten und die Folgen. Anwälte, Unternehmensberater, Steuerberater und -trickser auf der einen Seite, Großkonzerne, Topmanager, Sportgrößen und VIPs auf der anderen.

### 1 000 000 000 000 Euro futsch – durch Steuertricks

Geschätzt eine Billion Euro entgehen Europa Jahr für Jahr durch kreative Steuervermeidung. Das sind tausend Milliarden – durch Steuertricks, teilweise legal, teilweise aber auch illegal und oftmals moralisch verwerflich. Bedeutet so viel wie: Das Bauchgefühl sagt einem, dass »man« das nicht macht. »Man« macht es aber trotzdem.

Stellt sich doch die Frage, warum es diese Lücken und Schlupflöcher im Steuersystem überhaupt gibt. Mal anders gefragt: Haben Sie schon einmal versucht, sich in einer vierköpfigen Familie auf ein gemeinsames Essen zu einigen? Die Europäische Union besteht aus 28 Mitgliedern, und alle sollen sich gemeinsam auf Steuergesetze verständigen. Und das auch noch einstimmig und zum Teil sogar zu ihren Lasten. Undenkbar! Oder worauf sollen Luxemburg und Irland ausweichen? Dennoch benötigt die EU eine möglichst einheitliche, von Brüssel festzulegende Besteuerung. Ausnahmen darf es nur in Abstimmung und nur gezielt geben, um bestimmte Mitglieder oder Gebiete zu fördern. Eine einheitliche Wirtschaftszone reicht jedenfalls auf Dauer nicht aus.

Im Jahr 2014 flogen wieder einmal zahllose sogenannte Steuersparmodelle auf.[92] Verortet in Luxemburg, dem kleinen Großherzogtum mit nur 580 000 Einwohnern, das aber mit Abstand das reichste Land der EU ist. Das Bruttoinlandsprodukt beträgt pro Kopf und Jahr rund 90 000 Euro. Zum Vergleich: In Deutschland ist es nicht einmal die Hälfte. Die Bundesrepublik liegt in diesem Punkt sogar weit hinter Macau, Irland und San Marino.

Steuersparmodelle gibt es in Luxemburg seit mehr als achtzig Jahren, also gewissermaßen ein Traditionsgeschäft aus Briefkastenfirmen, Niedrigsteuern, Geheimhaltung und individuellen Absprachen.[93] So auch im Fall Lux-Leaks beziehungsweise Luxemburg-Leaks 2014. Diesmal allerdings organisiert, erdacht und erschaffen zum Großteil vom Beratungsunternehmen PricewaterhouseCoopers (PwC).[94] Ein Modell für alle. Eine individuelle Lösung von der Stange. Bis ein Hinweisgeber, ein sogenannter Whistleblower, auspackte und Informationen durchsickern ließ. Und wieder standen die ganz Großen oben auf der Liste: Apple, Amazon, Ikea, Deutsche Bank ...

## Der Trick der ganz Großen

Das Ganze funktioniert über ausgeklügelte sogenannte Lizenzmodelle: Die Unternehmensmutter mit Sitz in Luxemburg stellt ihren Tochterunternehmen in Deutschland, Österreich, der Schweiz oder sonst wo hohe Kosten in Rechnung, zum Beispiel für die Nutzung des Markennamens. Die Tochter zahlt, ihr Gewinn schmilzt dahin – im Idealfall auf null, denn dann sind gar keine Steuern mehr fällig. Die Mutter in Luxemburg muss die Einnahmen zwar versteuern, aber zu einem extrem niedrigen Steuersatz, in der Regel rund ein Drittel der üblichen Forderung.

Lux-Leaks – der Aufschrei war wie immer groß, in der Politik ebenso wie in den Medien. Als Reaktion gab das Europaparlament im Februar 2015 grünes Licht für den Taxe-Untersuchungsausschuss. Dieser Sonderausschuss sollte untersuchen, welche Modelle die Konzerne zur Steuervermeidung genutzt haben. Doch auch ihm fehlten nicht nur die nötigen Unterlagen, die von den Ländern hätten zur Verfügung gestellt werden müssen.[95] Es mangelte auch an weitreichenden Befugnissen. Da das Steuerrecht nicht der EU, sondern den jeweiligen Mitgliedsstaaten obliegt, hätten diese entweder mitspielen oder einen Teil ihrer Kompetenzen abgeben müssen. Und genau das taten sie nicht. Somit durfte sich der Sonderausschuss erst gar nicht mit der eigentlichen Steuerthematik und den vermeintlichen Steuersparmodellen befassen, sondern musste sich auf einen engen Themenkreis beschränken, für den die EU zuständig ist. Ein Themenkreis allerdings, der vor allem eins aufweist: Lücken, Schlupflöcher und Interpretationsspielraum.

- *Beispiel 1: Wettbewerbsrecht.* Dabei geht es um die Frage, ob niedrige Steuern zu einer Wettbewerbsverzerrung führen. Also: Wenn ein Konzern in einem Land wenig Steuern zahlen muss, ist er dann im Vorteil gegenüber einem anderen Konzern, der in einem anderen Land einen höheren Steuersatz trägt? Ja, würde man meinen. Nein, sagt die EU. In Brüssel wird so argumentiert: Wenn theoretisch alle die Möglichkeit hätten, in Luxemburg den niedrigen Steuersatz zu nutzen, dann hebele das das Wettbewerbsrecht aus.
- *Beispiel 2: Austauschpflichten:* Eigentlich müssen Staaten sich darüber austauschen, wenn es aufgrund nationaler Steuerdeals zu Verlusten in einem anderen Land kommt. Sprich, wenn ein Konzern in Deutschland weniger Steuern bezahlt, weil die Gewinne trickreich in die Niederlande transferiert werden, müssten sich Berlin und Den Haag gegenseitig darüber informieren. Das ist innerhalb der EU-Länder Konsens. Leider tun sie das aber seit Jahren nicht. Warum? Weil keiner, der von den Deals profitiert, seinen Vorteil einbüßen möchte – allen voran die Niederlande und Irland.
- *Beispiel 3: Steuerdumping.* Ein bestimmter Wirtschaftsraum, ein Staat, ein Gebiet senkt oder erlässt die Steuern für Unternehmen oder Personen, um sich dadurch einen Wettbewerbsvorteil zu verschaffen, sprich: die Adressaten ins Land zu locken. Steuerdumping ist – verständlicherweise – eigentlich untersagt, verstößt es doch gegen die eingeforderten und festgeschriebenen Kooperationsvorgaben der EU. Das ist allerdings kein Gesetz, sondern eine Vereinbarung. Und so zeigen auch hier einige Mitgliedsländer kaum Ambitionen, die für sie lukrativen Modelle zu hinterfragen. Auch hier stehen seit Jahren Irland, die Niederlande und

Luxemburg im Fokus. Klar, die Dumping-Länder könnten von den anderen EU-Staaten an den Pranger gestellt werden. Allerdings nur wenn aussagekräftige Beweise und Dokumente vorliegen. Und die fehlen meist oder lagern hinter dicken verschlossenen Tresortüren. Das Steuergeheimnis lässt grüßen! Und wer im Ausschuss Taxe doch einmal Einblick bekommt, muss per Unterschrift versichern, dass keine Information publik wird.

Insofern hat Lux-Leaks noch einmal deutlich gemacht, wie wenig Gemeinsinn und wie viel Egoismus innerhalb der europäischen Gemeinschaft herrschen. Die Europäische Union ist bis heute keine Union, sie ist ein gemeinsamer Wirtschaftsraum, ein Absatzmarkt. Eine gemeinsame Fiskal- und Steuerpolitik fehlt bis heute. Und es fehlen klare Regeln, um gegen Steuerdumping in einzelnen Mitgliedsstaaten vorzugehen. Die starken Mitgliedsstaaten müssen deutlich mehr Druck auf diejenigen ausüben, die Steuerdumping bis heute praktizieren. Möglicherweise könnten aber auch Anreize in Form von Ausgleichszahlungen helfen einzulenken. Denn Steuerdumping sorgt bei den betroffenen Gebieten für Mehreinnahmen und/oder neue Jobs. Auf einen freiwilligen, selbstlosen Verzicht zu hoffen, erscheint utopisch – auch wenn sich inzwischen etwas tut.

> »Es hat sich im internationalen Steuerbereich in den vergangenen zehn Jahren mehr getan als in den fünfzig Jahren davor. Das war Lichtgeschwindigkeit. Aus der Perspektive, was geschehen muss, war das Schneckentempo.«
>
> Markus Meinzer von Tax Justice Network

Ja, das stimmt. Im Jahr 2003 haben sich die EU-Mitglieder darauf geeinigt, zumindest Daten darüber auszutauschen, wenn EU-Bürger im Ausland Zinseinnahmen haben. Genauer gesagt: Die meisten EU-Länder haben sich darauf geeinigt, bis auf Österreich, Belgien und Luxemburg, denn auch das kleinste Gründungsmitglied der Europäischen Gemeinschaft erhielt zunächst eine Ausnahmegenehmigung. Auch dort galt Anonymität als höchstes Gut.

Es dauerte auch nicht lange, bis die Banken vor Ort entsprechende Finanzprodukte auf den Markt brachten, die genau mit diesem »Alleinstellungsmerkmal« warben. Die mutmaßlichen Steuersünder griffen zu, das Kapital floss in Strömen. Erst als die USA Druck machten, um Steuersünder im eigenen Land zu verfolgen, knickte Luxemburg ein und trug das umstrittene Bankgeheimnis des Landes zu Grabe. Seit 2013 beteiligt sich Luxemburg nun auch am automatischen Informationsaustausch der Steuerbehörden in Europa.[96] Allerdings geht es dabei ausschließlich um Privatanleger. Anders sieht das bei den großen Playern aus, also bei den multinationalen Konzernen.

## Heißt überführt auch nachgezahlt?

Trotz aller Hürden, hin und wieder gelingt selbst der EU ein Coup. Die EU-Kommission bewertete 2016 einen Steuerdeal zwischen Dublin und Apple als sogenannte »rechtswidrige Staatsbeihilfe«.[97] Wettbewerbskommissarin Margrit Vestergaard zwang den Tech-Konzern daraufhin in die Knie und zu einer Steuernachzahlung von 13 Milliarden Euro (mit Verzinsung 15 Milliarden Euro). Geld, das Apple dank eines speziell zugeschnittenen Steuersparmodells mit Irland zwischen 2003 und 2014 horten konnte. Praktisch Gewinne zum Nulltarif.

Doch was sollte Dublin tun? Schließlich hatte man den Deal abgesegnet. Und es sich mit dem US-Konzern verscherzen? No way! Daher wollte Irland die Milliarden zunächst weder haben noch eintreiben. Irland klagte gegen die EU aus Angst, große Konzerne könnten dem Land den Rücken kehren. Auch Apple klagte, die Monate vergingen. Doch das Gericht der Europäischen Union in Luxemburg (EuG) blieb hart. Mit neunzehn Monaten Verspätung dann im Frühjahr 2018 die scheinbare Wende: Irland verkündete, Apple werde zahlen – vorerst auf ein Treuhandkonto, bis sämtliche Verfahren beendet seien, hieß es. Treuhand, weil das Geld ja möglicherweise wieder an das Unternehmen zurückfließen könnte. Das kann nicht ausgeschlossen werden, sollte ein Gericht den Vorwurf der »rechtswidrigen Staatsbeihilfe« fallen lassen.

Schon 2015 mussten Starbucks und Fiat Chrysler zahlen. McDonald's ist ebenfalls ins Visier der EU-Kommission geraten und auch der Online-Riese Amazon mit Blick auf lukrative Deals in Luxemburg. Wobei auch Luxemburg gegen die Nachforderungen der EU vorgeht. Das Großherzogtum möchte die Rechnung nämlich erst gar nicht präsentieren. Schlecht fürs Geschäft.

## USA setzen Maßstäbe bei der Besteuerung

Als Donald Trump am 8. November 2016 die 58. Wahl zum Präsidenten der Vereinigten Staaten von Amerika gewann, schien die Welt zunächst in einer Art Schockstarre zu sein. Die Wirtschaft zeigte sich entsetzt. Der Präsident des Verbands der Familienunternehmer, Lutz Goebel, machte den Wahltag gegenüber der Nachrichtenagentur Reuters zu einem »Black Tuesday«, einem schwarzen Dienstag für den Welthandel.[98] Der Deutsche Industrie- und Handelskammertag sprach von großer Unsicherheit. Der Bundesverband der Deutschen Industrie (BDI) warnte die USA eindringlich davor, sich wie von Trump angekündigt abzuschotten. Andere, wie der Präsident des Deutschen Instituts für Wirtschaftsforschung (DIW), Marcel Fratzscher, waren da schon gelassener. Viele seiner verrückten Pläne werde Trump nicht umsetzen können – etwa in der Steuerpolitik, heiß es beim DIW.[99]

Ein gutes Jahr später hat der amtierende Präsident der Vereinigten Staaten die Welt eines Besseren belehrt. Er hat allen gezeigt: Er kann. Und er macht. Auch im Alleingang. Die Steuererleichterungen sind inzwischen Realität. Unternehmen zahlen keine 35 Prozent Steuern mehr auf ihre Gewinne, sondern nur noch rund 21 Prozent. Wobei das, was tatsächlich bezahlt wird, noch einmal wesentlich darunter liegt. Bei der Google-Mutter Alphabet waren es zuletzt rund 11 Prozent auf einen fast zweistelligen Milliardengewinn.

Damit hat Donald Trump das umgesetzt, was er während des Wahlkampfs bereits angekündigt hatte – zum Wohl der US-Wirtschaft und der Unternehmen, die Standorte in den Vereinigten Staaten haben und dort produzieren. Klare Sache: Auch zahllosen deutschen Konzernen spülte das Modell Milliarden in die Kassen. Daimler konnte für das Geschäftsjahr 2017 rund 1,7 Milliarden Dollar zusätzlich verbuchen, BMW bis zu 1,5 Milliarden Dollar.[100] Auch die Telekom profitierte und legte dank der Tochter T-Mobile US eine Rekordbilanz vor.

Und siehe da: Plötzlich ist US-Präsident Trump ein Guter, wird geschätzt und hofiert. Wie etwa beim Weltwirtschaftsforum Anfang 2018 in Davos. Dort biederten sich die Unternehmenschefs mehrerer DAX-Konzerne regelrecht an. Mit am gedeckten Tisch: die Bosse von Bayer (Werner Baumann), Adidas (Kasper Rorsted), Thyssen-Krupp (Heinrich Hiesinger), SAP (Bill McDermott) und Siemens (Joe Kaeser), wobei die beiden zuletzt Genannten zur Rechten und zur Linken Trumps Platz nehmen durften. Entsprechend ihrem Stellenwert in »Trump-Land«, denn Siemens ist ein großer Player in den USA mit 50 000 Mitarbeitern und 20 Milliarden Euro Umsatz pro Jahr. Die Tischreden – eine einzige Lobeshymne auf die Wohltaten des Weißen Hauses. Bill McDermott von SAP ließ Trump mit den Worten hochleben (frei übersetzt): »Sie haben da ein Momentum für die Weltwirtschaft geschaffen. Vielen Dank dafür.« Und Joe Kaeser versprach: »Da Sie mit der Steuerreform so erfolgreich sind, haben wir entschieden, die nächste Generation unserer Turbinen in den USA zu entwickeln.« Komisch, dabei hatte Siemens ein paar Wochen zuvor noch erklärt, der Konzern müsse mehrere Gasturbinenwerke in Deutschland dichtmachen und die Mitarbeiter vor die Tür setzen. Erst nach Protesten der Betroffenen und von Gewerkschaften ruderte der Konzern ein wenig zurück und machte Zugeständnisse. In Davos bewiesen die DAX-Bosse so einmal mehr, dass Moral und gesellschaftliche Verantwortung in den Überlegungen der Konzernchefs keinen Platz haben. Zumindest dann nicht, wenn Steuervorteile und damit höhere Gewinne winken.

Um das alles zu legitimieren, sprechen deutsche Konzernchefs in der Öffentlichkeit dann gerne davon, dass die Steuervorteile in Investitionen fließen, in Innovationen, und dass damit die Arbeitsplätze auch in Deutschland gesichert würden. »Mehr in der Kasse« lautet eine gern gewählte Formulierung in den Führungsetagen. Was aber im Klartext nichts anderes heißt, als dass dieses »Mehr« in der Regel in Form von Dividenden oder Extraausschüttungen bei den Investoren und Aktionären landet. Oder als erhöhter Bonus bei den Topmanagern, die am Gewinn beteiligt sind. Weltweit gibt es keinen Beleg für die Behauptung, sinkende Steuern würden automatisch zu höheren Investitionen führen.

Mal ganz davon abgesehen: Für Investitionen und Innovationen ist auch so genügend Geld da. Denn seit Jahren zeigen die Unternehmensgewinne weltweit nur in eine Richtung: nach oben. Dennoch haben Großkonzerne zuletzt nicht mehr investiert, zum Teil sind die Budgets für Innovation, Forschung, Entwicklung und Ausbau sogar gesunken. Tax Justice Network hat beispielsweise den Tech-Konzern Apple daraufhin untersucht. Das Unternehmen hatte kurz nach Donald Trumps Steuerreform in einer Pressemitteilung angekündigt, in den kommenden fünf Jahren mehr als 30 Milliarden Dollar in den USA zu investieren und 20 000 neue Jobs zu schaffen. Die Nachrichten überschlugen sich. Bei genauerem Hinsehen stellte sich dann allerdings heraus: Die Zahlen waren eigentlich nur eine Fortsetzung der üblichen Investitionstätigkeiten des Konzerns. Kein Effekt und keine Zunahme also durch die Trumpsche Steuerreform. Und an die lautstark verkündeten Zusagen muss sich der milliardenschwere Konzern aus Kalifornien noch nicht einmal halten, denn diese sind nicht verbindlich.

## Dank Trump: Die Zeit für Steuerforderungen ist günstig

Für Konzerne, Manager, Wirtschaft und Verbände ist das alles nicht neu. Doch sie wissen auch: Jetzt ist ihre Zeit. Die Zeit, Steuervereinfachungen zu fordern, bessere Abschreibungsmöglichkeiten, weniger Bürokratie und vor allem günstigere Steuersätze. Ihre Speerspitze ist dabei der inzwischen hofierte Donald Trump. Der US-Präsident hat mit seiner Steuersenkungsarie zugunsten von Konzernen international eine Spirale in Gang gesetzt, die die Welt verändern wird, indem sie schneller und immer schneller rotiert. Denn andere Länder werden nun nachziehen und auch nachziehen müssen im Kampf um die günstigste legale Steueroase. Das betrifft gerade ärmere Länder wie Argentinien oder Indien.

Die Beratungsgesellschaft KPMG hat im »Swiss Tax Report 2017«[101] die weltweiten Steuersätze verglichen. Fazit: Schon heute befinden sich weltweit die Unternehmenssteuern im Sinkflug. Seit der Jahrtausendwende sank der Durchschnitt von rund 33 Prozent auf inzwischen 25 Prozent. Wer genau hinsieht, bemerkt also: Die Steuerspirale dreht sich nicht erst seit Donald Trump. Der US-Präsident hat »nur« dafür gesorgt, dass sich die Rotationsgeschwindigkeit vervielfacht hat und dass inzwischen jedes Modell recht ist, um Unternehmen mit niedrigen Steuersätzen zu locken. Dass den Unternehmen jedes Modell recht ist, um Steuern zu sparen, versteht sich von selbst, oder?

Auch die EU diskutiert seit Jahren darüber. Noch allerdings in dem Modus, einen unfairen Steuerwettbewerb verhindern zu wollen. Übrigens hatte die OECD, die Organisation für wirtschaftliche Zusammenarbeit und Entwicklung, bereits 1999 auf die problematische Entwicklung hingewiesen. Rund 20 Jahre später ist dieser unfaire Steuerwettbewerb längst da – angefacht von den Staaten selbst. In der EU geht es schon lange nicht mehr um Steuersenkungen, geschweige denn einen fairen Steuerwettbewerb. Es geht um nichts anderes als Steuerdumping. In Deutschland haben sich die Unternehmenssteuern in den vergangenen knapp zwanzig Jahren nahezu halbiert,[102] von fast 60 Prozent auf unter 30 Prozent. Doch damit liegt die Bundesrepublik noch immer mit an der Spitze innerhalb der Union. Im Rennen um Dumping-Steuern haben vor allem die Länder in Osteuropa die Nase vorn: Tschechien mit 21 Prozent, Rumänien mit 16 Prozent, Litauen mit 15 Prozent, Zypern mit 12,5 Prozent, Bulgarien mit 10 Prozent. Spitzenreiter ist allerdings Ungarn mit gerade einmal 9 Prozent Unternehmenssteuern. Besonders attraktive Pflaster bieten auch Inseln wie Malta – eine Steueroase innerhalb der EU. Dort zahlen Konzerne nur einen Bruchteil der in Deutschland fälligen Unternehmenssteuern. Und wenn man schon mal vor Ort ist, können Käufer das gesparte Geld gleich in edle Jachten und Flugzeuge investieren, denn dort entfällt – ein weiteres kleines Geschenk – die Mehrwertsteuer.

## Malta: nicht nur für Urlauber ein schönes Pflaster

Seit Jahren sind Maltas Machenschaften bekannt und auch der Umstand, dass zahllose Unternehmen die Dumping-Modelle in Anspruch nehmen. Geändert hat sich dennoch rein gar nichts.

Und so finden sich auf Malta zahlreiche Briefkästen mit zahlreichen Firmenschildern zahlreicher deutscher Großkonzerne. Darunter waren oder sind Töchter des Autovermieters Sixt, von BMW, des Rückversicherers Munich Re, Puma ... [103] Das Nachrichtenmagazin *Der Spiegel* hat im Jahr 2017 auf Malta nachgezählt und allein achtzehn Tochterfirmen der Lufthansa gefunden.

Wer dort auf der Flucht vor dem heimischen Fiskus möglichst schnell Hilfe sucht, bekommt diese auch. Denn auf Malta stehen Horden spezialisierter Anwälte parat, um alles Nötige zu regeln. Bei den meisten Steuersparmodellen sieht der Fahrplan so aus – und zwar bis heute: Gründung einer Firma auf Malta. Dazu ein Dach, eine sogenannte Holding. Dann ein Geschäftsführer, das übernimmt in der Regel der örtliche Anwalt. Briefkasten. Telefonnummer. Regelmäßige Treffen vor Ort. Das war's. Eine Stunde und ein paar Unterschriften später bleiben kaum noch Steuern übrig, weder in Deutschland noch am Mittelmeer oder sonst wo. Auf Malta liegen die Unternehmenssteuern derzeit zwischen 5 und 8 Prozent, je nach Kreativität.

Pro Kanzlei sind übrigens mehrere Tausend Firmengründungen im Jahr keine Seltenheit. Dabei arbeiten die Juristen meist in großen Netzwerken zusammen, die weltweit verteilt sind: Malta, Cayman-Inseln, Britische Jungferninseln, und natürlich reicht ein Strang meist nach Panama – das Mekka aller Steuerkreativen. Für Unternehmen ist das Ganze auch deshalb attraktiv, weil die Steuersparmodelle günstig umgesetzt werden können: ohne großen Aufwand, ohne Geschäftsräume, ohne Produktionsstätten. Den Service der Vermittler gibt es zum Teil für nicht einmal 1000 Euro – pro Jahr![104]

## Rechnungen, Gebühren, Markenrechte

Jetzt muss also nur noch das Geld zur Briefkastenfirma wandern. Oftmals über Grenzen hinweg. Vom vermeintlichen Hochsteuerland zum lukrativen Deal. Zunächst gründet der Konzern also wie beschrieben einen Sitz in einem Steuerdumping-Land. Meist reicht dafür eine Briefkastenfirma aus. Zum Beispiel auf Malta, geht aber auch auf Zypern, den britischen Kanalinseln, in Belgien, den Niederlanden, Irland oder Luxemburg. Sie erinnern sich: das Luxemburger Lizenzmodell. Die Briefkastenfirma wird mit diversen Rechten ausgestattet und kann zum Beispiel Gebühren dafür erheben, dass Tochterunternehmen in aller Welt den Markennamen nutzen. Diese Lizenzgebühren fallen dann so hoch aus, dass die Gewinne der Tochterunternehmen zum Beispiel in Deutschland gen null schmelzen. Die Folge: Dort, wo die Gewinne eigentlich angefallen sind, in diesem Fall in Deutschland, sind praktisch keine Gewinne mehr vorhanden, also werden auch keine Steuern fällig. Und dort, wo die Lizenzgebühren hinfließen, werden nun zwar Steuern fällig, allerdings deutlich geringere. Statt 30 Prozent in Deutschland nur noch 9 Prozent auf Malta, und selbst die lassen sich noch vermeiden. Indem nämlich weitere Konzerntöchter wieder Gebühren in Rechnung stellen und wieder und wieder und wieder, bis sich die Spur in undurchsichtigen Verflechtungen verliert. Verflechtungen aus Hunderten Firmensitzen, Dependancen, Tochterunternehmen, Wohnorten.

Wer es etwas kleiner mag, für den reicht es auch aus, dass die gewinnbringende Tochter unter das Dach einer neuen Holding in ausländischer Hand schlüpft, zum Beispiel einer sogenannten Limited in Großbritannien oder der Schweiz. Schon haben die Steuereintreiber in der Regel keinen Zugriff mehr. Hört sich kompliziert an, hat sich aber schon tausendfach »bewährt«.

Das schwedische Einrichtungshaus Ikea gilt als Urvater dieses Lizenzmodells.[105/106] So wurden in Deutschland und anderen Ländern erwirtschaftete Gewinne jahrelang in die Niederlande transferiert, eines der Steuerdumping-Länder der EU, vor allem wenn es um Lizenzgebühren geht, die dort nahezu steuerfrei sind. Offiziell ging es bei Ikea um Franchise- und Lizenzgebühren. Der Lohn für ein paar Jahre Deal: rund 1 Milliarde Euro Steuerersparnis. Eine entsprechende Studie hatte die Grünen-Fraktion im Europaparlament in Auftrag gegeben. Allerdings ohne Chance, jemals auf das Geld zugreifen zu können. Denn das wanderte nach den Niederlanden zum Teil Richtung Luxemburg und dann in ein undurchsichtiges Geflecht aus unzähligen Firmen und gemeinnützigen Stiftungen. Legal? Illegal? Moral? Jedenfalls offenbar nicht angreifbar.

Heute haben Horden von Anwälten und Steuerexperten in Beratungsfirmen dafür gesorgt, die »Ikea-Variante« zu optimieren. Nach Schätzungen von Steuerexperten können Konzerne so locker 50 Prozent ihrer Steuerlast senken. Teilweise noch mehr. Und weil auch die Berater gut davon leben und die Konkurrenz groß ist, sind sie ständig proaktiv auf der Suche nach neuen Steuerprofiteuren. Mittelständler, die abgelehnt haben, aber dennoch nicht genannt werden wollen, berichten in vertraulichen Gesprächen von regelrechten Werbefeldzügen. Immer vorneweg der Köder: niedrige Steuersätze, erhaltene Gewinne. Ganz legal.

Doch auch wenn die kleinen und mittleren Unternehmen ebenfalls davon profitieren könnten, das ganz große Geld machen die multinationalen Konzerne. Vielfach die Hightech-Elite. Apple gehört dazu mit seinem Sitz in Irland. Ja, es ist ein kalifornisches Unternehmen. Forschung, Entwicklung, Design – alles findet in den Vereinigten Staaten statt. Produziert wird dann in China. Die Gewinne fallen allerdings weder in Kalifornien noch in China an, sondern in Irland. Genauer: bei Apple Operations International. Doch auch dort zahlte der Konzern in den vergangenen Jahren nahezu keine Steuern. 2014 lag der Steuersatz bei 0,0005 Prozent.[107]

## Deutschland: nur gucken, nicht anfassen – und schon gar nicht wehtun

Da bislang in der EU nur Gewinne besteuert werden und keine Umsätze, bleibt in Deutschland praktisch nichts hängen. Die Liste der Profiteure des EU-Modells ist lang: Apple, Starbucks, Facebook, Google, Amazon, McDonalds, Ikea, Zara ... Keine oder kaum Unternehmenssteuern in einem der größten Absatzmärkte. Das heißt, in den vergangenen Jahren gab es mehrfach Steuererstattungen.

> »Es ist klar, dass es auch in Deutschland Steuerabsprachen in einer rechtlichen Grauzone gibt, die der Gesetzgeber so nicht vorgesehen hat. Unter politischer Anleitung. Mit den Steuerbehörden. Aber diese Daten werden unter Verschluss gehalten.«
>
> Markus Meinzer, Tax Justice Network

Angesichts der entgangenen Steuermilliarden wettert der Staat zwar, doch am Ende muss der Fiskus untätig zusehen. Auch dabei, wie der Steuerwettstreit nicht nur aus dem Ausland, sondern auch im Inland weiter forciert wird. Drahtzieher sind hier einige Gemeinden. Dazu muss man wissen: Die deutschen Unternehmenssteuern setzen sich vor allem aus zwei Teilen zusammen, der Körperschaftssteuer und der Gewerbesteuer. Die Körperschaftssteuer in Höhe von 15 Prozent erhebt der Bund. Die Gewerbesteuer kann aber jede Stadt, jede Gemeinde, jede Kommune frei festsetzen. Möglich macht das die Gesetzeslage; »finanzielle Selbstverwaltung« schimpft sich das. Und da gibt es bei der Gewerbesteuer quer über das Bundesgebiet deutliche Ausreißer nach unten. Zeitweise lagen die Steuern in manchen Gemeinden sogar bei oder nahe null Prozent! Bis der Gesetzgeber einschritt. Seitdem müssen die Gemeinden mindestens 7 Prozent nehmen. Und so verlangen einige Gemeinden nun also den Mindestsatz, andere hingegen fast 20 Prozent.[108]

Ein Beispiel für die Folgen einer Steuerpolitik in Dumping-Manier ist die Gemeinde Monheim am Rhein. Während andere Gemeinden hochverschuldet sind, sprudeln hier die Einnahmen, und der Haushalt schreibt dicke schwarze Zahlen. Auf den ersten Blick paradox. Denn Monheims Bürgermeister hat seine Befugnisse ausgespielt und praktisch im Alleingang die Gewerbesteuern massiv gesenkt. Nahezu halbiert. Doch Monheim hat einen großen geografischen Vorteil: Die kleine Gemeinde liegt dicht an einem Ballungsraum. Und genau von dort zieht es jetzt die Investoren und ganz großen Konzerne an den Rhein: BASF, Bayer, Schwarz Pharma, Oxea und wie sie alle heißen. Aber nicht mit Produktionsstätten, nur die Verwaltung. Viele haben – vorsichtig formuliert – sogar eine sehr ähnliche Adresse.

Doch das reicht aus, um in den Genuss der Steuervorteile zu kommen.

Die Produktion wird in der Regel nicht verlagert und dampft irgendwo anders vor sich hin, nutzt dort die Infrastruktur, profitiert von geschultem Personal und ausgebildetem Nachwuchs. Doch Steuern zahlen die Konzerne woanders. Dort, wo auch die Gewinne hinfließen. Weil's billiger ist. Nach Monheim. Für Markus Meinzer von Tax Justice Network ist Monheim »ein Beispiel dafür, wie wir den internen Steuersenkungswettlauf in Deutschland auf eine absurde Art und Weise erlauben. Hier wird kleinen Provinzpolitikern die Hoheit übertragen, über die Steuerschuld von Milliardenkonzernen zu entscheiden. Das gibt es nirgendwo auf der Welt. Und das muss korrigiert werden.« Zumal es laut Meinzer zahlreiche weitere »Monheims« in Deutschland gibt, unter anderem Grünwald im Großraum München und Eschborn im Großraum Frankfurt.

## Entscheidender Faktor: Steuern dominieren den Wettbewerb

Markus Meinzer spricht von einem fatalen gesamtwirtschaftlichen Signal. Denn der Wettbewerb werde nicht mehr von Qualität und Preis bestimmt, sondern von den zu zahlenden Steuern. Im Klartext: Wer Abgaben zahlt, dessen Produkte sind am Markt teurer. Denn die Steuern müssen logischerweise über den Verkaufspreis wieder reingeholt werden. Wer dagegen konsequent von Steuerdumping profitiert, kann billiger produzieren und damit günstiger in den Markt gehen. Ein klarer Wettbewerbsvorteil – und zwar unabhängig davon, ob das Produkt am Ende etwas taugt oder sich vielleicht aus Qualitätsgründen nie durchgesetzt hätte. Billig ist erst mal Trumpf.

Der amerikanische Online-Gigant Amazon macht vor, was in einer Welt mit ungleicher Steuerbelastung passiert. Das Unternehmen hat seinen Steuersitz in Luxemburg, und die Abgaben liegen dort in der Regel im einstelligen Prozentbereich, ausgehandelt mit dem damaligen Regierungschef Jean-Claude Juncker.[109] Heute ist er Chef der EU-Kommission in Brüssel und unter anderem dafür zuständig, seine eigenen Deals aufzudecken und zu bekämpfen. Das läuft – vorsichtig ausgedrückt – eher schleppend. Deutlich schneller läuft der machtlosen Konkurrenz von Amazon die Zeit davon. Ob stationäre Buchhändler, Bekleidungsgeschäfte oder Technikläden, die meisten haben keine Chance gegen das milliardenschwere Unternehmen aus den USA.

Amazon hat jahrelang vorgemacht, wie man Marktanteile um jeden Preis ergattert. Von Quartal zu Quartal schrieb es tiefrote Zahlen. Das allerdings war den Investoren ebenso wie Amazon-Gründer Jeff Bezos egal. Denn am Ende, das war allen klar, würde die Konkurrenz die Segel streichen. Amazon stieg in die Fußstapfen des Highlanders aus dem gleichnamigen Hollywood-Streifen: »Es kann nur einen geben.«

Jeff Bezos ist übrigens heute laut *Forbes*-Liste der reichste Mensch der Welt.[110] Ja, er hat auch ein Gespür für die Wünsche seiner Kunden gehabt, keine Frage. Der Wunsch nach Service zum Nulltarif, Gratislieferungen, vierwöchiger Umtauschfrist und einem extrem kulanten Service. So umfangreich, dass selbst Händler, die mit Amazon zusammenarbeiten, darunter ächzen und zum Teil zugrunde gehen. Das alles ist dem Konzern gleich. Die Händler haben praktisch keine andere Wahl, als über Amazon zu verkaufen. Die Marktmacht ist inzwischen zu groß und Alternativen gibt es praktisch nicht. Und die Kunden? Die haben das bequeme Shopping bei Amazon gelernt und bescheren dem Portal nach wie vor dicke Gewinne. Offiziell natürlich nicht in Deutschland. Kreative Steuervermeidung wie das Ikea-Modell sorgen dafür, dass Amazon hierzulande weniger Steuern zahlt als so manche kleinen Läden in Berlins Fußgängerzone. Deren Inhaber müssen sich schon mal mit einer Steuerlast von 30 Prozent herumschlagen und können eben nicht in die steuerlich günstige Südsee oder nach Luxemburg flüchten. So geht Wettbewerbsverzerrung!

Aber was tun? Ideen, um all das abzustellen oder wenigstens einzuschränken und Steuern fairer zu erheben, gibt es auf EU-Ebene schon lange. Eine der Maßnahmen, die immer wieder von Kritikern gefordert und nun auch wenigstens zum Teil umgesetzt wurden, ist Transparenz. So haben Bürger inzwischen ein Recht darauf zu erfahren, wer hinter Konzernen steckt und Anteile hält. Doch wer macht das schon? Und vor allem: Was bringt das? Wer kann schon einschätzen, was Konzernstrukturen am Ende bedeuten? Welche Konsequenzen sollen Verbraucher daraus ziehen? Aus steuerlicher Sicht viel wichtiger wäre es, wenn Konzerne zumindest aufführen müssten, wo genau sie Steuern zu welchen Sätzen bezahlen. Dann wäre ersichtlich, welche Länder bereit sind, Deals auszuhandeln, und zu welchen Konditionen sie es tun. So könnte besser nachvollzogen werden, zu wessen Lasten diese Deals gehen.

Eine weitere Forderung ist, dass Konzerne in dem Land Steuern zahlen sollen, wo sie ihre Umsätze generieren. Umsätze lassen sich nicht verschieben wie Gewinne, denn Umsätze fallen in Märkten an und sind entsprechend nachvollziehbar. Wer die nationalen Märkte nutzt, ähnlich einer Verkaufsplattform, sollte dafür auch zahlen. Infrastruktur kostet schließlich Geld. Doch für diese Idee findet sich in der Europäischen Union keine breite Mehrheit, weder politisch noch in der Wirtschaft. Das hat ganz einfache Gründe: Zum einen führt die Wirtschaft immer wieder ins Feld, dass eine Besteuerung von Umsätzen das bisherige Steuerprinzip aushebeln würde, nach dem ausschließlich Gewinne besteuert werden. Stimmt, aber die Gewinne sind nun mal offensichtlich sehr reisefreudig und damit kaum zu fassen. Ein zweites Argument der Wirtschaft ist, dass Umsatzsteuern Investoren und Unternehmen abschrecken würden. So verlöre die EU Arbeitsplätze, die dann ins EU-Ausland abwanderten. Ein fadenscheiniges Argument. Aktuell erleben wir gerade das Gegenteil. Viele Unternehmen holen ihre ins Ausland verlagerten Produktionsanlagen derzeit zurück nach Deutschland und die EU. Denn es bringt spürbare Standortvorteile mit sich, wenn man im Umfeld der Absatzmärkte produziert: kürzere Wege, weniger Logistik und Verwaltung, leichtere Kontrollen, mitunter besser ausgebildete Arbeitskräfte. Das dritte und wohl wichtigste Argument äußert die Wirtschaft allerdings lieber hinter vorgehaltener Hand: Eine Besteuerung der Umsätze gepaart mit einem Wegfall der Dumping-Möglichkeiten würde unweigerlich zu einer höheren Gesamtsteuerlast und damit zu niedrigeren Gewinnen führen. Ein Graus für Chefs, Investoren und Aktionäre.

Doch alle Aufregung ist umsonst. Denn so weit wird es ja gar nicht kommen. Der eigentliche Bremser ist nämlich die Politik. Veränderungen an den Steuergesetzen müssen wie bereits gesagt innerhalb der EU einstimmig gefällt werden. Da aber viele Staaten, wie etwa die Niederlande, Luxemburg oder Belgien, von ihren Steuermodellen profitieren, ist ein einstimmiges Voting utopisch. Mit der fatalen Folge, dass damit allen EU-Ländern die Hände gebunden sind, die etwas ändern möchten. Von Steuerharmonie oder einer gemeinsamen Gangart ist die EU also weit entfernt.

Und dann gibt es natürlich auch noch die Politiker, die den Konzernen nicht wehtun möchten. Sie trauen sich schlichtweg nicht – aus Angst, die Konzerne könnten ihnen und ihrem Land den Rücken kehren. Mit der einfachen Quittung: Jobs weg, Wähler weg.

## Keine erfolgreiche Maßnahme ohne Druck

Wie wichtig politischer Druck ist, zeigt der Fall der Finanzwirtschaft. Dort ist es gelungen, die eingeforderten Transparenzregeln durchzusetzen, allerdings mit mäßigem Erfolg. Seit wenigen Jahren müssen Banken melden, wie hoch ihre Umsätze an den einzelnen Standorten sind, wie viel Gewinn sie machen, welche Steuern gezahlt werden und wie viele Mitarbeiter für das Institut im jeweiligen Land tätig sind. Das ist, wie gesagt, ein positiver Aspekt, ein Schritt hin zu mehr Transparenz.

Allerdings wird auch klar, dass Daten ziemlich geduldig sind und allein keinen neuen Steuergeist wecken, geschweige denn die Firmenpolitik nachhaltig verändern. Die Nichtregierungsorganisation Oxfam wertete die Daten der Banken aus. Die verblüffenden Ergebnisse: Einige Geschäftsmodelle waren und sind so undurchsichtig und kompliziert konstruiert, dass Banken in einigen Ländern mehr Gewinn als Umsatz erzielten. Man muss schon einige Fantasie haben, um das nachvollziehen zu können. Zumal die Institute an den Standorten zum Teil ganz auf Mitarbeiter verzichteten. Getreu dem Briefkastenmodell. Und das nicht auf den Cayman-Inseln oder Panama, sondern in Luxemburg, Belgien und anderen EU-Staaten. Fragen und Anhörungen brachten übrigens bis heute kein Licht ins Dunkel.

Als kleines Goodie für die Kritiker kündigte die EU-Kommission 2017 eine schwarze Liste der Steuerdumping-Länder an.[III] Dort sollten sich alle Staaten wiederfinden, die mit ihren Dumping-Sätzen gegen EU-Regeln verstoßen. Doch schon bei der grundsätzlichen Frage war Schluss: Wann verstoßen Länder denn gegen EU-Regeln? Eine Einigung auf die Kriterien gibt es unter den Mitgliedsstaaten bis heute nicht. Nur so viel ist klar: Ein Steuersatz von null Prozent allein reicht offenbar nicht aus, um als Steueroase zu gelten. Auch deshalb fehlen auf der inzwischen veröffentlichten Liste selbst die verrufenen Steueroasen wie Panama oder Malta.

Und wenn ein Land dann doch einmal auf die Liste geraten ist? Keine Sorge, die Kandidaten können sich zügig streichen lassen. Denn der EU reicht die vage Zusage der betroffenen Länder, dass sich etwas ändern wird und Maßnahmen ergriffen werden, um Steuertricks zu vermeiden. Ob das jemals geschieht, bleibt dabei offen. Keine feste Zusage. Keine Verbindlichkeit. Keine Termine. Keine Fristen. So hat Malta beispielsweise inzwischen verschiedene Türen geschlossen und so die Steuervermeidung etwas schwieriger gemacht – allerdings nur für kleine und mittelständische Unternehmen. Die großen Konzerne und Aktiengesellschaften profitieren wie eh und je vom Briefkastengeschäft am Mittelmeer. Doch es wäre falsch, nur die Mittelmeerstaaten anzuprangern – tatsächlich müssen sich auch Länder wie Deutschland bewegen.

## Transparenz in der EU: Bremsklotz Berlin

Einer der ganz dicken Bremsklötze, gerade wenn es um das Thema Transparenz geht, ist Berlin. Denn in der Bundesrepublik ist das Steuersystem vor allem eins: intransparent. Besitzverhältnisse, Eignerstrukturen und Verflechtungen offenlegen? Steuerzahlungen nachvollziehen? Finanzurteile und deren Begründung einsehen? In Deutschland sind das in der Regel Steuer- und Geschäftsgeheimnisse, und die sind geschützt. Nach dem Willen der Bundesregierung werden so bis auf Weiteres Unternehmensdaten nicht ausgetauscht, weder EU- noch weltweit. Maximal sollen Informationen zwischen den Finanzbehörden fließen, allerdings nicht öffentlich.

Berlin geht nun seinen eigenen Weg. So arbeiten die Länder-Finanzminister seit 2018 an einem Gesetz zur »Anzeigepflicht von Steuergestaltungsmodellen«.[112] Danach sollen sowohl Steuerpflichtige als auch Wirtschaftsprüfer und Berater künftig Steuersparmodelle dem Finanzamt melden. Das soll überprüfen, ob das Modell in Ordnung ist oder ob eine Gesetzeslücke geschlossen werden muss. Der Haken dabei: Betroffen sollen nur Spitzenverdiener sein mit einem Einkommen von mindestens 500 000 Euro pro Jahr. Und Berater und Wirtschaftsprüfer können sich längst das Go von Behörden einholen und sich so absichern, wenn es um ein neues Sparmodell geht.

Denn der Gesetzgeber hat für Steuervermeider schon vor geraumer Zeit ein schönes Türchen aufgemacht. Wer hindurchschreitet, dem eröffnet sich ganz offiziell eine Möglichkeit, seine Abgabenlast zu minimieren. Denn jeder hat das Recht, beim Finanzamt nachzufragen, ob sein neu erfundenes Modell gesetzeskonform ist. Sprich: Ob es so, wie es in den Büros der

Beratungsfirmen am Reißbrett entworfen wurde, auch angewendet werden darf und den steuerlichen Effekt hat, den man sich wünscht.

Diese »Anfrage auf verbindliche Auskunft« bei den Finanzbehörden schafft für die kreativen Steuergestalter und ihre Kunden Rechtssicherheit, und das schon in der Planungsphase. Auf Kosten des Staates und zu dessen Lasten. Denn das Finanzamt ist an seine Auskunft gebunden. Eine Steuersparmöglichkeit, die allerdings vor allem von großen Unternehmen und Konzernen genutzt wird. Aufgrund der anfallenden Gebühren wird Oma Kasuppke wohl nie eine »Anfrage auf verbindliche Auskunft« stellen. Bei ihr dürften auch sämtliche Besitz- und Einkommensverhältnisse recht schnell geklärt sein. Anders als bei multinationalen Konzernen. Auch dank dieser hausgemachten Politik zählt Deutschland inzwischen zu einem der beliebtesten Länder für Steuervermeidungstricks legal und illegal erwirtschafteter Millionen.

Diese sogenannten »Anfragen auf verbindliche Auskunft« gehören abgeschafft. Sie eröffnen Konzernen Möglichkeiten, die der kleine Mann nicht hat, und sorgen so für Steuerungerechtigkeit – zumal es dabei in der Regel nur um die Legitimation von vermeintlichen Schlupflöchern gehen kann, alimentiert vom Staat, abgesegnet vom zuständigen Finanzbeamten. Das ist ein untragbarer Zustand. Wer vermeintliche Schlupflöcher nutzt, darf dies nicht im ruhigen Gewissen tun, eine Lücke gefunden zu haben. Und der Gesetzgeber sollte die Möglichkeit haben, für erst später geschlossene Lücken auch rückwirkend Forderungen zu stellen.

## Und dann wären da noch die Steuerflüchtlinge

Steuerflüchtlinge, das sind diejenigen, die ihr Geld in Ländern wie Deutschland verdienen, ihren Wohnsitz aber dann zum Beispiel in die Schweiz verlegen, wo man seinen Steuersatz individuell aushandeln kann. Zu den prominenten Beispielen zählen Klaus Michael Kühne, Logistikunternehmer und Mäzen des Hamburger SV, Willi Liebherr, Baumaschinenproduzent, Familie Jacobs von der Bremer Kaffeerösterdynastie, Baron August von Finck nebst Familie und Hans-Peter Wild, zu dessen Unternehmen unter anderem Capri-Sonne, heute bekannt als Capri-Sun, gehört. Zusammen sind diese Herrschaften beziehungsweise ihre Unternehmen rund 30 Milliarden Euro schwer.[113]

Nicht zu vergessen der sogenannte Milchbaron »Theo« Alfons Müller, alleiniger Gesellschafter der Unternehmensgruppe Müller. Besser bekannt aus der Müller-Milch-Werbung. Eigentlich stammt der Mann aus einem kleinen Dorf bei Augsburg. Dort hat er 1971 den Familienbetrieb übernommen und zu einem internationalen Milliardenimperium aufgebaut. Zum Konzern gehören inzwischen auch Marken wie Nordsee, Nadler, Hohmann und Weihenstephan. Für »Alles Müller – oder was?« warben Sportgrößen wie Gerd Müller oder Boris Becker. Und im Bundesland Sachsen sollen Subventionen in dreistelliger Millionenhöhe geflossen sein.

Doch als es an sein Geld ging, brach ein gewaltiger Streit zwischen dem Unternehmer und der Politik aus. Grund war die Erbschaftssteuer. Müller wollte das Unternehmen auf seine Kinder übertragen, doch die damals erhobene Erbschaftssteuer war aus Sicht des Selfmade-Milliardärs viel zu hoch. Ein dreistelliger Millionenbetrag wäre fällig geworden. Aufseiten des Unternehmers war von Existenzgefährdung die Rede. Wenig später kehrte Müller Deutschland den Rücken und wandte sich dem Schweizer Alpenpanorama zu, in Erlenbach am Zürichsee. Mit Pauschalbesteuerung. Gleichzeitig wurde die Theo Müller Holding mit Sitz in der Schweiz gegründet, ebenfalls mit Pauschalbesteuerung.

## Ein weiterer Fall: die Panama-Papers

Dort sind ebenfalls nicht nur Unternehmen aufgeführt, sondern auch zahllose Privatleute und aus Hochglanzbroschüren bekannte VIPs, die sich halb legal ihren Steuerzahlungen entziehen. Ein Satz verbindet dabei allerdings alle, egal ob Beratungsfirmen, Konzerne, Steuervermeider oder privater Steuerflüchtling:

> »Wir haben uns an Recht und Gesetz gehalten. Das alles war und ist nicht illegal.«

Und damit haben sie leider meist recht. Es ist ein unendliches Katz-und-Maus-Spiel. Der Gesetzgeber kann nur die Lücken schließen, die er kennt. Bis dahin aber sind die Steuervermeidungstricks, sofern es um Lücken im Steuerrecht geht, nicht zwingend illegal. Zumindest nicht, bis sie geschlossen sind – und das kann dauern. Und so ist es kein Wunder, dass gerade in Fällen wie Lux-Leaks und Panama-Papers zwar jede Menge Details an die Öffentlichkeit kommen, der Gesetzgeber am Ende aber machtlos ist, zumindest rückwirkend. Den Medien und der Öffentlichkeit bleibt meist nur, die moralische Keule auszupacken.

Das aber ist nicht hinzunehmen. Der viel zitierte kleine Mann muss von »seinem« Staat erwarten können, dass er die Steuern korrekt erhebt und eintreibt – denn das ist Aufgabe des Staats. Dafür muss er sich zwingend die nötige Expertise aneignen. Ist er dazu nicht in der Lage, muss er gesetzlich Vorsorge treffen, dass Steuern auch noch nachträglich geltend gemacht werden können, sollten Steuerschlupflöcher als solche identifiziert werden.

# Fair statt berechnend

»Diejenigen, die entscheiden, sind nicht gewählt. Und diejenigen, die gewählt werden, haben nichts zu entscheiden.«

Horst Seehofer, derzeitiger Bundesinnenminister, ehemaliger Ministerpräsident Bayerns, im Bayerischen Rundfunk, 2010

Nach Schätzungen von Lobby Control sind aktuell rund 6000 Lobbyisten in Berlin unterwegs, um die Politik in ihrem Sinn zu beeinflussen. Mindestens so viele wie vor der Finanz- und Wirtschaftskrise. In Brüssel sind es etwa 15 000 oder 20 000 oder vielleicht auch 30 000. Alles Schätzungen, denn so ganz genau weiß das niemand, weil neben Einzellobbyisten auch Agenturen beraten, vertreten, organisieren, bewegen. Lobby Control fordert daher schon seit Jahren ein Transparenzregister, also eine Auflistung aller Beteiligten, Politiker, Berater, Unternehmen und Budgets. Ein Register, das auch Nebentätigkeiten vollständig auflistet, ebenso wie Sponsoring-Verträge, Spenden und andere Geldflüsse.

Bislang blieb diese Forderung allerdings ohne Erfolg. Eine entsprechende vollständige Liste fehlt bis heute. Obwohl Lobby Control natürlich auch in eigener Sache kräftig Lobbyismus betreibt. Lobbyismus ist aber immer auch eine Frage des Gewichts, der Methoden, des Einflusses, der Nachvollziehbarkeit. Und vor allem eines Hauptstadtbüros im Regierungsviertel. »Je geringer die Transparenz, desto größer der Vorteil für diejenigen, die ohnehin einen guten Zugang haben«, so Timo Lange, Politikwissenschaftler und Campaigner.

Stark sind Lobbyisten laut Lobby Control zwar auch in Branchen mit zweifelhafter Reputation wie Tabak, Rüstung oder Glücksspiel. Am stärksten aber ist danach der Lobbyismus in den Branchen, die zu den wichtigsten in Deutschland zählen: Finanzen, Versicherungen, Chemie, Bau, zweifelsohne auch die Automobilbranche samt Verbänden, Herstellern und Zulieferern sowie der Gesundheitssektor.

Einer der bekanntesten Berliner Lobbyisten der Gesundheitsbranche, der Pharmaindustrie und der Krankenversicherungen war Jens Spahn. Heute ist er Bundesgesundheitsminister, früher war er unterwegs in Sachen Beratung der Medizinbranche, als Mitinhaber der Agentur Politas GbR. Mit einem Firmenanteil von 25 Prozent, der von Spahn aus Versehen oder aus gutem Grund gewählt wurde. Denn erst darüber muss eine Meldung an den Bundestag erfolgen. Und freiwillig sah Spahn offenbar keinen Grund dazu. Der Job der Agentur Politas wie auch der anderer Lobbyisten: beraten, vermitteln, überzeugen, formulieren, Treffen vereinbaren. Dabei hatte Politas in den vergangenen Jahren einen entscheidenden Vorteil: den direkten Draht eines Anteilseigners in den Bundestag. Als es um die Bürgerversicherung ging, wählte Spahn für ein Positionspapier der Union fast die identischen Worte wie der Verband der privaten Krankenversicherungen (PKV). Wer von wem abgekupfert hat, ist offen.[114]

Der PKV steckt übrigens auch in der Gesellschaft zum Studium strukturpolitischer Fragen, einer Mutter des Beirats Gesundheit, dessen Vorsitzender Spahn lange war. Auch hier wurde Networking betrieben mit dem Ziel, Politik und Wirtschaft an einen Tisch zu bringen. Zum Austausch, sagen die einen. Im Sinne der Pharmaindustrie, zum Wohl der privaten Krankenversicherung, einer Liberalisierung des Apothekenmarkts, der Privatisierung des Gesundheitssektors, finden die anderen. Nicht gerade hinderlich dürfte bei dem einen oder anderen Part Spahns stetig wachsender Einfluss gewesen sein, auch international. Denn Jens Spahn ist Mitglied der Deutschen Atlantischen Gesellschaft (DAG), einem illustren Zusammenschluss von Konzern- und Industrievertretern, Politikern, Ökonomen und Medienvertretern, die vor allem diejenigen in ihren engen Zirkel aufnehmen, denen eine mächtige Zukunft vorausgesagt wird – vielleicht als künftiger Kanzler der Bundesrepublik Deutschland nach der Ära Merkel. Wie viel »Lobby« mit ins Bundesgesundheitsministerium gewandert ist, darüber kann nur spekuliert werden.

## Spielball Politik

»Ich bin schon manchmal entsetzt von dem, was da passiert.« Das sagt Marco Bülow (SPD), seit 2002 Mitglied des Bundestages. Politik, so Bülow, sei heute der Spielball der großen Konzerne. Nicht der Wirtschaft allgemein, aber der Topmanager. Aus Sicht des Dortmunder Sozialdemokraten verhindern Lobbyisten in Berlin regelmäßig, dass sich nach Krisen maßgeblich etwas ändert. Aber auch Politiker selbst haben dabei ihre Finger im Spiel. So auch nach der Finanz- und Wirtschaftskrise 2008 – ein Paradebeispiel für das Tauziehen danach. Der Ablauf sei immer ähnlich: Zunächst lösten Krisen mehr oder weniger breite Diskussionen aus. Auf die Diskussionen folgten Ankündigungen von Konsequenzen und Forderungen nach entschlossenem Handeln. Doch am Ende werde all das nicht umgesetzt oder derart kompliziert verklausuliert, dass der eigentliche Gehalt auf der Strecke bleibt. Eine Reihe von Fachgremien, so Marco Bülow, sorgten dann für den Rest.

Der SPD-Politiker nennt das den »Kompromiss vom Kompromiss vom Kompromiss«. In jedem Gremium werden demnach die ursprünglichen Pläne weiter abgeschwächt und entfalten am Ende keine Wirkung mehr. Hauptgrund ist laut Bülow der massive Druck der Lobbyisten. Deren Ziel sei es gerade in Krisenzeiten, unangenehme Themen möglichst schnell in ruhiges Fahrwasser und dann aus der Öffentlichkeit und den Medien zu bringen. Ein Spiel auf Zeit. Langwierige Verfahren, verkomplizierte Sachverhalte, demonstrierte Machtlosigkeit, verschobene Verantwortlichkeiten. Schwindet das Interesse, ist die Schlacht praktisch geschlagen. Kein Druck in den Medien, kein Druck in der Öffentlichkeit, kein Druck in den Ministerien, kein Druck in den Parteien, kein Druck in den Fraktionen. »Vor allem da, wo die Lobbyisten stark sind, ist zwar zu Beginn viel Getöse. Aber nach entsprechend langer Verzögerung kommt am Ende nichts dabei raus«, so Marco Bülow. Wer politisch aufklären will, hat laut Bülow kaum eine Chance, gegen die Lobbyisten und deren Netzwerke anzukommen:

> »Das Geschrei der Aufklärer ist relativ schnell weg.«
>
> Marco Bülow, SPD-Bundestagsabgeordneter

Dabei fängt der Druck der Interessenvertreter nicht erst in Krisenzeiten an oder wenn ein Gesetzentwurf erarbeitet werden soll. Druck wird permanent ausgeübt. Auch Bülow wurden entsprechende Angebote gemacht, berichtet er: »Als ich an vorderster Front war als umweltpolitischer Sprecher und stellvertretender energiepolitischer Sprecher der SPD-Fraktion, da gab es so ein paar Angebote lobbyistischer Art, mich zu Sport- und anderen Ereignissen einzuladen.« Doch der Abgeordnete lehnte bereits die ersten Avancen ab, sorgte zudem für Transparenz und listete sämtliche Termine mit Lobbyisten auf. Seitdem habe das »total abgenommen«.

Warum aber folgen nicht alle diesem Beispiel? Wenn durch eine solch vergleichsweise harmlose Maßnahme das inoffizielle Interesse der Lobbyisten derart abebbt? Die Antwort könnte lauten: weil sich die Abgeordneten einen wie auch immer gearteten Vorteil versprechen – und seien es nur gute Kontakte und externes Know-how. Dass sich Lobbyisten mit etwaigen Angeboten zumindest moralisch in Grauzonen aufhalten, belegt der Umstand, dass die Nachfrage nach politischer Elite sofort bröckelt, sobald die Öffentlichkeit davon erfährt. Das aber ist zwingend nötig, auch damit der Bürger Abläufe begreift, Netzwerke verstehen und Entwicklungen nachvollziehen kann.

## Lobbyismus: lieber gleich im Ministerium statt im Bundestag

Ohnehin hat sich das Ziel der Lobbyisten verändert. Mitglieder des Bundestages müssen höchstens einmal ruhiggestellt werden, sofern sie die angestrebte Linie stören. Das reicht. Stattdessen konzentrieren sich die Interessenvertreter vor Ort auf die Ministerien. Denn dort findet das entscheidende Spiel statt. Daher pflegen die Lobbyisten einen möglichst engen Kontakt zu den Mitarbeitern. Einige haben in den Ministerien ihre eigenen, festen Plätze und können auf diese Weise schon während der Entstehung neuer Gesetze, Vorschriften und Regeln Einfluss nehmen – wenn sie die Papiere nicht gleich selbst verfassen. Für Schlagzeilen sorgte der Fall einer Gesetzesinitiative des Bundesfinanzministeriums unter dem damaligen Finanzminister Wolfgang Schäuble. Das ARD-Magazin *Monitor*[115] hatte den Fall aufgedeckt. Dabei ging es um ein Regierungsdokument zum Beitrag der deutschen Banken am Rettungspaket. Darin fanden sich zum Teil wortwörtlich Passagen aus einer Vorlage der Deutschen Bank. Gesetze, die auf diesem Weg ins Parlament gelangen, werden praktisch nur noch abgenickt. Ohne dass die Parlamentarier wissen, was im Vorfeld gelaufen ist!

Das aber wäre zwingend erforderlich. Natürlich ist externer Sachverstand zu begrüßen – vor allem dann, wenn er von denjenigen stammt, die tagtäglich in der Praxis mit der Materie zu tun haben. Doch dann gehören auch Kritiker mit an den Tisch. Und selbstverständlich dürfen Gesetzestexte nicht einfach aus Vorlagen von Lobbyisten abgeschrieben werden. Vorlagen, an denen möglicherweise Juristen oder Steuerexperten lange gefeilt haben, um die Konsequenzen für das eigene Unternehmen möglichst positiv zu gestalten. Die eigene Prüfung und Formulierung durch den Staat, zur Not auch mit externem, aber unabhängigem Sachverstand, ist zudem nötig, um mögliche Wettbewerbsverzerrungen zugunsten des beratenden Unternehmens oder der durch Lobbyisten vertretenen Branche zu verhindern.

Für hochproblematisch hält Marco Bülow die Querbeziehungen von Politik und Unternehmen gerade in Krisenzeiten: »Politiker tun ja meist nur so, als ob sie von Verfehlungen nichts wüssten. Im Unternehmen waren das dann auch immer nur bestimmte Leute, die davon wussten. Und im Endeffekt wussten es doch relativ viele. Oder sie haben es zumindest erahnt.«

## Wir Bürger wollen es einfach

Für Lobbyisten gilt: Je komplizierter das Thema und je geringer die öffentliche Wahrnehmung, desto einfacher ist der Job. Als Beispiel nennt Marco Bülow die Paradise-Papers, die 2017 Steuerparadiese weltweit enttarnten. Eigentlich wäre das doch ein Riesenthema für die Koalitionsverhandlungen gewesen, findet er. Allerdings habe das weder bei den Verhandlungen zu einer möglichen Jamaika-Koalition noch in den Gesprächen zu der neuen Großen Koalition eine Rolle gespielt. Tatsächlich findet sich dazu in dem 177 Seiten starken Koalitionsvertrag nichts.

Dasselbe Spiel bei den sogenannten Cum-ex-Geschäften, mit denen Finanzjongleure Milliarden am Staat vorbeigewirtschaftet haben.[116] Nicht das Gesetz, aber die Begründung dazu kam von Banken. Sie lieferten einen Text, der praktisch eins zu eins von der Politik übernommen wurde. Besonders dreist war, dass die Banken den eigenen Text später intern nutzten, um zu dokumentieren, dass die Cum-ex-Geschäfte vom Gesetzgeber abgesegnet waren. Dass nur wenige Bundestagsabgeordnete nachfragten,[117] um sich zum Beispiel den Vorgang erklären zu lassen, lag daran, dass die Hintergründe viel zu kompliziert waren. Eigene Unwissenheit einräumen? Fehler zugeben? Das, so Bülow, sei vielen ganz einfach zu peinlich. Namen nennt der SPD-Politiker nicht. Klar ist aber: Politiker befassen sich lieber mit Themen, die auch im eigenen Wahlkreis eine Rolle spielen. Und das sind eben nicht die Paradise-Papers oder komplizierte

Aktiengeschäfte, sondern Themen wie Migration, Flüchtlingsunterbringung, Digitalisierung, niedrige Zinsen auf Sparguthaben oder die Rente.

## Politiker hoffen auf gut dotierte Jobs

Hinter vorgehaltener Hand gibt es in Berlin oftmals eine klare Antwort auf die Frage: Warum lässt die Politik das alles so geschehen? Ist es Unwissenheit oder Naivität? Nein, vielfach ist es schlicht und ergreifend Berechnung! Die Aussicht auf gut bezahlte Vorträge etwa. Oder die Gewissheit, von nahezu unkontrollierten Sponsoring-Verträgen profitieren zu können, persönlich oder in Form von verdeckten Parteispenden. Bei anderen ist es die Hoffnung auf einen gut bezahlten Job in der Wirtschaft, wenn die politische Karriere eines Tages beendet ist oder abgebrochen wird beziehungsweise werden muss. Nicht bei allen, aber vor allem unter Spitzenpolitikern findet sich dieses Karriereziel. Die Liste derer, die einst die Parlamentsbank drückten und heute gutes Geld in der Wirtschaft verdienen, ist lang. Auffällig ist dabei die Nähe des früheren politischen Amts zur aktuellen Tätigkeit. Und noch eins haben Spitzenpolitiker gemeinsam: Sie alle wissen um die entsprechenden Strukturen, Regularien, Verbindungen und Entscheidungsprozesse. Sie kennen meist persönlich die Ansprechpartner und Entscheider, und vor allem wissen sie genau, wann und wie entschieden wird. Das ist von unschätzbarem Wert, wenn es um die Vertretung von Interessen geht, die zum Beispiel in Ausschüssen diskutiert werden. Hier ein paar Beispielkarrieren:[118]

- *Dieter Althaus, CDU:* 2003 bis 2009 Ministerpräsident Thüringen, seit 2010 Lobbyist/Cheflobbyist beim Autozulieferer Magna.
- *Daniel Bahr, FDP:* 2011 bis 2013 Bundesminister für Gesundheit, seit 2014 Manager bei der Allianz Private Krankenversicherung.
- *Kurt Beck, SPD:* 2006 bis 2008 Parteichef, 1994 bis 2013 Ministerpräsident Rheinland-Pfalz, seit 2013 Berater des Pharmakonzerns Boehringer Ingelheim mit Sitz in Rheinland-Pfalz.
- *Wolfgang Clement, SPD:* 2002 bis 2005 Bundesminister für Wirtschaft und Arbeit, 1998 bis 2002 Ministerpräsident Nordrhein-Westfalen, 2006 Aufsichtsrat bei der RWE-Kraftwerkstochter RWE Power AG. Danach unter anderem Aufsichtsrat beim Dienstleister Dussmann, bei der Versatel AG, bei der Deutsche Wohnen.
- *Birgit Fischer, SPD:* 2002 bis 2005 Gesundheitsministerin Nordrhein-Westfalen, bis 2011 Mitglied des Parteivorstands, 2010 bis 2011 Chefin der Barmer Krankenkasse GEK, seit 2011 Hauptgeschäftsführerin des Verbands forschender Arzneimittelhersteller.
- *Joschka Fischer, Grüne:* 1998 bis 2005 Bundesaußenminister, 2006 Vorträge für Barclays Capital, Goldman Sachs, seit 2009 Berater unter anderem für Siemens, BMW, RWE.
- *Stefan Kampferer, FDP:* 2011 bis 2014 Staatssekretär im Bundesministerium für Wirtschaft und Energie, 2016 Hauptgeschäftsführer des Bundesverbands der Energie- und Wasserwirtschaft, nach der Bundestagswahl 2017 bei Sondierungsgesprächen Mitglied der Arbeitsgruppe Klima- und Energiepolitik.

- *Eckart von Klaeden, CDU:* 1994 bis 2013 Mitglied des Deutschen Bundestags, 2005 bis 2009 außenpolitischer Sprecher der CDU/CSU-Fraktion, 2009 Kanzleramtsminister, seit 2013 beim Autokonzern Daimler in der Abteilung Politik und Außenbeziehungen.
- *Roland Koch, CDU:* 1999 bis 2010 Ministerpräsident Hessen, 1998 bis 2010 CDU-Landesvorsitzender Hessen, 2011 bis 2014 Vorstandsvorsitzender beim Baukonzern Bilfinger Berger.
- *Stefan Mappus, CDU:* 2010 bis 2011 Ministerpräsident Baden-Württemberg, 2009 bis 2011 Landeschef CDU Baden-Württemberg, 2011 Pharma- und Spezialchemiekonzern Merck, Aus während der Einarbeitungsphase.
- *Friedrich Merz, CDU:* 1998 bis 2004 Vorsitzender beziehungsweise stellvertretender Vorsitzender CDU/CSU Bundestagsfraktion, 2009: »Politpause«, seit 2010 Verwaltungsrat HSBC Trinkaus, unter anderem Aufsichtsrat bei AXA, Deutsche Börse, IVG Immobilien. Seit 2016 Aufsichtsratschef bei dem Vermögensverwalter Blackrock.
- *Werner Müller, parteilos:* 1998 bis 2002 Bundeswirtschaftsminister, 2003 bis 2008 Vorstandsvorsitzender der Ruhrkohle AG, später des Mischkonzerns Evonik.
- *Dirk Niebel, FDP:* 2009 bis 2013 Entwicklungsminister, seit 2015 Berater beim Rüstungskonzern und Automobilzulieferer Rheinmetall.
- *Ronald Pofalla, CDU:* 2009 bis 2013 Kanzleramtschef, seit 2015 unter anderem Vorstand Deutsche Bahn.
- *Katherina Reiche, CDU:* 2013 bis 2015 Staatssekretärin im Bundesverkehrsministerium, seit 2015 Hauptgeschäftsführerin des Verbands Kommunaler Unternehmen VKU.

- *Thilo Sarrazin*, SPD: 2002 bis 2009 Finanzsenator Berlin, 2009 bis 2010 unter anderem Vorstand Deutsche Bundesbank.
- *Gerhard Schröder*, SPD: 1998 bis 2005 Bundeskanzler, 2005 Beratervertrag Ringier AG Fragen internationaler Politik, seit 2005 Nord Stream AG, Tochter des russischen Ölgiganten Gazprom, seit 2017 Aufsichtsratschef Rosneft.
- *Lothar Späth*, CDU: 1978 bis 1991 Ministerpräsident Baden-Württemberg, 1991 Geschäftsführer bei Jenoptik GmbH, 2005 Geschäftsführung US-Investmentbank Merrill Lynch/ Deutschland und Österreich.
- *Thomas Steg*, CDU: 2002 bis 2009 stellvertretender Regierungssprecher, 2009 Gründung einer Beratungs-GmbH, seit 2012 Lobbyist bei Volkswagen für Außen- und Regierungsbeziehungen.
- *Matthias Wissmann*, CDU: 1993 bis 1998 Bundesverkehrsminister, 2007 Ausscheiden aus dem Deutschen Bundestag, 2007 bis 2018 Präsident des Verbands der Automobilindustrie VDA.

Und einige derer, die es noch nicht in einen Konzernsessel geschafft haben, möchten die guten Kontakte in die Wirtschaft zumindest nicht zerstören. Man weiß ja nie, wann man wen braucht. »Man möchte sich einfach nicht anlegen. Es arbeitet sich einfach ruhiger«, heißt es in Berlin.

## Karenzzeitregelungen ohne Wert

In den vergangenen Jahren forderten Kritiker immer wieder schärfere Regeln sowie mehr Informationen und Transparenz ein. Ein Lobbyregister, in dem die Lobbyisten und Interessenvertreter aufgeführt werden, deren Ziele, wer den Auftrag erteilt hat und vor allem welches Budget zur Verfügung steht. In Deutschland gibt es das bis heute nicht. Auf EU-Ebene wurde zwar ein Transparenzregister eingeführt, allerdings auf freiwilliger Basis. Dennoch haben sich rund 11 200 Verbände, PR-Agenturen und Einzellobbyisten registrieren lassen. Aber wie gesagt: nur auf EU-Ebene. Nicht speziell in Deutschland.

Hierzulande werden auch Karenzzeiten immer wieder diskutiert. Das heißt Monate oder Jahre, die zwischen dem durchaus gut dotierten Politikerjob und einem noch viel besser dotierten Ruf in die Wirtschaft liegen sollten. Weil Anstand auf freiwilliger Basis nur selten funktioniert. Nach langem Tauziehen beschloss zuerst das Bundeskabinett im Jahr 2015 und später der Bundestag Karenzzeiten für Spitzenpolitiker.[119] Damit – wie es hieß – nicht »das Vertrauen der Allgemeinheit in die Integrität der Bundesregierung beeinträchtigt wird«.

Seitdem läuft der beabsichtigte Wechsel so ab: Zunächst muss das Kabinettsmitglied oder der Staatssekretär die Bundesregierung schriftlich über den neuen Job informieren. Wenn die anschließende Prüfung samt Einschätzung eines dreiköpfigen Ethikrats ergibt, dass der Wechsel problematisch ist, kann eine Karenzzeit auferlegt werden. Zwischen zwölf und achtzehn Monate müssen dann vergehen, bevor ein Staatssekretär oder ein Minister vom Bundesadler in die Privatwirtschaft wechseln kann.

Die Botschaft: Keiner soll mehr denken, dass Politiker schon zu Parlamentszeiten ihre Schäfchen ins Trockene bringen, geschweige denn Entscheidungen fällen, nur damit sie dem späteren Arbeitgeber nutzen. Auch wird angeblich mit den Karenzzeiten ausgeschlossen, dass die Spitzenpolitiker ihr Wissen mitnehmen, um dem neuen Arbeitgeber Vorteile zu verschaffen. Für all das reichen nach Ansicht des Gesetzgebers maximal achtzehn Monate aus. Bis dahin muss alles vergessen sein: politische Kontakte, hilfreiche Insiderinformationen, Abläufe in den Ministerien. Wer sich an all das nicht hält, dem droht negative Presse. Ob das einen der angesprochenen Politiker allerdings je davon abgehalten hat, einen neuen Job anzunehmen?

Organisationen wie Lobby Control oder Transparency International haben jedenfalls erhebliche Zweifel an der Sinnhaftigkeit solcher Maßnahmen und halten diese für Stückwerk. Timo Lange von Lobby Control fordert klare Regeln, um zu verhindern, »dass das im Amt erworbene Wissen meistbietend auf dem Lobbymarkt verscherbelt wird«. Denn das sei fatal für das öffentliche Vertrauen in die Politik und die Integrität der Regierung – und ein Grund für Politikverdrossenheit.

> »Wir leben in einem Wirtschaftssystem, das ausschließlich und allein den Kapitalinteressen dient.«
>
> Heiner Geißler, ehemals CDU-Generalsekretär, Mitglied der globalisierungskritischen Organisation Attac, bei *Maybrit Illner* auf Phoenix, 17. 12. 2010

Früher sollte die Wirtschaft dem Menschen dienen. Heute fragt die Politik nicht mehr an erster Stelle, ob eine Entscheidung der Allgemeinheit etwas bringt, sondern blickt zunächst auf die

Frage: Schadet eine Entscheidung bestimmten Konzernen? Wichtigen Branchen? Einflussreichen Topmanagern? Im Fokus ist dabei nicht die Pommesbude um die Ecke und auch nur selten der Mittelstand. Der ist zwar auch ein wichtiger Teil der Wirtschaft, aber dessen Lobby ist wesentlich kleiner als bei Großkonzernen, ebenso wie die finanziellen Mittel.

Letztere sind vor allen Dingen gefragt, auch schon zu früheren Zeiten, als sich Lobbyisten Zeit mit Politikern kaufen konnten. Entsprechende Berichte, unter anderem vom ZDF-Magazin *Frontal 21*, sorgten 2016 für einen öffentlichen Aufschrei.[120] Für zwischen 3000 und 7000 Euro konnten Lobbyisten Termine mit hochrangingen SPD-Politikern buchen. Darunter Justizminister Heiko Maas, Arbeitsministerin Andrea Nahles, Umweltministerin Barbara Hendricks und Familienministerin Manuela Schwesig. Organisiert von einer Kommunikationsagentur. Erst nach dem TV-Bericht war mit dem Geschäftsmodell Schluss.

## Marktkonforme Demokratie

Den neuen Geist der Politik fasst ein Begriff zusammen, der Bundeskanzlerin Angela Merkel zugesprochen wird: »marktkonforme Demokratie«. Und das, obwohl Bundeskanzlerin Merkel den Begriff so nie benutzt hat. Tatsächlich sagte sie auf einer Pressekonferenz im September 2011 auf die Frage, ob sie um die Schlagkraft des Rettungsschirms fürchte, es sollten alle nationalen Parlamente in Europa mitbestimmen:

> »Wir leben ja in einer Demokratie und sind auch froh darüber. Das ist eine parlamentarische Demokratie. Deshalb

> ist das Budgetrecht ein Kernrecht des Parlaments. Insofern werden wir Wege finden, wie die parlamentarische Mitbestimmung so gestaltet wird, dass sie trotzdem auch marktkonform ist.«
>
> Bundesregierung[121]

Bei aller Relativierung ist das ein klares Signal an die Parlamentarier des Bundestags: Befasst euch mit den anstehenden Entscheidungen so, dass die Beruhigung und Stabilisierung der Finanzmärkte nicht gestört wird. Ein klarer Auftrag, die Demokratie im Sinne der Wirtschaft und der Finanzwirtschaft auszulegen. Dabei regelt Artikel 38 des Grundgesetzes eigentlich glasklar: Bundestagsabgeordnete vertreten das ganze deutsche Volk im Deutschen Bundestag und sind bei Entscheidungen nicht an Weisungen und Aufträge gebunden, sondern nur ihrem eigenen Gewissen verpflichtet.

## Abgeltungssteuer: Die Lobby lässt grüßen

Ein Beispiel für den Einfluss der Finanzwirtschaft auf die Politik ist die neue Abgeltungssteuer. Eine der ersten »Glanzleistungen« der Großen Koalition in Berlin. Vorbereitet allerdings bereits von der alten »Groko«. Im Koalitionsvertrag verklausuliert formuliert, fast unbemerkt während der Niedrigzinsphase durchgedrückt. Allerdings mit erheblichen Auswirkungen auf alle Sparer, sobald die Zinsen wieder anziehen. Ex-Finanzminister Peer Steinbrück hatte die Abgeltungssteuer einst mit dem Statement verteidigt: »Besser 25 Prozent von x statt 42 Prozent auf nix.«

Ziel war es, verstecktes Schwarzgeld aus Ländern wie der Schweiz und Luxemburg nach Deutschland zurückzuholen. Der niedrige Zinssatz von 25 Prozent sollte dafür ein Anreiz sein. Im Jahr 2009 wurde die Abgeltungssteuer eingeführt. Statt den persönlichen Steuersatz mit teils mehr als 40 Prozent zahlen zu müssen, kamen Gutbetuchte mit dieser Pauschalbesteuerung davon. Der gesenkte Satz galt allerdings nicht nur für Vermögen, sondern auch für Aktien- und Zinsgewinne. Auch das lohnte sich vor allem für diejenigen, die hohe Vermögen hatten, etwa dicke Sparguthaben oder prall gefüllte Aktiendepots. Kritik gab es immer wieder von verschiedenen Seiten. Warum, so die Frage, muss für arbeitendes Geld weniger bezahlt werden, als wenn Menschen arbeiten?

Im Frühjahr 2018 dann die scheinbare Wende. Die Groko bringt das Ende der Abgeltungssteuer auf den Weg. Aus und vorbei. Oder? Nein, natürlich nicht. Tatsächlich trifft die neue Abgeltungssteuer nicht diejenigen, die reich sind, sondern vor allem Kleinsparer! Denn sie müssen künftig ihre Zinseinnahmen – abzüglich eines Freibetrags – mit ihrem persönlichen Steuersatz verrechnen, also mit bis zu 42 Prozent. Nun zahlt nicht jeder Otto Normalverbraucher den Spitzensteuersatz. Dennoch sollten sich auch alle anderen nicht zu früh freuen, denn schon ab einem Jahreseinkommen von rund 20 000 Euro brutto wird die neue Abgeltungssteuer teurer als bislang.

Betreffen wird die Steuer auch den Zinsanteil der meisten Lebensversicherungen. 80 Millionen Policen gibt es in Deutschland, in der Regel gedacht für die Altersvorsorge. Hier wird sich die neue Abgeltungssteuer auswirken, unter dem Strich wird bei vielen deutlich weniger stehen als eingeplant. Das heißt: So mancher Heimaufenthalt wird nicht mehr finanziert und so mancher Immobilienkredit nicht getilgt werden können, sofern die Auszahlung aus der Lebensversicherung die Grundschuld ablösen sollte.

Wer dagegen sein Geld für sich arbeiten lässt, Aktien und Fonds besitzt und Dividenden, also die Gewinnausschüttung börsennotierter Konzerne kassiert, kommt auch weiterhin billig davon: pauschal mit 25 Prozent. Das bleibt. Doch damit nicht genug. Denn die Reichen haben noch ein weiteres Ass im Ärmel: ihre Steuerberater. Die werden sicherlich geeignete Wege finden, um aus Zinserträgen günstiger besteuerte Dividenden und Aktiengewinne zu machen.

Fazit: Die modifizierte Abgeltungssteuer ist eine Steuer, die vor allem die Kleinsparer trifft. Das wird ihnen aber wohl erst bewusst werden, wenn die Zinsen und damit die Zinserträge steigen. Währenddessen können sich Aktionäre, Investoren und Unternehmen weiterhin über günstige Pauschalsteuern freuen. Zweifellos ein Sieg der Finanzlobby, die gleich doppelt profitiert: vom eigenen Anlagevermögen und von der Attraktivität ihrer Produkte.

## Finanztransaktionssteuer: keine Chance

Auch so ein Projekt, das seit Jahren vor sich hin wabert: die Finanztransaktionssteuer, eine Art Umsatzsteuer auf Finanzgeschäfte innerhalb und außerhalb der Börse. Diese Steuer würde zum Beispiel anfallen, wenn jemand Aktien oder andere Wertpapiere kauft. Der Steuersatz soll zwischen 0,01 Prozent und 0,1 Prozent liegen, würde also den Kleinsparer oder privaten Anleger kaum treffen. Wohl aber die großen Player, die mit

Millionen oder gar Milliarden jonglieren. Bereits im Jahr 2007 stellte der damalige Präsident der Europäischen Kommission, José Manuel Barroso, mal wieder einen Gesetzentwurf vor. 2012 ein neuer Versuch und ein Jahr später ein weiterer. Dann sollte 2016 die Steuer eingeführt werden. Dann 2018.[122]

Sie ahnen es sicher schon: Passiert ist nichts. Gut, in ein paar Ländern gibt es nationale Steuern auf einzelne Finanzprodukte. In Frankreich und Italien etwa. Doch weil sich einzelne andere Länder, wie etwa Großbritannien, wehrten, wurde daraus flächendeckend innerhalb der EU nichts. Heute muss man kein Prophet sein, um zu prognostizieren, dass die Finanztransaktionssteuer wohl auch in dieser Legislaturperiode ein Hirngespinst bleiben wird. Im Koalitionsvertrag findet sich dazu auch nur kurz und knapp:

> »An dem bisherigen Ziel der Einführung einer Finanztransaktionsteuer im europäischen Kontext halten wir fest.«

Ernst zu nehmende Vorhaben hören sich anders an. Nachdruck auch. Aber warum sollte jetzt auch plötzlich etwas funktionieren, was seit Jahren scheitert? Die Finanzmärkte sind doch mit dem Ist-Zustand zufrieden. Die Börsen geben seit zehn Jahren Dauerfeuer und die Politik hält die Füße still. International gibt es zu viele Player, die vom aktuellen Wertpapierhandel profitieren – allen voran London und Frankfurt. Fazit: Die EU diskutiert weiter. Und weiter. Und weiter.

## Grauer Kapitalmarkt: blauäugige Sparer – blauäugige Politik

Manchmal ist allerdings nicht zu verstehen, warum es die deutsche Politik einfach laufen lässt. Weil Banken fleißig mitverdienen? Zum Beispiel am sogenannten Grauen Kapitalmarkt. Dort tummeln sich seit Jahren allerlei dubiose Geschäftemacher mit noch dubioseren Geschäftsmodellen. Die Versprechen klingen gut. Eigentlich zu schön, um wahr zu sein. Doch in der Regel werden die Finanzprodukte von Marketingprofis in Kaffeefahrtmanier vertrieben, die deutlich besser aufgestellt sind als die Anlagen selbst.

Am Grauen Kapitalmarkt sind die Anbieter, die keine Banklizenz haben.[123] Anbieter, die deshalb allerdings auch nicht von den Aufsichtsbehörden überwacht werden. Die greifen meist erst dann ein, wenn es entsprechende Anzeigen gibt. So konnte zum Beispiel die Berliner Wirtschafts- und Finanzstiftung (BWF) nach bisherigen Erkenntnissen sieben Jahre lang ein dubioses Finanzprodukt vertreiben.[124] Mehrere Tausend Anleger griffen zu und investierten in das laut BWF risikoarme und innovative Anlagemodell. Das sah so aus: Die Anleger kauften Gold, verbunden mit der Zusage, dass BWF es zu einem späteren Zeitpunkt zurückkaufen würde. In der Zwischenzeit sollte das Edelmetall bei der Stiftung verbleiben, um damit zu handeln. Alle sollten profitieren, sogar mehrfach. Bis die Staatsanwaltschaft eingriff und das Geschäftsmodell verbot. Inzwischen ist von »gewerbsmäßigem Anlagebetrug« die Rede. Denn von Handelsgewinnen oder einem teuren Rückkauf konnte keine Rede mehr sein. Viele verloren Gold und Geld.

Ganz ähnlich lief das Geschäftsmodell des Münchner P&R-

Konzerns ab, einem Vermittler für Seecontainer, zumindest bis drei von vier Töchtern in die Insolvenz schlitterten und mit ihnen Tausende Anleger alles verloren.[125] Dieses Geschäftsmodell sah vor, dass Anleger zunächst Schiffscontainer kauften. Später würde P&R die Container zurücknehmen. In der Zwischenzeit sollten sie vermietet werden, um auf den Weltmeeren eingesetzt zu werden. Das versprach hohe Mieteinnahmen. Doch auch dieses Geschäftsmodell platzte. Am Ende waren 50 000 Anleger betroffen. Allein ein älteres Ehepaar aus Lüneburg bei Hamburg soll rund 300 000 Euro verloren haben. Insgesamt geht der Schaden in die Milliarden.

Dabei müssen Menschen nicht einmal gutgläubig sein, um »Opfer« zu werden. Und sie müssen auch nicht am grauen Kapitalmarkt investieren. Tagtäglich sitzen Verbraucher Versprechen auf. Von hohen Renditen, Sparmöglichkeiten, einer sorgenfreien Zukunft. Häufig sind es aber auch die normalen Dinge des Alltags, die in die Irre führen können. Denn Verbraucher suchen geradezu nach Tabellen, Einordnungen, Orientierungshilfen. Interessant wird es, wenn man sich die Entstehung solcher Rankings genauer ansieht.

## Prüfverfahren: mit Sicherheit keine Sicherheit

Wie dreist Testvorgaben ausgelegt und ausgenutzt werden, wurde mit der Abgasaffäre und den jahrelang für Fahrzeuge geltenden Testbedingungen publik. Ob Schadstoffausstoß oder Spritverbrauch, die Kunden kauften die Katze im Sack. Die Vorgaben fanden sich im sogenannten neuen europäischen

Fahrzyklus, kurz NEFZ, eingeführt im Jahr 1992.[126] Ganz legal durften Fahrzeuge dafür präpariert werden: Die Reifen konnten knallhart aufgepumpt werden, um den Rollwiderstand zu verringern. Gegen zu viel Luftwiderstand wurden die Außenspiegel abgebaut und die Türen abgeklebt. Um Gewicht zu reduzieren, fehlten üblicherweise Extras wie die Klimaanlage. Sprit war auch nur gerade so viel im Tank, wie für die Fahrt benötigt wurde. Apropos Fahrt: Auch die hatte wenig mit dem realen Betrieb zu tun, nicht nur, weil sie ausschließlich im Labor stattfand. Los ging's mit einer Beschleunigung auf 50 Stundenkilometer – innerhalb von 26 Sekunden. Ein halbwegs gut motorisiertes Auto schafft 100 Stundenkilometer in knapp der Hälfte der Zeit! Die Fahrt auf der Autobahn wurde mit durchgängig 70 Stundenkilometern getestet – bis auf ein 10-sekündiges Stück mit 120 Stundenkilometern. Realitätsferner könnte ein Testverfahren wohl kaum sein. Was sich am Ende nicht nur beim Spritverbrauch gezeigt hat, sondern auch bei den Abgasmessungen: Denn sämtliche Anpassungen und Gesetzesverschärfungen bezogen sich immer auf NEFZ-Bedingungen.

Seit Ende 2017 gelten nun zwei neue Testverfahren: Real Driving Emissions (RDE) und Worldwide Harmonized Light-Duty Vehicles Test Procedure (WLTP). Die sind wesentlich dichter dran an den realen Fahrbedingungen: So wird länger geprüft, stärker beschleunigt, die Höchstgeschwindigkeit steigt, und es gibt neben dem Test auf dem Laborprüfstand auch noch ein paar Meter unter freiem Himmel. Doch einige fragwürdige Testvorgaben gibt es weiterhin: Statt einer Höchstgeschwindigkeit von 120 Stundenkilometern gelten nun 130. Die Durchschnittsgeschwindigkeit wird auf 47 Stundenkilometer festgelegt. Wie gesagt: etwas realistischer. Die eigentliche Kritik liegt aber woanders, denn Lobbyisten der Autoindustrie haben ganze Arbeit geleistet. So bleiben weiterhin fast sämtliche Verbraucher des Fahrzeugs im Ruhemodus: Licht, Heizung, Klimaanlage. Getestet wird für WLTP abermals zum Großteil im Labor. Und jahrelang gelten noch Übergangsfristen und kulante Einzellösungen in der EU. Für mögliche Strafzahlungen bei Überschreitung der $CO_2$-Grenzwerte wird sogar noch der alte NEFZ herangezogen.

Bei Untersuchungen im Zuge des Abgasskandals stellte das Bundesverkehrsministerium fest: Von 53 getesteten Autos deutscher Hersteller lagen 50 über dem Grenzwert. Und das nicht gerade knapp, sondern um satte 200 Prozent, 300 Prozent und mehr. Das Kraftfahrtbundesamt hätte unter diesen Umständen die Zulassung für die Fahrzeuge wohl gar nicht erteilen dürfen!

Was also tun? Schadstoffausstoß verringern? Von den Herstellern Maßnahmen einfordern? Nein. Deutschland hat in Brüssel erreicht, dass im Zuge der Abgasdiskussion neue Grenzwerte festgelegt wurden. Lag der Grenzwert für Stickstoffdioxid bis 2016 bei 80 Milligramm pro gefahrenem Kilometer, sorgte das EU-Parlament auf Initiative Berlins dafür, dass der Grenzwert mit dem neuen Straßen-Abgastest RDE – Real Driving Emissions – auf 168 Milligramm hochgesetzt wurde. Nicht weil Stickstoffdioxid plötzlich weniger gesundheitsgefährdend ist, sondern weil der Politik durchaus bewusst ist, dass die alten Werte unter realeren Bedingungen nicht mehr zu erreichen sind. Neue Gesundheitsstudien dazu gibt es deshalb auch erst gar nicht. Offiziell gilt der Test seit dem 1. September 2017 für ganz neue Automodelle und seit dem 1. September 2018 für sämtliche Neuzulassungen. Seitdem bestehen also per Parlamentsbeschluss die Gesundheitsgefahren für die Bevölkerung wesentlich später. In der Folge sank logischerweise die prozentuale Grenzwertüberschreitung zahlloser Diesel-Pkw maßgeblich, ohne dass sich bei den Abgasen selbst etwas getan hatte. Fazit: nicht weniger Abgase, dafür rechtlich einwandfreier. Und plötzlich nicht mehr gesundheitsgefährdend.

Wenn Politik so über eigene Vorgaben hinweggeht, darf man sich über Politikverdrossenheit und Resignation in der Bevölkerung nicht wundern. Gesundheitsgefahren sind nicht verhandelbar – Grenzwerte auch nicht. Als Grundlage müssen wissenschaftliche Erkenntnisse dienen, die eigentlich weltweite Gültigkeit haben müssten. Denn warum soll ein Mensch auf den Philippinen anders auf Schadstoffe reagieren als einer in Europa oder den USA? Das aber ist gängige Praxis. Es gibt zwar Empfehlungen und Grenzwerte der Weltgesundheitsorganisation zu zahlreichen Stoffen. Doch die national oder gemeinschaftlich festgelegten Werte liegen mitunter ganz woanders.

# Gerecht statt unfair

»Die Ergebnisse unserer Studie unterstreichen einmal mehr die Notwendigkeit, die Zugangschancen der Geschlechter zu leitenden Personen zu überprüfen, auch im öffentlichen Dienst.«

Dr. Christina Boll, Forschungsdirektorin HWWI, Autorin der Studie »Verdienstlücke zwischen Männern und Frauen im öffentlichen Dienst und in der Privatwirtschaft«, 2017

Seit Jahren ein Thema: die ungleiche Bezahlung von Frauen und Männern. Alle paar Monate erscheint zum sogenannten Gender-Pay-Gap eine neue Studie. Dabei kommen alle zu einem ähnlichen Ergebnis: Die Lohnlücke ist noch immer groß. Zu groß. Wenn überhaupt, dann ändert sich nur punktuell etwas.

Eine der neueren Untersuchungen stammt vom Hamburgischen Weltwirtschaftsinstitut.[127] Das HWWI diagnostizierte dabei die Lohnlücke zwischen Frauen und Männern im öffentlichen Dienst und in der Privatwirtschaft, und das über einen Zeitraum von vier Jahren, um die Entwicklung nachzuzeichnen. Das Ergebnis: Zwischen 2010 und 2014 hat sich praktisch nichts getan. Die Lohnlücke im öffentlichen Dienst lag nahezu unverändert bei 5,6 Prozent, in der Privatwirtschaft sogar bei satten 24 Prozent. Im Klartext: Frauen erhalten für exakt die gleiche Arbeit fast ein Viertel weniger Geld als ihre männlichen Kollegen. Und das nicht etwa, weil Männer zwei Drittel der Führungsposten besetzen und Frauen nur ein Drittel. Nehmen wir einen stinknormalen Bürojob: Frau und Mann sitzen sich

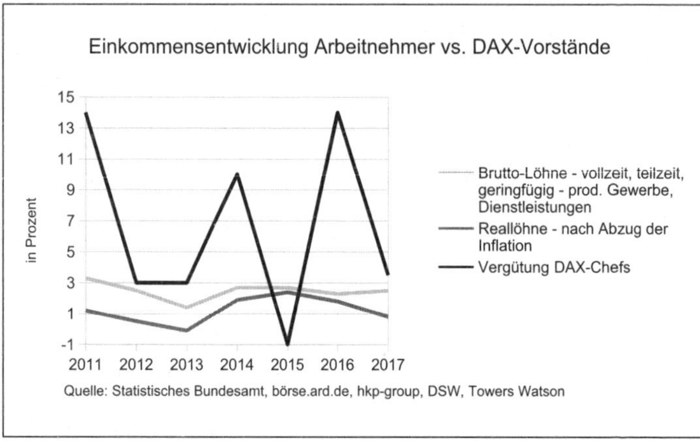


Abbildung 8: Einkommensentwicklung Arbeitnehmer vs. DAX-Vorstände

am Schreibtisch gegenüber, beide kommen um 9 Uhr, beide bleiben acht Stunden, beide machen den gleichen Job. Nur dass der Mann mit 3600 Euro brutto nach Hause geht, die Frau mit 2700 Euro. Gerecht und fair?

Faire Arbeit ist zunächst einmal menschenwürdige Arbeit, sagt die Internationale Arbeitsorganisation (ILO). Das bedeutet: Arbeit für Frauen und Männer in Freiheit. Arbeit, die ausgeglichen verteilt ist. Arbeit, die ein gerechtes Einkommen sichert – und zwar Frauen und Männern. Arbeit, die zur sozialen Absicherung der Beschäftigten und ihrer Familien führt. Arbeit, die zur persönlichen Weiterentwicklung beiträgt und die soziale Integration fördert. Arbeit, so heißt es weiter, sei eine der wichtigsten Grundlagen für Wohlstand, soziale Gerechtigkeit und eine nachhaltige Entwicklung.

Daten des Statistischen Bundesamts belegen, dass Arbeitnehmer – egal ob männlich oder weiblich – in den Jahren nach der Finanzkrise real nur geringfügig mehr in der Tasche hatten, wenn überhaupt. Also Lohnplus abzüglich Preissteigerungen für Lebensmittel, Sprit, Mieten et cetera. Topmanager steigerten dagegen ihre Einkommen im Schnitt um bis zu 14 Prozent – pro Jahr (siehe Abbildung 8).

Stellt sich die nächste Frage: Ist Arbeit in Deutschland fair? Und damit auch: Ist Arbeit in Deutschland nach der Definition der ILO menschenwürdig?

## Der Trick mit den Statistiken

Blickt man auf Westeuropa, so hat Deutschland den größten Niedriglohnsektor aller Staaten: 7,4 Millionen Menschen arbeiten hierzulande auf 450-Euro-Basis, und für zwei Drittel der Betroffenen ist das die einzige Einnahmequelle. Etwa 1,2 Millionen bekommen deshalb zusätzlich noch Hartz IV. So steht es im »Atlas der Arbeit« der gewerkschaftsnahen Hans-Böckler-Stiftung.[128] Fast jede zweite Neueinstellung erfolgt demnach mit befristetem Vertrag. Aber wie kann das sein in einer Zeit, in der es vom Arbeitsmarkt nur Positives zu berichten gibt?

Jeden Monat veröffentlicht die Bundesagentur für Arbeit in Nürnberg die offiziellen Arbeitsmarktdaten. Die Zahl der Arbeitslosen geht danach seit Jahren zurück. 2009 waren es 3,4 Prozent, 2013 knapp 3 Prozent, 2015 etwa 2,8 Prozent. Im Jahr 2017 waren im Schnitt noch etwa 2,6 Millionen Menschen in Deutschland ohne Job. Auch die Prognosen für 2019 sehen positiv aus: Die Zahl der Arbeitslosen soll weiter sinken, laut dem Deutschen Institut für Wirtschaftsforschung von durchschnittlich 2,3 Millionen auf dann auf 2,1 Millionen. Laut

Bundesagentur für Arbeit soll die Zahl der Arbeitsplätze um eine halbe Million auf knapp 45 Millionen steigen.

Hört sich doch eigentlich ganz gut an. Doch leider ist die Statistik um etliche Hunderttausend Menschen bereinigt. Das ist politisch so gewollt – aber ehrlich gesagt nicht ehrlich. Hier eine Liste, wer so alles *nicht* in der offiziellen Arbeitslosenstatistik auftaucht:

- Raus ist, wer krank ist.
- Raus ist, wer sich um seine kranken Kinder kümmern muss.
- Raus ist, wer in einer Arbeitsmarktmaßnahme steckt.
- Raus ist, wer mehr als 15 Stunden pro Woche arbeitet, selbst wenn ein Vollzeitjob gesucht wird.
- Raus sind Langzeitarbeitslose, die älter als 58 Jahre sind und seit 12 Monaten Hartz IV bezogen, aber kein Jobangebot bekommen haben.
- Raus ist, wer sich nicht arbeitslos gemeldet hat.

Wer es genauer wissen will, schaut auf die Zahl der Unterbeschäftigung. Denn darin werden alle erfasst: Die »offiziellen« Arbeitslosen, diejenigen, die in Maßnahmen stecken, und auch alle, die sich krank gemeldet haben.

Bei den Arbeitsmarktdaten geht es allerdings nicht nur um diejenigen, die arbeitslos sind. Es geht auch um diejenigen, die Arbeit haben, also die Erwerbstätigen. Auch ihre Zahl entwickelt sich in Deutschland seit Jahren scheinbar positiv – allerdings ist auch diese Zahl weit weniger aussagekräftig als gemeinhin angenommen. Und sie kann manipuliert werden. Das wird sofort klar, wenn man die Definition der Internationalen Arbeitsorganisation (ILO) liest. Danach gilt als »erwerbstätig«, wer binnen einer Woche mindestens eine Stunde lang gegen Entgelt oder als Selbstständiger oder Helfer gearbeitet hat. Ernsthaft, eine Stunde? Im Klartext: Jeder noch so kleine Helferjob wirkt sich positiv auf die Erwerbstätigen- und damit auf die Arbeitslosenquote aus.

## Befristungen trotz Fachkräftemangel

Deutschlands Wirtschaft beklagt zunehmend den Fachkräftemangel, und das seit Jahren. Dass es in einigen Bereichen zu wenige qualifizierte Fachkräfte gibt, steht außer Frage. Aber flächendeckend? Kaum eine Branche, die sich nicht lauthals zu Wort meldet. Angeblich fehlen überall Mitarbeiter: im Handwerk, in der Gastronomie, im Tourismus, im Maschinenbau, in der IT, in der Softwareentwicklung et cetera. Laut dem Prinzip von Angebot und Nachfrage müssten die Folgen dieses propagierten Fachkräftemangels eigentlich sichtbar und spürbar sein, nämlich in Form möglichst langfristiger Festanstellungen sowie flächendeckend steigender Löhne. Und eigentlich müsste es deutlich mehr Vollzeitstellen geben, zulasten von Teilzeitjobs. Aber das genaue Gegenteil ist der Fall!

Trotz des angeblich flächendeckenden Fachkräftemangels steigt die Zahl der Leih- und Zeitarbeiter in Deutschland seit Jahren an, von rund 580 000 im Jahr 2006 auf derzeit etwa 1 Million.[129] Deren Durchschnittsverdienst lag zuletzt zwischen 1300 Euro und 1800 Euro brutto monatlich, je nach Ausbildung. Das entspricht ungefähr dem Mindestlohn. Laut Bundesministerium für Arbeit und Soziales bedeutet Mindestlohn bei einer 40-Stunden-Woche 1532 Euro brutto. Zwei Drittel der Zeitarbeiter sind Männer, ein Drittel Frauen. Wie viele davon eine Familie zu ernähren haben, wird nicht erfasst. Fest steht dagegen, dass die vermittelnden Firmen von dieser Entwicklung profitieren. In Deutschland gibt es derzeit rund 11 300 Firmen, die mit Leih- und Zeitarbeitern ihr Geld verdienen. Allein im Jahr 2016 haben sie damit mehr als 21 Milliarden Euro umgesetzt. Dabei sind es keineswegs schlecht ausgebildete Beschäftigte, die keine Festanstellung erhalten. Es gibt sogar Zeitarbeitsfirmen für Ingenieure, Ärzte oder Lehrer.

Ein ähnliches Bild entsteht beim Blick auf befristete Arbeitsverhältnisse. Die Zahl ist in den vergangenen zwanzig Jahren um rund 1 Million gestiegen. Die Daten stammen vom Statistischen Bundesamt. Allein 2017 waren demnach rund 2,8 Millionen Menschen in Deutschland befristet beschäftigt. Insgesamt dürften es deutlich mehr sein, denn die Statistik berücksichtigt nur die Betroffenen im Alter über 25 Jahren. Wer also gerade von der Schule oder Hochschule kommt, ist nicht dabei. Auffällig ist allerdings, dass besonders viele Jüngere am Beginn ihrer Berufslaufbahn und ohne große Erfahrung befristete Verträge erhalten.

Fakt ist: Arbeitsverträge können auch im Jahr 2018 in Deutschland immer noch auf zwei Jahre befristet werden, und zwar ohne Grund.[130] Neu gegründete Unternehmen können ihre Mitarbeiter sogar vier Jahre lang befristet anstellen. Und wer über 52 Jahre alt ist und vorher arbeitslos war, muss bis zu fünf Jahre eine Befristung akzeptieren. Alles wie gesagt ohne Begründung. Mit Begründung geht natürlich auch. Acht verschiedene Möglichkeiten hält der Gesetzgeber dafür parat. Darunter bei verlängerter Probezeit, im Anschluss an eine Ausbildung, bei Schwangerschaftsvertretungen, Projektzeiten, Ersatz bei Krankheit.

Laut einer Studie der Hans-Böckler-Stiftung verdienen befristet Beschäftigte deutlich weniger als diejenigen mit unbefristeten Verträgen. Im Jahr 2016 erhielt rund jeder Vierte mit Zeitvertrag unter 1100 Euro netto pro Monat. Mit unbefristetem Vertrag war das nur bei jedem 14. der Fall. Diese sogenannten »Working Poor«, die Erwerbs- oder arbeitenden Armen, sind auch wesentlich häufiger von Armut bedroht, das heißt, sie leben in Haushalten, die weniger als 60 Prozent des mittleren Einkommens zur Verfügung haben. Jeder siebte Zeitarbeiter ist davon bedroht – doppelt so viele wie bei den Festangestellten.

Das Totschlagargument der Bundesvereinigung der Arbeitgeberverbände für diese Praxis lautet: Mit Befristungen könnten die Arbeitgeber auf betriebliche Notwendigkeiten und Auftragsspitzen reagieren.[131] Zudem sei die Befristung ein Beschäftigungsmotor. Von einer Übernahmequote von bis zu 40 Prozent ist die Rede. Das Institut für Arbeitsmarkt- und Berufsforschung IAB kommt auf ähnliche Zahlen. Allerdings heißt das auch: 60 Prozent werden nicht übernommen und weisen zum Teil eine regelrecht befristete Karriere auf. Seit einiger Zeit nehmen Befristungen auch in der Wissenschaft zu, im öffentlichen Dienst, im sozialen Sektor.

Befristete Jobs also selbst in Branchen mit Arbeitskräftemangel. Das macht deutlich, wie Arbeitgeber mit dem Instrument arbeiten und das unternehmerische Risiko voll an die Mitarbeiter weiterreichen. Schlecht für die Betroffenen, aber gut für Unternehmen, deren Topmanager diesen Umstand nur allzu gerne nutzen. Warum gibt es nicht längst eine Maximalquote für Unternehmen? Warum sind befristet Beschäftigte nicht längst teurer als die Stammbelegschaft, um Festanstellungen attraktiver zu machen?

Entfristung, so heißt die Übernahme in einen unbefristeten Vertrag, war früher die Regel und wird heutzutage zunehmend zur Ausnahme. Im Bundesdurchschnitt sind 8 Prozent der Verträge befristet, rechnet man den öffentlichen Dienst dazu, sind es 11 Prozent. Besonders betroffen von befristeter Beschäftigung sind die Jüngeren. Laut Hans-Böckler-Stiftung hat bei den 15- bis 24-Jährigen inzwischen fast jede fünfte Frau und mehr als jeder fünfte Mann nur einen befristeten Job.

Die aktuelle Große Koalition hat es sich zum Ziel gesetzt, die sogenannte sachgrundlose Befristung einzudämmen. Wörtlich heißt es dazu im Koalitionsvertrag:

> »Wir wollen nicht länger unendlich lange Ketten von befristeten Arbeitsverhältnissen hinnehmen. Eine Befristung eines Arbeitsverhältnisses ist dann nicht zulässig, wenn mit demselben Arbeitgeber bereits zuvor ein unbefristetes oder ein oder mehrere befristete Arbeitsverhältnisse mit einer Gesamtdauer von fünf oder mehr Jahren bestanden haben. Wir sind uns darüber einig, dass eine Ausnahmeregelung für den Sachgrund [...] wegen der Eigenart des Arbeitsverhältnisses [...] zu treffen ist.«

Heißt übersetzt: Es soll weniger sachgrundlose Befristungen und keine Befristungskarrieren über Jahrzehnte mehr geben. Doch natürlich gibt es auch hier wieder eine Hintertür: Die Arbeitgeber können, statt auf befristete Arbeitnehmer zurückzugreifen, die entstehenden Lücken anders füllen, zum Beispiel mit noch mehr Zeit- und Leiharbeitern. Oder mit der bestehenden Belegschaft, die dann eben ein paar mehr Überstunden ableisten muss. Oder mit freien Mitarbeitern, die extra angeheuert werden. Oder mit Fremdfirmen, die ihre Mitarbeiter entsenden – der klassische Werkvertrag.

Wie findig einige Unternehmer sind, zeigt das Beispiel Equal Pay. Nicht zu verwechseln mit Gender Pay, also der ungleichen Bezahlung von Frauen und Männern. Equal Pay heißt: gleicher Lohn für gleiche Arbeit.

## Gleiche Arbeit – gleicher Lohn

Im Jahr 2017 trat ein Gesetz zugunsten von Leiharbeitskräften in Kraft: das Arbeitnehmerüberlassungsgesetz.[132] Initiatorin war die damalige Bundesarbeitsministerin und heutige SPD-Parteivorsitzende Andrea Nahles. »Wir werden keine Schlupflöcher mehr zulassen«, so das Versprechen. Das Ziel: Gleiche Bezahlung für gleiche Arbeit. Das bedeutet: Wer für eine Leiharbeitsfirma tätig ist und von dieser in einem Betrieb fest eingesetzt wird, muss nach neun Monaten so bezahlt werden wie die fest angestellten Mitarbeiter vor Ort. Die Regeln scheinen also glasklar.

Doch die Realität sieht in vielen Betrieben bis heute anders aus. Statt den Lohn heraufzusetzen, werden die Leiharbeiter kurz vor Erreichen der Neun-Monats-Grenze vor die Tür gesetzt. Gekündigt von der eigenen Leiharbeitsfirma. Ohne ersichtlichen Grund. Zum Ärgern bleibt allerdings kaum Zeit. Denn es folgt vielfach die Rolle rückwärts. In der Regel flattert nach dreimonatiger Ruhepause ein neuer Arbeitsvertrag ins Haus. Das hat einen einfachen Grund: Nach Ablauf dieser Frist können die Leiharbeiter wieder eingestellt werden und zurück zum bekannten Job im Betrieb. Dann allerdings wieder zum

Mindestlohn. Zur Begründung heißt es in der Branche, die Kunden wollten eben nicht mehr zahlen. Die bekannten und bewährten Mitarbeiter wollen die Firmen allerdings meist gerne wiederhaben, denn die können den Job schließlich schon aus dem Effeff.

## Mindestlohn ist kein Mindestlohn

Ein ganz ähnliches Phänomen ist beim flächendeckenden gesetzlichen Mindestlohn für rund 4 Millionen Beschäftigte in Deutschland zu beobachten. Eingeführt wurde er 2015 zunächst mit einem Stundenlohn von 8,50 Euro. Zwei Jahre später ging es um 34 Cent nach oben auf 8,84 pro Stunde. Ausgenommen waren bestimmte Ehrenamtliche, die als Minijobber bezahlt werden, Praktikanten sowie ein Teil der Langzeitarbeitslosen. Für alle anderen sollte und soll der Mindestlohn eine Lohnuntergrenze sein, um die Existenz zu sichern. So zumindest die Idee.

Doch auch hier sieht die Realität bis heute vielfach anders aus. Wenn es um Tricks und Strategien geht, um den Mindestlohn zu umgehen, ist die Kreativität vieler Arbeitgeber beachtlich. Eine der häufigsten Varianten: Sonderzahlungen wie Weihnachts- und Urlaubsgeld, Prämien und Bonuszahlungen werden in den Stundenlohn eingerechnet. So stimmt's am Jahresende, auch wenn das monatliche Salär deutlich unter den Mindestlohn fällt. Ein ziemlich skrupelloses Verhalten.

Nicht anders in der Gastronomie, wo häufig das Trinkgeld genutzt wird, um den Stundenlohn entsprechend zu drücken. Das heißt, wer mehr von den Gästen erhält, bekommt eben weniger vom Chef. Oder die vergütete Stundenzahl wird gesenkt: Dann verteilen sich 50 Euro Tageslohn nicht mehr auf die tatsächlich geleisteten neun, sondern nur noch auf sechs Stunden, die auf dem Papier stehen. Mit neuen Arbeitsverträgen ist das möglich. Die inoffizielle Dauer der Arbeit bleibt selbstverständlich die gleiche.

Bei Reinigungskräften und in der Hotelbranche wird gerne das Modell genutzt, nach zu reinigender Fläche oder zu reinigenden Zimmern abzurechnen. Das heißt: Hier werden 400 Quadratmeter Fläche vorgegeben, dort drei Zimmer samt Staubsaugen, Staubwischen, Betten neu beziehen – und zwar pro Stunde. Wer länger braucht, ist selbst schuld.

Einige Spediteure haben sich etwas ganz Besonderes einfallen lassen. Sie werten als Arbeitszeit nur die Stunden »auf dem Bock«, wie es heißt. Also nur die Zeit, in der gefahren wird. Sobald der Lastwagen steht, etwa beim Be- oder Abladen, ist offiziell Freizeit angesagt. Andere berichten davon, dass der eigentliche Jahresurlaub auf das gesetzliche Mindestmaß reduziert und die bisherigen Mehrtage mit der Arbeitszeit verrechnet werden. Hier gibt es statt Geld mal Gutscheine, dort wird Arbeitskleidung oder Arbeitsgerät in Rechnung gestellt. Alles mit dem Ziel, den Mindestlohn zu drücken. Besonders dreist gehen einige Logistiker mit ihren Paketfahrern um. Deren Pensum ist praktisch vielfach gar nicht zu schaffen. Viele arbeiten auch noch bei Subunternehmern, die sich für Mindestlöhne, Überstunden und Arbeitsbelastung nicht wirklich interessieren. Die Folge: 60, 70, 80 Stunden pro Woche für einen Lohn von heruntergebrochen nicht einmal mehr 5 Euro pro Stunde. Fast alle großen Logistiker haben diesbezüglich schon für entsprechende Schlagzeilen gesorgt. Wenn nicht sie selbst die schwarzen Schafe waren, dann waren sie Drahtzieher mit dubiosen Subunternehmern im Hintergrund. Mehrfach ermittelten bereits Staatsanwaltschaften, weil die gesetzlich zulässige Stundenzahl pro Woche von 48 Stunden deutlich überschritten wurde oder weil die Paketboten illegal nach Deutschland eingereist waren – meist aus Osteuropa, überwiegend aus Polen, Bulgarien oder Rumänien. Gerade Rumänien gilt inzwischen als »place to be« für viele große Speditionen. Subunternehmer sorgen dafür, dass Fahrer nach Deutschland gebracht werden und hierzulande für zum Teil 9 Euro fahren. Allerdings nicht pro Stunde – sondern pro Tag!

## Flexible Ausbeutung: mobile Beschäftigte

Die Menschen aus Osteuropa sind es auch, die unter den Begriff »mobile Beschäftigte« fallen. Sie sind Tagelöhner auf Abruf, moderne Sklaven, könnte man auch sagen. Auch viele Frauen sind davon betroffen. Sie erhalten von ihren Arbeitgebern Verträge über ein bestimmtes Stundenkontingent, 12 Stunden zum Beispiel. Dafür müssen sie sich sieben Tage die Woche zur Verfügung halten. Für den Fall, dass der Chef anruft. Für den Fall, dass Lücken zu füllen sind, die wegen der dünnen Personaldecke jederzeit aufreißen können. Weil etwa Festangestellte krank sind oder verhindert oder im Spontanurlaub. In vielen Branchen sind derartige Stundenverträge inzwischen üblich: Zimmermädchen, Reinigungskräfte, in der Textilbranche, im Einzelhandel.

Der schwedische Modekonzern Hennes & Mauritz – kurz H&M – machte sich laut Mitarbeitern ähnliche Arbeitszeitmodelle zunutze.[133] Ein selbst ernanntes Familienunternehmen, in dem man sich duzt, das immer wieder seine Verantwortung hervorhebt, für Nachhaltigkeit und gute und faire Arbeitsbedingungen. Offenbar lag der Fokus dabei allerdings weder auf den eigenen Verkaufsfilialen noch den dort vornehmlich weiblichen H&M-Mitarbeitern. Denn die sorgten vor allem unfreiwillig dafür, dass die Rendite beim Bekleidungskonzern stimmt. Eine Rendite, die jahrelang rund viermal so hoch war wie beim Rest der Branche. Möglich machten das vor allem die niedrigen Personalkosten. Den Vorteil schätzten Branchenexperten auf 10 bis 20 Prozent. Laut Betriebsräten des Konzerns war zeitweise jeder zweite Arbeitsvertrag ein Vertrag auf Stundenbasis. Auch heute wird das Modell noch praktiziert. Das heißt: 10, 12 oder 15 Stunden pro Woche, mit der Hoffnung auf mehr. Sofern es Lücken gibt, weil eine Kollegin ausfällt, oder wenn Weihnachten bevorsteht. Das bedeutet aber gleichzeitig: Die Betroffenen müssen auch am Wochenende stets flexibel sein, spontan reagieren können und sich darauf einstellen, dass ihr Einkommen erheblich schwankt. H&M verlautbarte zwar, Stundenverträge entstünden nur auf Wunsch der Angestellten. Doch das wiesen Gewerkschaften, Mitarbeiter und Betriebsräte einhellig zurück.

Diese Fehlentwicklungen sind nur möglich, weil der Arbeitsmarkt trotz des propagierten Fachkräftemangels in vielen Bereichen noch genügend Potenzial hat. Wenigstens noch so viel, dass sich Arbeitgeber nicht nach den Wünschen ihrer Mitarbeiter richten und sich darauf einstellen müssen. Das Angebot an Jobsuchenden ist offensichtlich in einigen Branchen noch immer größer als der Bedarf. Um das künftig zu verhindern oder zumindest einzudämmen, gilt es schon heute, vorausschauend die Weichen zu stellen. Das ist Aufgabe der Politik und der Wirtschaft, um den Standort Deutschland langfristig zu sichern. Doch gerade in einem Feld, das derzeit alle umtreibt, bahnt sich schon wieder eine folgenschwere Fehlentwicklung an.

## Digitalisierung: ein echter Jobmotor?

Klar ist: Die Digitalisierung, eine industrielle Revolution 4.0, bietet Chancen. Prozesse werden effizienter und schneller. Künstliche Intelligenz wird nach und nach unser Leben dominieren, für uns denken, etwa beim autonomen Fahren. Immer mehr Daten werden gesammelt und kombiniert, um individuelle Lösungen zu finden, sei es beim Konsum, für medizinische Behandlungen oder am Arbeitsplatz. Großes Stichwort: Big Data. Das alles wird Jobs schaffen. Neue Jobs mit neuen Anforderungen und neuen Möglichkeiten. Der Branchenverband Bitkom hat vorgerechnet: Allein 2018 sollen 30 000 neue Jobs entstehen, bis 2020 rund 100 000.[134] Insgesamt sollen in Zukunft in der Informationstechnik und Telekommunikation mehr Menschen arbeiten als in der Versicherungswirtschaft und der Automobilindustrie.

Allerdings kommt jetzt der Haken: Es werden zwar neue Jobs entstehen, dafür werden aber viele Jobs wegfallen, die künftig überflüssig sein werden. Schneller und in einem deutlich größeren Ausmaß, als wir uns das heute vorstellen können. Besonders betroffen werden alle Arbeitsplätze sein, die »algorithmierbar« sind, also ersetzbar durch Computerprogramme, Digitalisierung, selbst lernende und selbst denkende

Roboter. Zum Beispiel etliche Jobs in Banken und Versicherungen, weshalb Finanzmetropolen wie Zürich, Frankfurt, London vor einem Umbruch stehen. Selbst fahrende E-Autos werden Busfahrer, Taxifahrer, Fahrlehrer und Tankstellenbetreiber überflüssig machen. Allein 14 500 Tankstellen gibt es heute noch in Deutschland, in der Schweiz knapp 3400, in Österreich knapp 2700. Wer benötigt noch Zapfhähne, wenn Induktionsladestationen den Job praktisch im Vorbeifahren erledigen?

Die größte Fehlentwicklung wird es allerdings vermutlich im IT-Bereich und in der Telekommunikation geben. Denn der heutige Bedarf wird von der Politik in die Zukunft projiziert und entsprechend multipliziert. In die Zeit in zehn oder zwanzig Jahren. Heute soll praktisch jedes Kind programmieren lernen, egal ob begabt oder unbegabt. Doch die Wirtschaft wird künftig vor allem Spitzenprogrammierer benötigen – kein Mittelmaß und schon gar keine Massen. Wenige Spitzenprogrammierer werden weltweit verteilt und vernetzt sein und Computer und Roboter entwickeln, die sich selbst weiterentwickeln können, die also von sich selbst lernen können. Wie viele Programmierer werden wohl künftig benötigt, um ein Flugzeug per 3-D-Druck fertigstellen zu lassen? Im Extremfall: ab dem zweiten, dritten, vierten Flieger keiner. KI – künstliche Intelligenz – ist das Stichwort, das nicht nur Start-ups in den USA und China umtreibt. Längst sind die Großen investiert und aktiv: Google, Apple, Microsoft.

Dennoch tut die Politik so, als würden die heutigen Lücken auch noch im Jahr 2030 oder 2040 fortbestehen. Dabei schaffen wir uns gerade in diesen Bereichen selbst ab. Eigentlich müssten sich Wirtschaft und Bildungssystem darauf konzentrieren, was den Menschen ausmacht, was Computer nie leisten können: Empathie, Menschlichkeit, Ansprache, Teamgeist. Dafür müsste allerdings das Schulsystem geändert werden, das militärisch geprägt seit dem 19. Jahrhundert fast unverändert besteht. Dort lernen bis heute alle alles. Alle konsumieren den gleichen Lernstoff in gleicher Geschwindigkeit mit denselben Materialien. In einer Art Grundausbildung, in der Regel im Frontalunterreicht. Das ist in Deutschland so, in Österreich, in der Schweiz.

Die Wirtschaft könnte in der Bildungspolitik einen entscheidenden Beitrag leisten, viel mehr Praxis vermitteln, den Kontakt suchen, motivieren, auch um später faire Arbeit zu schaffen. Doch das benötigt Zeit, Geld und politischen Willen. Stattdessen dominieren Zahlen und die Statistik. Und tatsächlich werden statistisch gesehen möglicherweise am Ende sogar noch mehr Jobs durch die Digitalisierung entstehen als heute. Aber mit einer zeitlichen Lücke zwischen Ab- und Aufbau – und irgendwo auf der Welt, nicht zwingend in Deutschland. Jobs, von denen der heute 50-jährige ehemalige Turbinenbauer nichts mehr haben wird. Wahrscheinlich auch der 40-jährige jobsuchende Lagerarbeiter nicht mehr.

Für Arbeitgeber heißt das aus ihrer Sicht, sie benötigen junge, flexible, hungrige Mitarbeiter. Entsprechend schrieb die Londoner Personalberaterin und Redakteurin Sarah Butcher unlängst von einem Trend, der sich in Großbritannien Bahn bricht.[135] Danach machen Banken zunehmend einen Bogen um Mitarbeiter über 38 Jahre. Der Chef der Investmentbank Moellis & Company, Ken Moellis, erklärte danach, seine Firma ziehe es vor, jüngere Mitarbeiter anzuwerben, als erfahrene, aber müde Banker, die nur mit ihren Bestandskunden arbeiten wollten und in komplexen Situationen überfordert seien. Ähnlich äußerte sich auch Peter Selman, Chef des Aktiengeschäfts der Deutschen Bank. Der Nachrichtenagentur Bloomberg zufolge hat es die Deutsche Bank auf – wie es heißt – günstige, frische, um die Zwanzigjährige abgesehen, die entsprechend geschult werden sollen und noch »formbar« sind. Die wären besser als Enddreißiger mit einer langen Berufsgeschichte. Ein Personalberater bestätigt den Trend, in junge Leute zu investieren, um in sieben bis zehn Jahren die Früchte zu ernten. Die 38-jährigen Banker, so Sarah Butcher, hätten keine Zukunft mehr.

Mit 38 also altes Eisen. Erfahrung, Routine, Verlässlichkeit, Identifikation, das alles scheint in der Arbeitswelt der Zukunft kaum noch eine Rolle zu spielen. Muss es aber. Denn die Demografie sorgt dafür, dass zumindest in Deutschland die Mitarbeiter und letztlich auch die Kunden immer älter werden. Und die vermeintlichen Alten werden auch in der Welt der Digitalisierung eine gehörige Rolle mitspielen. Ja, es wird Jobs geben, die nur Jüngere ausführen werden, das aber war schon immer so. Das »Abstempeln« von älteren Mitarbeitern ist ein Fehler, der schon lange von der Wirtschaft begangen wird. Egal ob 38, 48 oder 58: Richtig wäre, entsprechende Arbeitsfelder zu entwickeln, die Fähigkeiten abverlangen, die nur die Erfahrenen liefern können.

Doch bis dahin ist es noch ein weiter Schritt. Einige Unternehmen befinden sich noch nicht einmal am Anfang des Wegs. Für sie zählt am Arbeitsmarkt vor allem eines: die Kosten.

## Arbeitskosten vermeiden: Beispiel Ryanair

Piloten haben einen tollen Job. Sie tragen schicke Uniformen und verdienen mehrere Hunderttausend Euro im Jahr. So die einhellige Meinung. Bei Lufthansa liegt das Einstiegsgehalt tatsächlich bei rund 110 000 Euro, mit mehr Dienstjahren sind auch bis zu 250 000 Euro drin. Da lässt sich auch die teure Ausbildung von bis zu 100 000 Euro verschmerzen. Bei der Lufthansa-Billigtochter Eurowings sieht das allerdings schon anders aus. Da liegt das Einstiegsjahresgehalt bei 46 000 Euro. Dass es am Steuerknüppel noch deutlich günstiger geht, belegt das Beispiel Ryanair.

Bei der irischen Billigairline bekommt ein Neuling im Cockpit noch rund 30 000 bis 40 000 Euro pro Jahr – allerdings nur theoretisch. Denn der Betrag ist hochgerechnet auf eine ununterbrochene Vollzeitstelle. Einen durchgängigen Job haben allerdings die wenigsten Piloten, denn ein täglicher Einsatz ist bei Ryanair alles andere als sicher. Und wer nicht fliegt, bekommt auch kein Geld. Das ist die einfache Rechnung. Piloten sind in der Regel bei Ryanair nicht fest angestellt. Sie arbeiten als externe Dienstleister, als Selbstständige, und werden nur dann engagiert und bezahlt, wenn Ryanair sie benötigt. Gibt es kein Engagement, fällt ein Flug aus oder ist verspätet unterwegs, gibt es Abschläge oder gar kein Geld. Und weil sie externe Mitarbeiter sind, müssen sich die Piloten in der Regel auch selbst versichern. Betroffene berichten, dass einigen selbst dafür das Geld fehlt.

Noch düsterer sieht es für Flugbegleiter aus. Die bekommen bei Ryanair nicht selten nur rund 1000 Euro brutto pro Monat. Selbst Air Berlin zahlte mehr als das Doppelte. Um Geld für Hotels zu sparen, heißt es bei der Konkurrenz, würden Mitarbeiter von Ryanair zum Teil in den abends abgestellten Flugzeugen an den Airports übernachten. Überprüfen lässt sich das nicht.

Die Fluggesellschaft profitiert zudem von einem weiteren, besonders dreisten Sparmodell: Um ihren Flugschein zu behalten, müssen Piloten Flugstunden aufweisen. Privatpiloten kommen innerhalb eines Zwei-Jahres-Zeitraums mit zwölf Flugstunden davon, außerdem müssen sie zwölf Starts und Landungen absolvieren. Gewerblich sieht das anders aus: Dort benötigen Piloten meist eine bestimmte Anzahl an Flugstunden, um überhaupt fliegen zu dürfen. Die Möglichkeit, diese Stunden sammeln zu können, bieten Billigairlines nur zu gerne an. Denn dafür werden die Piloten erst gar nicht bezahlt. Im Gegenteil. Sie müssen für ihren Platz im Cockpit noch selbst Geld mitbringen! Darüber sprechen wollen die Piloten übrigens nicht, zu groß ist die Sorge vor dem Verlust.

Zugegeben, Piloten zählen nicht zu den ärmsten Arbeitnehmern. Dennoch ist Ryanair ein Paradebeispiel dafür, wie Legenden und Wirklichkeit auseinanderdriften. Dabei macht die irische Billigairline weiterhin Milliardengewinne. Von Jahr zu Jahr mehr, trotz des massiven Preiskampfs. Zuletzt peilte der umstrittene Chef Michael O'Leary einen Gewinn für 2017/18 von rund 1,45 Milliarden Euro an.[136] Angesichts seines finanziellen Erfolgs hält sich der knallharte Kostendrücker weiterhin an der Spitze, allen Rücktrittsforderungen zum Trotz. Forderungen seines Personals nach mehr Geld, Arbeitsverträgen und verbindlichen Sozialstandards quittierte O'Leary zuletzt mit »lächerlich« und dem Zusatz: »Don't waste your time« – vergeudet nicht eure Zeit. Zahlreiche Streiks von Piloten und Bordpersonal waren die Quittung.

Hand aufs Herz: Dass Flüge für 9,99 Euro egal wohin nicht kostendeckend kalkuliert sein können, leuchtet vermutlich jedem ein. Irgendjemand muss also den Preis zahlen. Nicht nur in diesem Fall ist es das Personal.

Dem Passagier deshalb die Schuld in die Schuhe zu schieben, wäre zu kurz gesprungen. Tatsächlich ist es das Machwerk skrupelloser Manager, die entsprechende Flüge erst auf den Markt werfen. Zulasten der eigenen Belegschaft, die darunter leidet, krank zur Arbeit erscheint, sich keine Wohnung, geschweige denn eine Familie leisten kann. Und zulasten der Konkurrenz. Wer fair zahlt, bleibt bei diesem Preiskampf auf der Strecke oder verliert zumindest Marktanteile. Was hier wie in vielen anderen Berufen fehlt, sind Mindeststandards und eine entschlossene Politik – für faire Bedingungen und faire Arbeit.

## An später denken – wer kann

Faire Arbeit hat noch einen weiteren Aspekt: eine faire Zeit nicht nur während, sondern auch nach dem Arbeitsleben. Das Rentnerdasein ist nicht nur ein Thema der Politik, sondern auch der Wirtschaft. Die hat das Problem längst erkannt. Die großen Konzerne sorgen für ihre Topmanager so vor, dass diese auch nach dem Berufsleben weich fallen. Ex-VW-Chef Martin Winterkorn zum Beispiel erhält Rentenbezüge im Volumen von rund 3000 Euro – pro Tag und aufgrund seines Alters per sofort. Sein Nachfolger Matthias Müller darf sich über eine Rente von 3600 Euro freuen – natürlich ebenfalls pro Tag.[137]

Einige Konzerne haben aber nicht nur ihr Spitzenpersonal, sondern alle Mitarbeiter im Blick, wenn es um die Altersvorsorge geht. Die Belegschaft profitiert dann zum Beispiel von einer Betriebsrente, in die beide Seiten einzahlen, Arbeitgeber wie Arbeitnehmer. Laut einer Studie der Unternehmensberatung Deloitte aus dem Jahr 2017 haben inzwischen 40 Prozent der in Deutschland sozialversicherungspflichtig Beschäftigten eine Betriebsrente. Allerdings gilt auch bei diesen Modellen: Wer mehr hat, kann auch mehr. So sinkt der Anteil derjenigen, die einen solchen Vertrag abgeschlossen haben, deutlich mit dem Lohn. Das heißt, je weniger die Menschen verdienen, desto seltener wird für sie auch eine Betriebsrente abgeschlossen. Zudem kommen Männer deutlich öfter in den Genuss als Frauen.

Es profitieren also auch innerhalb eines Konzerns nicht alle von Betriebsrenten. Allerdings müssen am Ende alle zahlen. Denn unabhängig vom Modell, ob nun Direktversicherung oder Pensionsfonds, alles landet in den Konzernbilanzen. Und dort nehmen die entsprechenden Rückstellungen inzwischen einen gewichtigen Teil ein, den alle Mitarbeiter gemeinsam erwirtschaften müssen. Das bedeutet, auch der einfache Verkäufer, der gar keine eigene Betriebsrente bekommt, zahlt für die späteren Bezüge der Topmanager mit!

Der Vermögensverwalter Flossbach von Storch Research rechnete 2012 für die DAX-Konzerne nach.[138/139] Danach betrugen die Rückstellungen für Pensionen und ähnliche Verpflichtungen bei der Deutschen Lufthansa mehr als 2 Milliarden Euro, bei der Deutschen Telekom gut 6 Milliarden Euro, bei Volkswagen fast 17 Milliarden Euro – nicht eingerechnet waren allerdings die Zahlungen an die Ex-Chefs Winterkorn und Müller. Bei ThyssenKrupp entsprachen die Rückstellungen von knapp 8 Milliarden Euro nahezu dem vollständigen Börsenwert.

## Rente ohne Sicherheit

Die gesetzliche Rente war einmal Sache des Staats. Umlagenfinanziert, das heißt, (fast) alle zahlten in das System ein, trugen so die aktuellen Renten und erwarben gleichzeitig einen eigenen Anspruch auf künftige Rentenzahlungen. Das ging so lange gut, bis das Schreckgespenst Demografie umherirrte. Inzwischen gilt die staatliche Rente nur noch als Grundstock, der im Alter maximal das Nötigste abdecken wird. Wer kann, soll privat vorsorgen, dann allerdings auf eigene Kosten. Denn der Arbeitgeber muss sich daran nicht zur Hälfte beteiligen, wie bei den gesetzlichen Zahlungen. Oder anders ausgedrückt: Die private Altersvorsorge ausschließlich auf den Schultern der Arbeitnehmer nutzt der Wirtschaft zum einen bei den Lohnnebenkosten, zum anderen, weil der Markt für die private Altersvorsorge boomt, und das seit Jahren – zum Teil unterstützt durch Subventionen des Staats.

Noch einmal: Entscheidungen mit wirtschaftlicher Relevanz »passieren« nicht einfach. Sie sind in der Regel Ergebnis einer intensiven Lobbyarbeit von Verbänden, Interessengruppen, Unternehmen, Topmanagern, die allerdings im Alter herzlich wenig mit dem staatlichen Rentensystem zu tun haben dürften. Und die sich im Fall von Rentenzahlungen und möglicher Grundsicherung nur eine Frage stellen: Wie können wir die Kosten für uns und unser Unternehmen möglichst gering halten und zeitgleich viel Kapital daraus schlagen.

Auch bei der gesetzlichen Rente sind Frauen die Gekniffenen. In keinem anderen Land der OECD ist der Unterschied zwischen Frauen und Männern beim Rentenbezug so groß: Danach erhalten Frauen in Deutschland im Schnitt 45 Prozent weniger Rente als Männer. Der Durchschnitt aller OECD-Länder liegt bei 28 Prozent. Deutschland schneidet auch in anderen Disziplinen schlecht ab. Vor allem bei dem, was künftige Rentner noch erwarten können. Da rangiert Deutschland zum Teil hinter Ländern wie der Slowakei oder Lettland.

Woran das liegt? Nicht, wie so oft suggeriert wird, an der hohen Lebenserwartung. Die befindet sich in fast allen OECD-Ländern auf einem ähnlichen Niveau. Es liegt vor allem an der Politik und an der Wirtschaft. So wurde zum einen das Rentenniveau in den vergangenen Jahren massiv gedrückt, die Altersvorsorge vor allem auf die Schultern der Beschäftigten geladen und gleichzeitig Millionen Menschen die Möglichkeit genommen, privat vorzusorgen. Ihnen fehlt schlichtweg das Geld, aufgrund prekärer Beschäftigungsverhältnisse.

Doch der Reihe nach. Zunächst zum Rentenniveau, also dem Verhältnis zwischen dem durchschnittlichen Einkommen und der Standardrente. Oder anders ausgedrückt: wie viel Prozent vom Einkommen als Rente bleiben. Die Zahlen dazu liefert die Deutsche Rentenversicherung Bund. Im Jahr 1985 lag das Rentenniveau bei 57,4 Prozent, heute sind es noch rund 48 Prozent. Das hat die Große Koalition zwar als Haltelinie ausgerufen, doch andere Pläne sehen vor, das Rentenniveau bis zum Jahr 2030 auf nur noch 43 Prozent zu senken. Was das bedeutet, macht eine zugegeben stark vereinfachte Rechnung deutlich: Das mittlere Einkommen in Deutschland lag laut Mikrozensus 2016 für einen Alleinstehenden bei 1600 Euro netto. Blieben ihm davon heute 43 Prozent zum Leben, hieße das, er müsste mit knapp 700 Euro im Monat auskommen. Das dürfte für die meisten Betroffenen Grundsicherung bedeuten, also eine Unterstützung aus Steuermitteln auf Hartz-IV-Niveau. Wir reden hier von mittleren Einkommen. Doch auch kompliziertere Rechnungen mit höheren Durchschnittseinkommen, so wie das Statistische Bundesamt sie ausweist, kommen zu einem ähnlichen Ergebnis. In der Destatis-Rechnung liegt das durchschnittliche Jahresbruttoeinkommen eines Alleinstehenden bei etwa 36 000 Euro. Um hier auf das Niveau der Grundsicherung zu kommen, sind rund 32 Beitragsjahre nötig. Nur wer länger arbeitet, verlässt die Zone der staatlichen Unterstützung. Und das bei etwa 3000 Euro brutto pro Monat. Ganz schlechte Karten hat, wer zwischendurch arbeitslos wird, ein paar Jahre im Niedriglohnsektor arbeiten musste oder wessen beruflicher Lebenslauf andere »Störungen« aufweist.

Die von der Politik so gerne ins Feld geführten 45 Beitragsjahre sind praktisch nicht erreichbar. Doch sie eröffnen dem Gesetzgeber die Möglichkeit, das Rentenniveau ohne große Diskussion zu senken. Fakt ist: In Deutschland dauert das durchschnittliche Arbeitsleben knapp 37 Jahre, nicht 45. Das gibt es noch nicht einmal in Schweden, der Nummer eins im EU-Ranking der arbeitenden Greise: Schweden kommt auf gut 40 Jahre.

## Gruselig, Grusi, Grundsicherung

Im Jahr 2016 bezogen über eine Million Menschen in Deutschland Grundsicherung. Das bedeutet, zunächst werden Einkommen und Vermögen zusammengezählt. Wer zu viel fürs Alter gespart hat, verliert den Anspruch auf die »Grusi«. Danach wird der Bedarf berechnet. Zum Regelbeitrag von 416 Euro kommen Miete, Heizung und Nebenkosten, alles zusammen um die

800 Euro. Das ist die Realität für viele Menschen im Alter. Seit 2003 hat sich die Zahl der Empfänger von Altersgrundsicherung in etwa verdoppelt. Tendenz steigend. Kritiker wenden zwar regelmäßig ein, dass die Rechnung nicht auf die Zukunft projizierbar sei. Zumal bis 2030 schließlich die Löhne steigen würden und damit auch die Höhe der Grundsicherung. Allerdings wird eben gleichzeitig auch der Lebensunterhalt teurer: Strom, Gas, Wasser, Miete et cetera. Entsprechend dürfte sich die Kaufkraft auf einem ähnlichen Niveau bewegen.

Verschärfend kommt bei allen Rechnungen hinzu, dass Deutschland das Land der Alleinstehenden ist, fast 16 Millionen Menschen leben ohne Partner. Das heißt, jeder Fünfte steht alleine da, ohne Partner, ohne Kinder. Und davon ist etwa jeder Dritte von Armut bedroht, weil der Haushalt weniger als 60 Prozent des mittleren Einkommens zur Verfügung hat (im Jahr 2016 waren das gut 1063 Euro). Das sind die offiziellen Zahlen des europäischen Statistikamts Eurostat. Besonders auffällig ist dabei, dass der Anteil derjenigen, die armutsgefährdet sind, in den vergangenen zehn Jahren deutlich zugenommen hat, laut Eurostat um etwa 10 Prozent.

Während die Wirtschaft also an Schwung gewonnen hat, während die Löhne und Renten zumindest langsam gestiegen sind, hat sich der Anteil derjenigen, die von Armut bedroht sind, massiv erhöht. Konkret: von 21,5 Prozent im Jahr 2006 auf 27 Prozent im darauffolgenden Jahr, dann auf 30 Prozent im Jahr 2011 und auf 33 Prozent im Jahr 2016. Betroffen sind auch jüngere Menschen, meist Niedriglöhner, oder Langzeitarbeitslose, an denen der wirtschaftliche Aufschwung vorbeigeht. Aber auch viele alleinstehende Rentner, die kleine Renten haben oder nur die Grundsicherung erhalten.

## Riester ist gut – für die Versicherer

Daran wird deutlich, wie wichtig eine zusätzliche Einnahmequelle fürs Alter geworden ist – sofern man es sich leisten kann. Jeder Fünfte in Deutschland legt nichts fürs Alter zurück. Viele derjenigen, die über einen finanziellen Spielraum verfügen, haben in den vergangenen Jahren zur Riester-Rente gegriffen, staatlich gefördert, angepriesen von der Versicherungswirtschaft und der Politik. Heute ist klar: Die Riester-Rente war und ist vor allem eins, ein Geschenk des damaligen Bundeskanzlers Gerhard Schröder an die Versicherungskonzerne und vermeintlich für seinen Duzfreund Carsten Maschmeyer.[140] Medienspitzname: der Drückerkönig. Früher mit zweifelhaftem Ruf, heute Sympathieträger, dank der Start-up-Serie beim Privatsender Vox *Die Höhle der Löwen*. Nicht nur deshalb hat Maschmeyer gut lachen. Auch weil das Kanzleramt kurz nach dem Start der Riester-Rente im Jahr 2002 die Konditionen geändert hat, speziell die Provisionsmöglichkeiten. Zur Freude der Vermittler und damit wohl auch zur Freude des damaligen Chefs des Finanzdienstleisters AWD, Carsten Maschmeyer.

Wer wann wie die Strippen gezogen hat, darüber gibt es zahlreiche Gerüchte und Spekulationen. Fest steht nur: Die Riester-Rente ist eine unverantwortliche Irreführung der Menschen. Gemacht, um die Versicherungswirtschaft mit Provisionen zu versorgen, statt die Versicherten mit Geld fürs Alter. Eigentlich möchte man gar nicht mehr darüber reden, doch angesichts von rund 16 Millionen Verträgen in Deutschland kommt man wohl nicht drumherum. Mehrere Studien und Untersuchungen haben inzwischen belegt, dass die Rendite der Riester-Rente unterirdisch ist und man 90 oder 100 Jahre alt werden muss, um überhaupt mehr herauszubekommen als die eingezahlten Beträge. Vererbt werden kann die Riester-Rente nicht. Dazu muss sie auch noch versteuert werden. Und wer Grundsicherung vom Staat erhält, bei dem wird die Riester-Rente verrechnet. Bis 2018 voll, seit Januar 2018 eingeschränkt. Immerhin ein kleiner Trost.

Wer riestert, setzt also nicht nur auf ein lahmendes Pferd, die karge Siegprämie wird auch noch mit dem noch kärgeren Sozialhilfesatz des Staates, der Grundsicherung, verrechnet. Dennoch haben viele Menschen darauf vertraut, ebenso wie auf die anderen Formen der privaten, betrieblichen und staatlich geförderten Altersvorsorge, wie etwa Rürup, Banksparpläne oder Lebensversicherungen. Letztere gelten allerdings als tot, seitdem die Versicherer praktisch keinen Garantiezins mehr bieten. Null Versprechen. Null Verpflichtung. Dafür werben sie um Kunden mit den angeblich hohen Renditechancen der neuen Lebensversicherungsvarianten, die zu Verkaufszwecken nur noch »Lebensversicherung« heißen, aber völlig neu aufgestellt sind. Denn die bergen deutlich höhere Risiken, die voll beim Kunden liegen. Die vielfach ins Spiel gebrachten Beratungsprotokolle sind dabei keine Absicherung. Wer kann denen schon folgen, geschweige denn sie verstehen? Die Protokolle erfüllen vor allem einen Zweck: den Berater abzusichern. Das Motto hierbei: Jetzt habe ich es schwarz auf weiß, dass ich aufgeklärt habe.

## Lebensversicherungen: kein Modell der Zukunft

Die Kunden wollen sie nicht, die Versicherungen bieten sie nicht mehr an – jedenfalls wie beschrieben nicht mehr in der alten Form, mit Garantiezinsen und damit verlässlichen Zusagen. Allerdings haben viele Versicherer noch Altbestände in ihren Depots. Rund 80 Millionen Lebensversicherungspolicen gibt es in Deutschland. Ein großer Teil davon sind Verträge mit hohen Verzinsungen mit bis zu 4 Prozent. Das ist heute für die Versicherungskonzerne nicht mehr zu erwirtschaften. Da liegt es für Unternehmen wie Generali, AXA oder die Pensionskasse Prudentia, die unter anderem die Mitarbeiter der Modekette C&A absichert, nahe, die potenziellen Verlustbringer vor die Tür zu setzen: Die Verträge müssen also weg, und zwar so schnell wie möglich. Sogenannte Abwickler übernehmen den Job – Investoren, die für vergleichsweise kleines Geld die Altverträge übernehmen und damit auch die Zusage für die Zahlungen.

Das Unfassbare daran: Die Versicherten haben überhaupt kein Mitspracherecht. Sie können den Verkauf ihrer Police also nicht verhindern. Den Vertrag kündigen, die Zahlungen einstellen, den Vertrag selbst verkaufen – das alles geht. Aber den Verkauf an den Abwickler, den man in der Regel nicht kennt, verhindern? Keine Chance. Wozu auch? Schließlich sichern Politik und die Finanzdienstleistungsaufsicht BaFin ja zu, dass der Käufer sämtliche Zusagen einhält. Das heißt, dass er die garantierten Kapital- und Rentenzahlungen samt Überschussbeteiligungen leisten kann. Sollte ein solcher Abwickler dennoch in Schieflage geraten, springt demnach ein Sicherungsfonds ein.

Das Problem dabei: Der Sicherungsfonds kann eine kleinere Pleite eines Aufkäufers verkraften, nicht aber das Aus eines wirklich großen Players, geschweige denn mehrere dieser Vertragsfriedhöfe. Darauf haben Verbraucherschützer immer und immer wieder verwiesen. Doch die Warnungen blieben ungehört. Weder die Politik noch die Versicherungswirtschaft haben darauf bislang eine Antwort geliefert.

Doch genau die ist gefragt. Wenn Geschäftsmodelle nicht mehr rentabel erscheinen, müssen die Unternehmen dafür geradestehen, und zwar ohne Wenn und Aber. Dafür haben sie lange Jahre gutes Geld verdient. Sollten die Produkte, wie in diesem Fall, weiterverkauft werden, muss eben der neue Eigner dafür einstehen. Um das zu belegen, darf es aber nicht ausreichen, wenn die Finanzen zum Tag der Übernahme ausreichend sind. Der finanzielle Hintergrund muss so solide sein, um alle Risiken abzudecken. Wenn der Kunde schon keine Möglichkeit hat, auszusteigen oder der Übernahme zu widersprechen, muss er sich wenigstens darauf verlassen können, zu seinem Recht zu kommen. Auch wenn das neue Unternehmen vom Markt verschwindet oder zwei oder drei …

# Respektvoll statt verächtlich

»Da ist so viel Unvermögen, so viel Beschiss und so viel Skandal. Da frage ich mich auch, warum die Menschen nicht irgendwann aufstehen und sagen: Jetzt reicht's aber!«

Marco Bülow, SPD-Bundestagsabgeordneter

Es ist Samstagmittag, blauer Himmel, Sonnenschein, knapp 20 Grad, in einer Wohnsiedlung nordöstlich von Hamburg. Alles ist ruhig – bis ein hoch erhobener schwarzer SUV übers Pflaster rollt: Deep-Black-Metalliclack, sternförmige Alufelgen, Breitreifen, abgedunkelte Scheiben. Und unüberhörbar ein Diesel. Genauer: ein VW Diesel Touareg 3.0 V6 TDI, das größte Sports-Utility-Vehicle aus der VW-Familie. Am Steuer: mein Nachbar. Etwas verdutzt frage ich: »Ein SUV von VW? Und auch noch ein Diesel? Mitten in der Abgaskrise? Ein Werkstattwagen, was?« Seine Antwort klingt zumindest für ihn logisch: »Nein, Neukauf. Der Preis war unschlagbar!« So einfach kann es sein. Schlechtes Gewissen? Sorgen um die Gesundheit, die Umwelt? Sorgen wegen drohender Fahrverbote? Nein. Alles kein Thema. Die Moral wird übertrumpft von 27 Prozent Preisnachlass.

Es ist ein ungleiches Duell: Auf der einen Seite der Verbraucher, der nach Harmonie strebt, Ärger möglichst vermeiden will, der aber durchaus manipulierbar ist. Auf der anderen Seite eine Armee von Marketing- und PR-Experten. Dazu gut zwanzig Mitarbeiter in den Kommunikationsabteilungen und Pressestellen. Wer in Wolfsburg anrief und Informationen haben wollte, hatte es schwer, auch als Journalist. Da wurden die Ziele der Strategen auf der anderen Seite deutlich: Schaden vom Unternehmen abzuwenden, kein neues Fass aufzumachen, sich nicht in die Ecke drängen zu lassen. Und gleichzeitig Konzepte zu erarbeiten, wie die desaströse Lage abgefedert und möglicherweise genutzt werden kann. Das hat VW zweifelsohne geschafft: Absatz, Umsatz, Gewinn, Image, Neupositionierung.

Dabei spielt der deutsche Kunde eine entscheidende Rolle. Denn der Konzern hat sich einen Umstand zunutze gemacht: Deutsche Autokäufer sind treu. Rund 70 Prozent der deutschen Fahrzeughalter kaufen deutsche Autos.[141] Daran hat auch die Dieselaffäre laut Kraftfahrtbundesamt nichts geändert. Der Anteil schwankt seit Jahren nur minimal, und das wissen auch die Marketingmanager in den deutschen Konzernzentralen. Mit welchen Konsequenzen, das wurde gerade im Fall VW schnell klar. Die Kunden wurden ungleich behandelt. Märkte, in denen die Markentreue gering ist, wurden hofiert, Märkte, in denen die Kunden treu sind, ein Stück weit sich selbst überlassen. Warum sollte man sich auch sonderlich um die inländische Kundschaft kümmern, wenn die doch ohnehin wieder einen VW kauft?

Zum Vergleich der Blick in die USA: Während Volkswagen nach Ausbruch der Dieselaffäre in Deutschland sogar noch rund 4 Prozent mehr Autos absetzen konnte, brach der Absatz in den USA ein. Noch im Dezember 2017 gab es dort ein Minus von mehr als 9 Prozent. Selbst um den US-Kassenschlager Jetta machten die Amerikaner jetzt einen großen Bogen. Zeitweise wurde in den USA sogar ein Verkaufsstopp verhängt. Die Umweltbehörde zog in Kalifornien vor Gericht, es gab Sammelklagen und der Druck der US-Regierung wuchs. Dazu ein völlig anderes Rechtssystem. Die Folge: In keinem anderen Land der Welt hat der Volkswagen-Konzern derart kulant reagiert, sei es beim Schadenersatz, bei Rücknahmen oder bei Strafzahlungen. Insgesamt hat der Autobauer inzwischen mehrere Hunderttausend Käufer in den USA auf die eine oder andere großzügige Art entschädigt. Alle, egal ob Käufer von Mittelklasse- oder Oberklassewagen. Die Kosten: mehr als 17 Milliarden Euro. Und wer sich in den USA dafür entschied, seinen Volkswagen zu behalten und ein Software-Update aufspielen zu lassen, erhielt eine Zehn-Jahres-Garantie bis 180 000 Kilometer obendrauf. In Deutschland verweigert der Konzern eine entsprechende Garantie bis heute!

Vielleicht liegt es an der Mentalität der Deutschen. Die beschrieb Peer Steinbrück im Rückblick auf den Bundestagswahlkampf 2013 so:

> »Sie [die Menschen] wollten nicht gestört werden.«[142]

Deutsche Kunden seien obrigkeitshörig – so formulierte es ein Manager der Autobranche im vertraulichen Gespräch. Sie verließen sich auf den Staat nach dem Motto: Wenn es der Staat nicht richtet, wird es schon in Ordnung sein, dann ist eben nicht mehr rauszuholen. Und Kunden wollten deutschen Unternehmen, also den eigenen Wirtschaftszweigen, nicht schaden, nicht dazu beitragen, Arbeitsplätze im eigenen Land zu gefährden. Zudem seien andere Konzerne ja sicherlich auch nicht besser. Das alles wirkt sich offenbar unmittelbar auf das Kulanzverhalten der Konzerne aus. Respekt für den Kunden geht anders.

## Was heißt eigentlich Respekt?

Im Duden findet sich Respekt als Form der Wertschätzung – gebührender Respekt, den man zollt, erweist. Eine Haltung, die man einer Person – in diesem Fall dem Kunden – gegenüber einnimmt: ihn ernst nimmt und dessen Wünsche achtet. Kein Unternehmen wird ernsthaft behaupten, keinen Respekt vor seinen Kunden zu haben. Die Lehrbücher und offiziellen Bekundungen reichen von »Goldenen Regeln für erfolgreiche Kundengespräche« bis hin zum »Handwerker-Knigge«. Schon aus Eigennutz: Denn nur wenn der Kunde zufrieden ist, öffnet er die Geldbörse. So wenigstens die landläufige Meinung. Dass es im realen Leben mit dem Respekt nicht weit her ist, belegt nicht nur der Fall VW. Dabei geht es doch eigentlich um Selbstverständliches.

> »Das ist eine Auswirkung von Marktwirtschaft. Da steht auf der einen Seite die Notwendigkeit, Geld zu verdienen. [...] Auf der anderen Seite aber auch das Wissen, dass man damit möglicherweise Menschen schädigt. [...] Da gibt es etwas, das nennt man Anstandsgefühl oder Gewissen. Und das ist offensichtlich ein bisschen verloren gegangen. Nicht bei allen. Aber bei vielen.«
>
> Edzard Reuter, Ex-Vorstandsvorsitzender der Daimler AG, im Gespräch mit Richard David Precht[143]

Aussitzen, das galt als eine der Tugenden von Ex-Kanzler Helmut Kohl. Und Aussitzen scheint auch eine Maßnahme der Wirtschaft in Krisenzeiten zu sein, die noch immer wirkt. Nicht immer, aber immer wieder. Denn der deutsche Verbraucher vergisst schnell und greift dann wieder zu Altbewährtem. Mit dieser Haltung gibt der Verbraucher aber ein wichtiges Mandat aus der Hand: kritisch zu sein, Antworten zu verlangen, mit seiner Kaufentscheidung den Markt zu beeinflussen und zu steuern. Solange das Preisschild und die Gleichgültigkeit wichtiger sind als Moral und Gewissen, so lange werden sich Konzerne und deren Topmanager nicht davon abhalten lassen, Dinge auszusitzen.

## Respektloser Datenhandel: der Fall Facebook

Als im Frühjahr 2018 der Facebook-Skandal hochkochte, war der Aufschrei groß. Ein britisches Analysezentrum soll ganz offiziell unter 270 000 Facebook-Nutzern eine Umfrage durchgeführt haben – mit deren Zustimmung. Doch was die auskunftsfreudigen Nutzer nicht wussten: Cambridge Analytica soll auch noch sämtliche Daten abgesaugt haben, die befreundete Accounts und Apps zu bieten hatten. Und so wurden am Endc aus 270 000 Datensätzen rund 50 Millionen. Wenig später war sogar von 87 Millionen die Rede! Die meisten Betroffenen waren US-Bürger, aber auch etwa 310 000 Deutsche. Wenn die Informationen zu Werbezwecken eingesetzt worden wären, hätte es sicherlich auch Kritik gegeben, aber vermutlich keinen Aufschrei. Sicherlich hätten sich die meisten User damit abgefunden, nach der Devise: »Ich habe doch nichts zu verbergen. Was sollen die denn schon mit meinen Daten machen?«

Allerdings soll das mittlerweile insolvente Unternehmen Cambridge Analytica die US-Präsidentschaftswahl beeinflusst haben. Und möglicherweise – auch darüber wurde spekuliert – hat Donald Trump nur dank der freundlichen Unterstützung aus Großbritannien die Wahl am Ende gewonnen. Ohne Frage ein verwerflicher Vorgang. Und zudem ein Beleg dafür, was einige große Konzerne von ihren Kunden halten und wie sie deren Recht auf digitale Selbstbestimmung achten. Nämlich gar nicht!

Mit Spannung waren deshalb auch die Quartalszahlen von Facebook nach dem Daten-GAU erwartet worden. Schließlich hatten User auf der ganzen Welt ihren Abschied von dem sozialen Netzwerk verkündet und dazu aufgerufen, ihnen zu folgen, darunter zahlreiche Promis. Auch Werbekunden froren ihre Gelder ein. Die Facebook-Aktie verlor fast 20 Prozent, zeitweise wurden bis zu 70 Milliarden Dollar Börsenwert vernichtet. Und der Facebook-Chef Mark Zuckerberg wurde von US-Abgeordneten gegrillt. Doch der schlug sich überraschend gut. Und so war die mediale Berichterstattung zwar umfangreich, die Kritik hielt sich aber in Grenzen.

Dann kam der Tag der Entscheidung. Die Bilanz: 70 Millionen neue User, Anzeigenumsatz plus 50 Prozent, Gewinn plus 63 Prozent. Aktienkurs plus 7 Prozent. Noch Fragen? Erst Monate später fiel das Ergebnis ernüchternd aus. Ob das allerdings am Datenskandal lag oder vielmehr an der »Überalterung« der User – wer möchte schon auf einer Plattform mit Oma, Opa, Tante sein? –, ist offen.

Der Vorgang ist allerdings auch ein Beleg dafür, wie leichtfertig die Bevölkerung mit ihren Daten um sich wirft und wie arglos sie bereit ist, alles, aber auch wirklich alles von sich preiszugeben. Denn Facebook konnte ja nur auf Daten zurückgreifen, welche von den Usern preisgegeben wurden – zwar nicht, um die Informationen an Dritte zu verkaufen, wohl aber, um sie im System Facebook zu nutzen.

Das Institut für Staats- und Verwaltungsrecht der Universität Wien führte zur Datensammelwut bei Facebook eine repräsentative Umfrage durch.[144] Dabei ging es unter anderem darum, wie viele Nutzer die Allgemeinen Geschäftsbedingungen bei Facebook nur angeklickt haben, ohne diese zu lesen oder gar zu verstehen. Das Ergebnis war so wenig überraschend wie ernüchternd: Fast 80 Prozent der Befragten gaben an, die AGB entweder gar nicht gelesen oder nur überflogen zu haben. Nur jeder Dritte war überzeugt davon, sein Einverständnis für die Nutzung der Daten gegeben zu haben. Jeder Fünfte war sogar der Meinung, er habe sein Einverständnis überhaupt nicht gegeben. Dabei ist in den Allgemeinen Geschäftsbedingungen bei Facebook und vor allem in der Datenschutzrichtlinie des Konzerns das meiste recht unverblümt aufgeführt. Wer den Akzeptiert-Button einfach mal so anklickt, stimmt einem ganzen Katalog von Freibriefen zu (Stand Frühjahr 2018):

Facebook sammelt unter anderem Daten darüber, welche Inhalte genutzt werden und wie lange. Dabei registriert der Konzern genau, wo sich der User gerade befindet. Nachrichten und Fotos werden ebenso gespeichert wie der Ort, an dem sie aufgenommen wurden. Facebook erfasst auch die Inhalte, die andere über einen schreiben. Fotos, die geteilt werden, und alles samt Kontaktinformationen. Personen und Gruppen, mit denen man in Verbindung steht. Darunter können auch Parteien fallen oder spezielle Neigungen. Facebook hat dabei auch Zugriff auf das komplette Adressbuch oder über Zahlungsdaten, zum Beispiel bei Käufen in einer Spiele-App oder bei Spenden. Die Informationen umfassen Kreditkarten- beziehungsweise Kontonummer. Abrechnung. Versandadressen. Hardware, Software und Vertragsdaten von PCs, Laptops, Tablets, Smartphones. Samt GPS-Daten, Bluetooth, WLAN-Signalen, Namen des Mobilfunk- und Internetdienstleisters. Mobilfunknummer und IP-Adresse. Facebook bekommt Daten von Partnern des Unternehmens, selbst wenn man gar nicht bei Facebook unterwegs ist. Und selbst wenn der Account ruht, findet hier ein Austausch statt. Wörtlich heißt es in der Datenschutzerklärung im Frühjahr 2018:

> »Wie erhalten von Drittpartnern Informationen über dich und deine Aktivitäten auf und außerhalb von Facebook. Im Gegenzug bekommen auch Drittanbieter Daten von Facebook. Zum Beispiel: Name, ID, Alter, Land, Freunde und jede geteilte Information.«

Dann wären da noch die Unternehmen, die sich – wie es heißt – im Besitz von Facebook befinden. Zitat: »Unter Umständen teilen wir Informationen über dich mit unserer Unternehmensgruppe.« Genannt werden unter anderem Instagram, WhatsApp, Masquerade und Oculus.

Und wozu das alles? Facebook sagt: um gezielte Angebote und Vorschläge zu unterbreiten. Stichwort: personalisierte Werbung. Zudem führt Facebook Umfragen und Studien durch und testet – wie es heißt – noch in der Entwicklung befindliche Features. Welche genau, bleibt unklar. Übrigens: Facebook ist es laut AGB auch erlaubt, bestimmte Daten vom Europäischen Wirtschaftsraum in die USA zu übertragen.

Was das auch für den deutschen User bedeutet? Wer einmal die AGB angeklickt hat, erteilt praktisch einen Freibrief für Nutzung, Auswertung und Weitergabe der persönlichen Daten.

Es bedeutet aber auch, dass Daten von und an Geschäftspartner Facebooks weitergegeben werden können, selbst wenn der Account gar nicht mehr genutzt wird. Anmeldung reicht.

Wer jetzt meint, dann lösche ich meinen Account eben ... Reicht doch sicher, oder? Nein. Zunächst dauert das Löschen von Account, Fotos, Beiträgen et cetera bis zu 90 Tage. Und selbst danach ist nicht alles verschwunden. Was nicht im eigenen Konto gespeichert ist, sondern bei Freunden, bleibt erhalten, also zum Beispiel auch versendete Nachrichten, geteilte Bilder oder synchronisierte Kontaktdaten. Und selbst wenn Facebook oder Teile verkauft werden sollten, wenn sich also die Eigentums- oder Besitzverhältnisse ändern, dürften alle Informationen an einen neuen Eigentümer übertragen werden. Weg sind sie praktisch nie – übrigens auch über den Tod hinaus.

Dass Facebook wie beschrieben Daten sammelt, ist kein Geheimnis. Der Umfang erstaunt aber doch. Laut *Washington Post* besaß Facebook bereits im Jahr 2016 über jeden User im Schnitt 98 zum Teil sehr persönliche Informationen.[145] Die Organisation Netzpolitik.org hat eine Liste mit den verschiedenen Bereichen veröffentlicht. Die Informationen reichen von Wohnort, Alter und Geschlecht über Bildungsniveau, Ausbildungsbereich und Schule bis hin zu Käufen von Kleidung, Lebensmitteln und Autos. Daneben hat es die Datenkrake auch auf deutlich brisantere Themen abgesehen: ethnische Zugehörigkeit, Einkommen und Eigenkapital, Kreditkarten, Grundstücksgröße, Beziehungsstatus, Nachwuchs, Arbeitgeber, politische Einstellung, Spenden, Anzahl der Kredite et cetera.

Der Wert all dieser Daten ist unermesslich, nicht nur für die Werbewirtschaft und den Konsumbereich, sondern auch für die Politik. Ob es tatsächlich möglich ist, eine politische Gesinnung vollständig via Facebook zu erzeugen oder zu drehen, dieser Nachweis wurde bislang nicht erbracht. Aber das soziale Netzwerk kann Stimmungen erzeugen, Einstellungen manifestieren, für den entscheidenden Ruck sorgen. Oder dafür, dass jemand eben nicht zur Wahl geht.

Das Spiel bei Twitter ist übrigens nicht anders. Hilfreich ist es, eine Liste der Werbepartner des Netzwerks anzufordern, die über Nutzer des Portals informiert werden – in meinem Fall mehrere Hundert. Besonders perfide dabei ist, dass das Geschäftsmodell auch vorsieht, uns permanent bei der Stange zu halten. Damit wir nichts verpassen, wird jede eingehende Benachrichtigung per Ton angekündigt. Wir greifen zum Smartphone, sehen nach. Jederzeit. Überall. Selbst auf der Toilette. Das alles macht abhängig. Auf der ganzen Welt werden heute Internetsüchtige behandelt, weil Konzerne die User festsaugen. Mit dem Gefühl, etwas zu verpassen, wenn man nicht ständig online ist. Und das ganz gezielt, wie selbst Ex-Manager von Facebook zugeben. So erklärte der frühere Facebook-Topmanager Sean Parker mit Blick auf soziale Medien: »Ich fühle mich unendlich schuldig. [...] Wir haben Tools entwickelt, die die Strukturen auseinanderreißen, die unsere Gesellschaft zusammenhalten. [...] Ihr alle werdet programmiert.« Parker rät, »den Scheiß nicht zu nutzen«.

## Vergleichsportale: angefixt und abgezockt

Wie Kunden angelockt und abgezockt werden, zeigen auch die Geschäftspraktiken diverser Vergleichsportale. Getarnt, um im Namen der Verbraucher die besten Angebote zu finden. Allerdings stecken dahinter fast immer Investoren, die vor allem eins im Blick haben: ihren eigenen Gewinn in Form lukrativer Provisionen. Skrupellose Manager, denen es nicht darum geht, dem Kunden das beste Produkt zu verkaufen, mit dem größten Leistungspaket, dem umfangreichsten Versicherungsschutz oder dem zuverlässigsten Partner. Denn die gelisteten Vergleichssieger sind nicht unbedingt die Sieger aus Sicht des Verbrauchers. Oftmals werden diejenigen empfohlen, die dem Portal und damit dem Unternehmen die höchste Provision zusichern. Verbraucherschützer haben deswegen schon mehrere Gerichtsprozesse angestrengt, unter anderem gegen Check24 und gegen ein Vergleichsportal für Bestattungsunternehmen. Zum Teil ging es bis zum Bundesgerichtshof in Karlsruhe. Das urteilte: Die Portale müssen den Verbraucher darüber informieren, ob die aufgeführten Unternehmen Provisionen zahlen oder nicht. Sprich, ob vermeintliche Testsieger Geschäftspartner der Portale sind. Beobachter sahen darin ein Grundsatzurteil für alle Vergleichsportale, egal ob Strom, Gas, Urlaub, Versicherungen, Hotels oder Autos, um nur einige zu nennen. Allerdings wird das Urteil bis heute nicht überall umgesetzt! Die Hürde ist, dass die Kumpanei zwischen Portal und Unternehmen nachgewiesen und angezeigt werden muss. Das allerdings ist bei der Vielzahl der Vergleichsportale praktisch unmöglich.

Doch selbst wenn Vergleichsportale nicht das Provisionsmodell praktizieren, ist kein Verlass darauf, dass die Preise am Ende wirklich günstig sind. Stichwort: Kfz-Versicherung. Zu jedem 30. November geht das Gerangel um die Versicherten aufs Neue los. Geködert wird mit besonders günstigen Prämien beim Versicherungswechsel. Fast zwei Millionen Versicherte folgen Jahr für Jahr dem Ruf. Und tatsächlich gibt es auch viele, die dabei sparen, zum Teil mehrere Hundert Euro pro Jahr. Allerdings gibt es auch jedes Jahr wieder massenhaft Beschwerden und Kritik am Verfahren. Denn entscheidend ist der Schadenfreiheitsrabatt, mit dem die Jahre des unfallfreien Fahrens anerkannt werden. Je höher der Schadenfreiheitsrabatt, desto niedriger der Quotient, mit dem die Jahresprämie multipliziert wird. Fahranfänger werden gerne mal mit 120 Prozent zur Kasse gebeten, wer Jahrzehnte unfallfrei unterwegs war, zahlt nur noch 30 Prozent der ursprünglichen Summe, zum Teil noch weniger.

Was die meisten Kunden nicht wissen: Jeder Versicherer definiert den Schadenfreiheitsrabatt anders. Der muss bei Versicherer A nicht der gleiche wie bei Versicherer B sein, weil der eine andere Zahl unfallfreier Jahre zugrunde legen kann. Niemand sollte sich also darauf verlassen, dass auch der neue Versicherer tatsächlich nach SFR10, SFR20 oder SFR30 versichert. Später zurücktreten, wenn die richtige Rechnung präsentiert wird, ist kaum noch möglich. Denn wer die Allgemeinen Geschäftsbedingungen des neuen Versicherers akzeptiert, stimmt in der Regel auch zu, dass der Versicherungsbeitrag nachträglich geändert werden kann, sollte die Schadenfreiheitsklasse nicht stimmen. Sprich: Der Kunde ist den individuellen Berechnungen des neuen Anbieters ausgeliefert. Bis er das bemerkt, ist jedoch die Wechselfrist meist verstrichen, denn nach dem 30. November geht nichts mehr. Auch diesen Umstand nutzten skrupellose Topmanager in diesem System gnadenlos aus. Denn letztlich geben sie die Taktung vor, nach der gespielt wird. Dabei ist es heute unerheblich, welche Branche ins Visier genommen wird.

Ein anderes Beispiel: Werkstattvergleiche. Wer dort eine Anfrage wegen einer bevorstehenden Kfz-Reparatur stellt, erhält umgehend mehrere günstigste Angebote samt Werkstatttermin. Es empfiehlt sich, die Werkstatt nicht direkt anzufahren, sondern sich im Vorfeld noch einmal telefonisch beraten zu lassen. Denn dann wird deutlich: Der Angebotspreis war ein unverbindlicher Vorschlag, eine Idee, ein Richtwert, aber keineswegs ein verlässlicher Endpreis. Der liegt ganz woanders. Da wird nachgerechnet, kalkuliert, lamentiert. Eine gängige Masche in der Branche. Kunden erhalten dann E-Mails wie diese:

> »Die Kalkulation ist für den Endverbraucher und auch für die Werkstatt unverbindlich, das bedeutet, dass der Preis aus verschiedenen Gründen abweichen kann. Den endgültigen Preis legt immer die Werkstatt fest, da hat [...] keinen Einfluss darauf.«

Übersetzt heißt das: Unser Job ist es, dich anzulocken. Auf dem Hamburger Kiez nennt man das »kobern«. Punkt.

## Greenwashing: Verbraucher lieben Label

Kunden wollen schnelle Entscheidungen und nicht erst lange recherchieren. Auch deshalb lieben Kunden Label mit Aufschriften wie »Tierwohl«, »seniorengerecht«, »A+++«, »natural«, »grün«, »nachhaltig«. Ein Blick, ein gutes Gefühl, ein Kauf. Mehr als tausend Gütesiegel, Güte- und Qualitätszeichen sowie Label kursieren in Deutschland, gut sichtbar auf fast allen Produkten – von Bananen über Fleisch aus der Kühltheke beim Discounter bis zum Schurwollteppich. Nicht anders in der Schweiz und Österreich.

»Zeichen-Tricks« – unter diesem Titel hat Greenpeace Österreich unlängst den Gütezeichen-Guide veröffentlicht. Viele Gütesiegel und Gütezeichen sind demnach den Kleber nicht wert, mit dem sie haften. Schlimmer noch, laut Greenpeace Österreich war ein Drittel der geprüften Gütezeichen nicht vertrauenswürdig oder sogar kontraproduktiv in Bezug auf Nachhaltigkeit![146] Doch international einheitliche, verlässliche Regeln gibt es nicht. Außer für »bio«, ein EU-weit geschützter, zertifizierter Begriff. Noch drastischer fällt der Blick auf die reinen sogenannten »Label« aus. Denn während es für Gütesiegel und Gütezeichen zumindest noch ansatzweise gesetzliche Regeln gibt, kann praktisch jeder sein eigenes Label entwerfen, passend zur Intention, Zielgruppe und Botschaft, die Vertrauen erzeugen soll. Und das macht ein Label tatsächlich, selbst wenn einzelne Produktverpackungen einem Sammelalbum gleichen.

Vielfach haben sich Hersteller oder Verbände einfach zusammengeschlossen, um ein Siegel, ein Zeichen oder ein Zertifikat zu schaffen und zu verbreiten – mit selbst festgelegten Standards, die mehr oder weniger eingehalten werden. Auch für das Design gibt es keine Vorschriften. Gewählt wird, was sich gerade gut verkaufen lässt. Anders als »bio« oder »öko« ist zum Beispiel der Betriff »fair« rechtlich ebenso wenig geschützt wie die Farbe Grün.

Dabei stehen auch längst etablierte Zeichen immer wieder in der Kritik. »QS« etwa steht für Qualität und Sicherheit, getragen von Verbänden der Land- und Ernährungswirtschaft. Tatsächlich wird hier im Kern vor allem bestätigt, dass die gesetzlichen Produktionsanforderungen und -wege eingehalten werden. Beim DLG-Siegel der Deutschen Landwirtschafts-Gesellschaft legt die Industrie die Qualitätskriterien fest. Im Fokus stehen dabei Aussehen, Geruch und Geschmack der Produkte. Wer beim Test durchfällt, wird erst gar nicht bekannt.

Greenpeace Österreich kommt zu dem Schluss, dass es »nahezu unmöglich [ist] nachzuprüfen, ob die Nachhaltigkeitsversprechen [...] eingelöst werden. Es ist eine Frage des Vertrauens – und genau dieses Vertrauen wird immer wieder missbraucht.« Als Negativbeispiele nennt Greenpeace Österreich das MSC-Gütezeichen für angeblich nachhaltig gefangenen und produzierten Meeresfisch. Doch weder das Marine Stewardship Council noch ein anderes Gütesiegel wie ASC, Global G. A. P. oder FOTS seien geeignet, die Überfischung zu stoppen. Etikettenschwindel, so lautet das eindeutige Fazit.

Ziel ist es, laut Greenpeace, »bewusst Unschärfe zu erzeugen. [...] 100 Prozent natürliche Zutaten klingt zum Beispiel sehr gut, aber was sagt das aus? Eine Tomate ist auch dann eine natürliche Zutat, wenn sie mit Pestiziden behandelt worden ist.« Viele Angaben beziehen sich zudem auf die gesetzlichen Vorgaben. »Kann Spuren von ... enthalten« ist ein Zeichen dafür, dass gesetzliche Vorgaben zwar eingehalten werden, tatsächlich aber sehr viel mehr drin sein kann als erwartet. Gerade für Allergiker und Veganer ein Problem. Denn hier gibt die Kennzeichnung ein falsches Signal, das schlimmstenfalls Gesundheitsgefahren birgt.

Greenpeace hat 26 Gütesiegel und Gütezeichen bewertet. Kriterien waren Vertrauenswürdigkeit, Nachhaltigkeit, Umweltauswirkungen, Tierschutz und Sozialkriterien: Die meisten sind kaum bis überhaupt nicht vertrauenswürdig. Aber welcher Verbraucher fragt schon nach, ob all das, was dort versprochen wird, auch eingehalten wird und belegbar ist? Muss der Verbraucher aber auch nicht. Denn Label sollten zuverlässig sein, sie sollten aufklären, Sicherheit geben und gegebenenfalls helfen, sich von Produkten anderer, nicht zertifizierter Angebote abzugrenzen. Dagegen dürfen Label kein reines Verkaufstool sein, geprägt von Schönfärberei, genutzt von Unternehmen und deren Strategen ausschließlich, um die Imageweste reinzuwaschen. Doch genau das findet vielfach statt, weil Konzernführungen verstanden haben: Eine bessere Produktwerbung als gut klingende Label kann es kaum geben.

## Nur die Masse macht's

Aber es wäre unfair, ein schnelles Urteil zu fällen. Denn wissenschaftlich gesehen können wir gar nichts dafür. 99 Prozent unserer Entscheidungen fallen unbewusst. Manche Hirnforscher sagen sogar 99,9 Prozent. Die Werbeindustrie weiß das zu nutzen. Neuromarketing heißt das im Fachjargon. Dabei geht es keineswegs um direkte, platte Kaufbefehle: »Geh hin und erwirb einen VW Touareg.« Vielmehr sind es die kleinen Botschaften, die unser Gehirn »warmschießen«. Zeitlich eng definierte Aktionen zum Beispiel, wie die Umwelt- oder Dieselprämie oder angeblich begrenzte Stückzahlen. Auch große Preistafeln, Sonderangebote, Farben, Formen, Gerüche und Bilder leisten ihren Beitrag. Oder die Möglichkeit, Dinge anzufassen, zu berühren, zu testen. Im Handel kommen die Anordnung der Waren und der Verlauf der Gänge hinzu. Der Duft von Südfrüchten regt zum Beispiel zum Kauf auch anderer Waren an. Musik ebenso. Selbst Scanner, um die Abläufe im Gehirn besser erforschen zu können, kamen schon zum Einsatz, wenn auch mit mäßigem Erfolg. »Wir wollen manipulieren«, so ein Marketingfachmann im Gespräch. »Denn von 460 Produkten, die ein Kunde im Jahr kauft, hat er im Vorjahr schon 380 im Einkaufskorb gehabt. Wir wollen die Treue festigen oder unter den 80 Neuen sein.« Und so meinen Konzerne nicht nur, dass sie leichtes Spiel mit ihren Kunden haben – sie haben damit sogar recht.

Bei all dem muss eines klar sein: Der einzelne Kunde ist uninteressant, auch wenn Unternehmen gerne das Gegenteil behaupten. Am Ende geht es um die schiere Masse. Zwar werden noch immer Umsatz- und Kostenfaktoren pro Kunde berechnet, dafür gibt es zahlreiche Berechnungssysteme, Deckungsbeitragsrechnungen, Scoring-Modelle, Kundenanalysen et cetera. Gerne genommen wird auch der sogenannte Customer-Lifetime-Value. Damit berechnen Unternehmen, was ein Kunde über die gesamte Lebensdauer einbringen kann, sofern er bei der Stange gehalten wird. Allerdings gelten Kunden in Zeiten des boomenden Online-Angebots zunehmend als sprunghaft und wenig treu. Entsprechend versuchen die Unternehmen, ihr Geld schnell und mit der Masse zu machen. Und das heißt auf der Kostenseite zu sparen. Lange Einzelberatungen, Beschwerden, Rückfragen, Rücksendungen – das alles kostet Geld. Zu viel Geld in einer Zeit, in der auch die Sicht der Unternehmen immer kurzfristiger wird.

Vor zwanzig Jahren hat sich ein Autoverkäufer noch gefreut, wenn jemand seinen Showroom betreten hat. Immer in der Hoffnung, die Emotionen in einen Kaufvertrag ummünzen zu können und damit einen Kunden zu gewinnen, der über Jahre treu bleibt und immer wieder seinen Neuwagen dort kauft, regelmäßig zur Wartung bringt und die hauseigene Werkstatt aufsucht. Heutzutage wissen die Händler vor Ort, dass viele nur deshalb ihren Fuß in die gebohnerte Halle setzen, um die Online-Auswahl noch einmal zu überprüfen oder zu checken, was sie da bestellt haben. Entsprechend kalt fällt der Besuch bei vielen Autohändlern aus.

Schlecht ausgebildete Mitarbeiter haben in der deutschen Wirtschaft keine guten Aussichten. Politik und Wirtschaft werden daher nicht müde zu betonen, wie wichtig Aus- und Weiterbildung für den persönlichen Erfolg ist und künftig sein wird. Möglichst schon im Kindergarten zweisprachiger Unterricht, Tablet und Smartphone inklusive. Der Konsument kann dagegen gerne doof sein, möglichst unkritisch. Das spart Geld, und das macht ihn einfacher steuerbar. Zum Ein-Euro-Shopper auf möglichst breiter Front, der sich verführen lässt.

Skalierbarkeit ist das Zauberwort. Geschäftsmodelle müssen skalierbar sein. Das bedeutet, dass Systeme ohne entsprechenden Aufwand erweitert werden können, also ohne massiv zu investieren. Mehr Umsatz, mehr Traffic und dabei kaum Kostensteigerungen. Das verspricht unter dem Strich mehr Gewinn. Facebook ist so ein Beispiel. Soziale Netzwerke, die zwar mit zunehmender Kapazität mehr kosten, aber nicht so viel, wie die zusätzlichen Nutzer in die Kasse spülen. Ob man mit dem Trecker 200 oder 500 Kilogramm Heu zu den Schafen fährt, die Tour bleibt die gleiche. Und die Wirtschaft braucht genau diese Schafe. Diejenigen, die unkritisch ihr Leben im Netz preisgeben. Die digitalisiert werden und möglichst alle Geschäfte von zu Hause aus erledigen. Diejenigen, die sich von bunten Bildern auf noch bunteren Verpackungen leiten lassen. Oder von großen Preistafeln. Oder von vollmundigen Versprechen: vom besten Bier, das es jemals gab, oder dem glücklichen Schwein, das sein Leben artgerecht verbracht hat und nun freudestrahlend in der Theke liegen darf.

# Einsichtig statt stur

»Krise? Welche Krise?«, fragt mich ein Opel-Manager in führender Position am anderen Ende der Leitung, als ich mit ihm telefoniere. Er will anonym bleiben. Die VW-Krise empfindet der Topmanager längst nicht mehr als Krise. Nicht für die gesamte Automobilbranche und schon gar nicht für Volkswagen. Da ist es eher Segen als Fluch, so paradox das klingt. Und das ist keine Einzelmeinung. Warum, wird im Verlauf dieses Kapitels deutlich werden.

Fakt ist: Noch nie hat Volkswagen so viel verdient wie im Jahr 2017. Noch nie hat der Konzern binnen eines Jahres so viele Autos verkauft. Die Krise als Chance nutzen, als Wendepunkt, für einen Richtungswechsel – im Internet tummeln sich zahllose Berater, die sich genau darauf spezialisiert haben. Sie versprechen Antworten auf Fragen wie: Wofür können Krisen gut sein? Wie kann man Krisen für einen Neustart nutzen? Welche Möglichkeiten eröffnen Krisen? Tatsächlich nutzen viele Konzerne scheinbar schwere Krisen, um Pläne umzusetzen, die bis dahin in Schubladen schlummerten. Pläne, die bis dahin nicht oder nur schwer durchsetzbar waren. Weil sie zu radikal sind, zu teuer, der Belegschaft zu viel abverlangen, nicht zeitgemäß, wirtschaftlich riskant sind. Oder weil die Chefs schlichtweg nicht auf ihre kurzfristig erreichbaren Boni verzichten wollen.

## Das Jahrzehnt der verpassten Chancen

Rückblick: September 2015. Die Abgasaffäre wird publik. Zu diesem Zeitpunkt hat die deutsche Automobilindustrie das Thema E-Mobilität komplett verschlafen. Zu erfolgreich ist die alte Technologie, schmutzig, aber ertragreich. Angetrieben noch vom schwachen Euro, der dafür sorgt, dass deutsche Autos weltweit bezahlbar sind. Auf den Automessen in Frankfurt, Detroit, Genf und Paris stellen die Autokonzerne zwar regelmäßig Elektromodelle vor, und Behörden, Politiker, Autohäuser und ein paar Gutmenschen greifen auch öffentlichkeitswirksam zu. Der Privatkunde aber meidet die neue Technologie. Im Vergleich zu Benzinern zu teuer, kaum Reichweite, nur vereinzelt Ladesäulen – und die Autoindustrie macht keine Anstalten, das maßgeblich zu ändern. Dazu kommen Ladezyklen von mehreren Stunden. Das ist nicht alltagstauglich und geradezu unerträglich für ein Volk, das schon beim dreiminütigen Tankstopp nervös wird.

Entsprechend halbherzig fällt die Forschungsarbeit aus. Ein paar Pilotprojekte hier, ein paar Versuche dort, mittelmäßige Testfahrzeuge im Labor, selten auf der Straße. Im Jahr 2015 werden in Deutschland nur etwa 12 000 E-Autos zugelassen. Von insgesamt mehr als 3 Millionen Fahrzeugen. Sprich: Gerade einmal jeder dreihundertste Wagen wird elektrisch betrieben.[147] Selbst der von der Bundesregierung ausgelobte Umweltbonus oder eine Umweltprämie für Elektrofahrzeuge bringen Imagepunkte, aber keine Wende. Seit 2016 gibt es von Vater Staat 3000 Euro Zuschuss für Hybridautos mit einem Antriebsmix aus Elektro und Sprit, 4000 Euro beträgt der staatliche Kaufanreiz für E-Autos. Doch der anvisierte oder zumindest kommunizierte Nachfrageboom bleibt aus: 2016 greifen nicht mehr Neuwagenkäufer in Deutschland zum Stromer.

Das Autoland Deutschland hat bei der E-Mobilität nicht nur einen Platten – sondern vier. Andere Länder ziehen längst vorbei und lassen die Bundesrepublik alt aussehen. China verdoppelte beispielsweise den Elektroautoabsatz 2016 auf 400 000 Wagen pro Jahr, auch weil Großstädte wie Peking klare Kaufanreize setzten: Bis heute müssen dort Käufer eines Benziners sechs Jahre auf ein Kennzeichen warten und dürfen dann umgerechnet rund 10 000 Euro auf den Tisch legen. Für E-Autos geht's deutlich schneller. Und nicht nur das: Das E-Kennzeichen gibt's auch noch gratis!

Auch in den USA greifen bereits rund 150 000 Käufer pro Jahr zum E-Mobil, und in Norwegen fährt jede dritte Neuzulassung mit Strom. In dem skandinavischen Land sind E-Autos günstiger als Benziner, weil Abgasschleudern mit Strafen belegt werden. Bei Stromern erstattet Norwegen dagegen einen Teil des Kaufpreises sofort: satte 25 Prozent. Zudem gibt es für E-Autos Gratisparkplätze und Gratisstrom, und die Fahrt in die Städte ist ebenfalls frei, während Benziner in den großen Metropolen eine City-Maut von bis zu 6 Euro berappen müssen, jedes Mal. E-Autos fahren hingegen immer gratis. Mehr Subvention geht wohl kaum.

Norwegen zeigt, wie gezielt Politik gemacht werden kann, sofern alle mitziehen: die Politik, die Wirtschaft, alle Branchen, die Bürger. Das Programm lief so gut, dass Norwegen zwischenzeitlich einen Stopp bei der Förderung verhängen musste. Die nationale Elektroautovereinigung rief unter anderem die Bewohner von Oslo dazu auf, keine Elektroautos mehr zu kaufen, sofern die Wagen nicht zu Hause mit Strom betankt

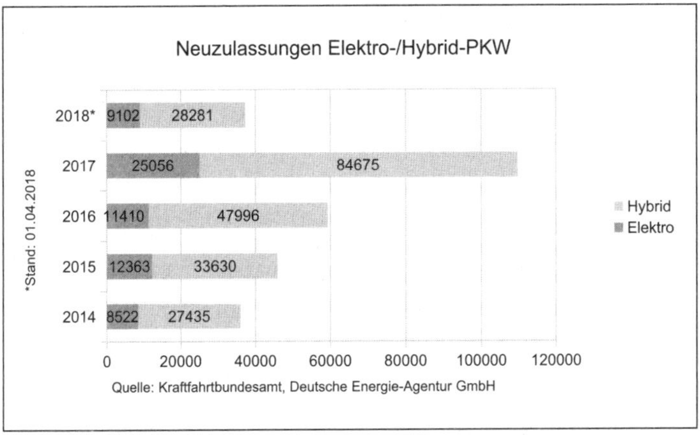


Abbildung 9: Neuzulassungen Elektro-/Hybrid-Pkw

werden können. Der Grund: zu viele E-Autos und zu wenige öffentliche Ladestationen.

Deutschland verpasst den Zug, das heißt, *verpasste* den Zug. Denn inzwischen hat sich das Blatt gewendet. Elektro- und Hybridautos sind keine Spinnerei mehr nur für Gutbetuchte. Im Jahr 2017 gab es bei den elektrisch betriebenen Pkws ein Plus bei den Neuzulassungen von fast 120 Prozent auf 25 000. Bei den Hybrid-Fahrzeugen stieg die Zahl der Neuzulassungen auf knapp 85 000 – ein Plus von 76 Prozent (siehe Abbildung 9).

Noch wichtiger: Die Einstellung hat sich geändert, der Ruf der E-Autos, das Image. E-Autos sind »in«. Einen maßgeblichen Anteil an diesem wenn auch zarten Umschwung hat Volkswagen. Die Wolfsburger haben ganz bewusst auf dieses Pferd gesetzt. Für Aufsehen sorgte ein Interview von Ex-Konzernchef Matthias Müller, in dem er die staatlichen Dieselsubventionen infrage stellte:

»Keine Frage, die steuerlichen Subventionen für den Diesel haben den Absatz von Dieselfahrzeugen in Deutschland erheblich erleichtert. Und an diese Steuererleichterungen haben sich alle gewöhnt – ob private oder gewerbliche Kunden. Mittlerweile bin ich aber davon überzeugt, dass wir Sinn und Zweck der Dieselsubventionen hinterfragen sollten. Wenn der Umstieg auf umweltschonende E-Autos gelingen soll, kann der Verbrennungsmotor Diesel nicht auf alle Zeiten weiter wie bisher subventioniert werden. Schrittweise sollte eine Umschichtung der Steuererleichterungen erfolgen, das Geld könnte sinnvoller in die Förderung umweltschonender Antriebstechniken investiert werden.«

Ex-VW-Chef Matthias Müller, *Handelsblatt*, 10. 12. 2017

Die Schlagzeilenredaktionen kannten in den folgenden Tagen kein Halten mehr:

- *Frankfurter Allgemeine Zeitung:* »VW-Chef rückt von Diesel-Subventionen ab.«
- *Stuttgarter Nachrichten:* »VW-Chef Müller für Abschaffung der Subventionen.«
- *Spiegel online:* »Müllers Überraschungsangriff auf die Dieselsubventionen.«
- *Zeit online:* »VW zweifelt an Steuernachlass für Dieselfahrzeuge.«

Für einige wurde Müller gar zum Umwelt-Messias:

»Die Forderung von Müller zeigt die Klugheit, Weitsicht und Zukunftsorientiertheit des Managers. Wenn es einen Nobelpreis für Wirtschaftsbosse gäbe, hätte ihn Müller verdient.«

Prof. Dr. Ferdinand Dudenhöffer, CAR-Center Automotive Research, Universität Duisburg-Essen[148]

Wenig später teilte Ex-VW-Chef Müller übrigens auf dem Autosalon 2018 in Genf mit: »Der Diesel wird in absehbarer Zeit eine Renaissance erleben.« Das allerdings sorgte für weniger Schlagzeilen. Und so profitiert die Mutter des Abgasskandals vom selbst initiierten Stimmungsumschwung wie kein anderer. Der Audi A3 E-tron führt die Liste der Hybrid-Zulassungen an. Bei den reinen Elektroautos landet der Volkswagen E-Golf auf Rang 2 – nur der Renault Zoe verkaufte sich öfter. Inzwischen heißt es bei den großen Herstellern um VW, Daimler, BMW und Co.: Bis 2020 gelingt der Durchbruch. Fünf Jahre später will Volkswagen ein Viertel seiner Konzernflotte mit E-Antrieb verkaufen.

Viel wichtiger als die Verkaufszahlen ist allerdings die Stimmung bei den potenziellen Käufern. Wer sich heute keinen Stromer leisten kann, findet den Leisetreter zumindest cool. Natürlich ist die Bevölkerung in den vergangenen Jahren deutlich umweltbewusster geworden. Beim Autokauf hörte dann aber der Enthusiasmus schnell auf. Entsprechend verhalten war die Motivation in den Führungsetagen der Autohersteller und den auf Hochglanz polierten Verkaufsräumen. Das hat sich inzwischen maßgeblich geändert. Hatte der damals mächtige Aufsichtsrat Ferdinand Piëch zunächst noch verlauten lassen, dass in seiner Garage kein Platz für ein Elektroauto sei, sollte er sich nun überlegen, ob nicht doch ein Plätzchen freischaufeln könnte. Denn E-Autos sind en vogue. Und mit der steigenden Nachfrage dürften die Preise purzeln. Derzeit müssen Käufer noch bis zu 40 Prozent mehr auf den Tisch legen, wenn sie statt eines Benziners einen vergleichbaren Stromer fahren wollen.

Das alles ist eine Folge der Dieselkrise. Und eine Folge der Pläne, die jetzt aus der Schublade gezogen werden konnten. Davon ist auch der Opel-Manager überzeugt, der ja ohnehin schon das ausgerufene Krisenszenario infrage stellte. Bei Volkswagen heißt dieser Plan aus der Schublade »Zukunftspakt«.[149/150] Das bedeutet, 30 000 Jobs sollen wegfallen, 23 000 davon allein in Deutschland. Allerdings sozialverträglich, wie es heißt, ohne betriebsbedingte Kündigung. Doch 6000 Leiharbeiter bangen. Zwar wettern Analysten schon lange, die Gewinnmarge sei zu dürftig, nur etwa 400 Euro verdiene der Konzern an einem Golf. Doch das ist nicht neu. Diese Vorwürfe gibt es seit Jahren. Einen derart radikalen Plan, betont auch der Opel-Manager, hätte Volkswagen ohne die Dieselkrise nie durchsetzen können. Wenn über die Zukunft eines Unternehmens spekuliert werde und sich jeder um seinen Arbeitsplatz sorge, seien unbequeme Maßnahmen eben viel leichter durchzusetzen. Jetzt haben plötzlich alle Verständnis für die Maßnahmen. Kein Aufschrei in der Politik. Kein Aufschrei der Gewerkschaften. Kein Aufschrei der gesamten Belegschaft, sondern ausschließlich der betroffenen Leiharbeiter.

Dennoch ist fraglich, ob die deutschen Automobilhersteller das E-Rennen noch gewinnen können. Zu lange hielten sie an der veralteten Technik fest. Selbst vor Kartellen schreckten sie dabei offenbar nicht zurück. Das heißt, es gab Absprachen untereinander, um möglichst lange zu retten, was nicht zu retten war. Auch in dem Bewusstsein, dass die Platzhirsche beim nächsten Schub für E-Autos keine große Rolle mehr spielen würden. Dabei hatte sich die Chance schon sehr viel früher geboten, bereits Jahrzehnte vorher. Denn schon vor rund dreißig Jahren hatte Swatch-Chef Nicolas Hayek die Idee eines elektrischen Stadtflitzers für zwei Personen.[151] Doch erst ließ Volkswagen das Projekt ins Leere laufen, dann Daimler. Das heißt, der Stuttgarter Autokonzern ließ die Elektrovariante fallen und baute seine alte Technik ein: Benziner und Diesel. Das Ergebnis: der Smart, so wie er heute im Stadtbild zu sehen ist. Zwar gibt es mittlerweile auch eine Elektrovariante, doch auf Nachfrage bei Mercedes erklärte mir eine Verkäuferin, die angegebene Reichweite von 120 Kilometern sei eher ein Wunsch als Realität. »Also mehr als 80 Kilometer sind dann ehrlicherweise nicht drin«, sagt die Dame im Mercedes-Center und fragt: »Hätten Sie eventuell am Arbeitsplatz eine Steckdose, um den Wagen aufzuladen?« Zum Vergleich: Tesla schafft mit dem Model S bis zu 600 Kilometer, zwar viel teurer und hochdefizitär, aber mit beeindruckender Technik und einem anderen Konzept.

Aber nicht nur deshalb erscheint die Konkurrenz am Markt übermächtig. Die bisherigen Technologien aus Deutschland werden jedenfalls bald nicht mehr benötigt. Mehr als hundert Jahre waren sie im Einsatz, wurden weiterentwickelt bis beinahe zur Perfektion. Und sie brachten den Konzernen gutes Geld, selbst während der Ölkrise 1973 und während des Irak-Kriegs in den 1990er-Jahren konnten sich Benziner und Diesel trotz horrender Spritpreise behaupten. Und so besteht heute ein Auto wie schon in den vergangenen Jahrzehnten aus 10 000 Teilen und mehr.

Allerdings wird das nicht mehr lange so sein. Denn künftig

fällt ein Großteil dieser Teile weg: dicke Motoren, aufwendige Antriebe, diffizile Steuerungen, komplizierte Abgassysteme – alles unnötig in einer Zeit, in der auf Knopfdruck nicht Vollgas gegeben wird, sondern ein Elektromotor in Millisekunden für volle Schubkraft sorgt. Ein bisschen wie Raumschiff Enterprise, nur auf der Straße. Ganz leise, ohne sichtbare Emissionen. Dabei werden ganz neue Autos entstehen. Denn die bisherigen Varianten, die eher um den Motor herum konstruiert wurden, sind dann überholt, auch wenn die deutschen Hersteller bislang noch nach diesem Schema E-Autos produzieren: einfach einen neuen Motor in eine alte Karosse einbauen. Fertig.

Dabei benötigt ein E-Auto nicht einmal halb so viele Einzelteile wie herkömmliche Fahrzeuge. Es braucht vor allem eins: einen leistungsstarken Akku. Der wird in den kommenden Jahren immer flacher und kleiner konstruiert werden können und nach und nach in der Karosserie verschwinden. Was bleibt, ist Platz: für Passagiere, Gepäck, neue Assistenzsysteme. Apple, Google, Amazon, Samsung und Co. haben genau in diesem Bereich Erfahrungen aufzuweisen und damit entscheidende Vorteile. Noch kommen diese zwar nicht zum Tragen, doch die Zeit läuft. Nur eben den deutschen Autoherstellern davon. Und den 800 000 Menschen in Deutschland, die noch heute Blechkarossen mit Verbrennungsmotor bauen. Wie lange noch, ist offen.

## Krise oder lieber Neuanfang?

Auch andere Unternehmen haben Krisenszenarien für einen Neuanfang genutzt, ob sie nun betroffen waren oder nicht. Krisenzeiten haben den entscheidenden Vorteil, dass harte unternehmerische Entscheidungen kaum hinterfragt werden. Stellenstreichungen, Standortverlagerungen, Gehaltskürzungen – alles verständlich.

Erinnern wir uns an die Anschläge auf das World Trade Center im September 2001. In den Jahren danach wurde praktisch keine einzige Unternehmensbilanz vorgelegt, in der nicht auf die Terroranschläge verwiesen wurde. Zumal wenn die Bilanz enttäuschend ausfiel. Naheliegend für die Luftfahrt-, die Versicherungs- und Tourismusbranche, die unter enormen wirtschaftlichen Folgen litten. Auch und gerade in den Monaten und Jahren direkt nach den Anschlägen. Weitaus weniger einleuchtend waren die 9/11-Begründungen allerdings, wenn andere Zweige sie sich zunutze machten, indem sie die eigentlichen Gründe für schlechte Geschäfte verschleierten. Bis hin zu Schokoladenproduzenten. Und auch auf lange Sicht haben sich die ökonomischen Horrorszenarien nicht bewahrheitet. So hat die Globalisierung – wenn überhaupt – einen kurzen Dämpfer erlitten.

In einer Studie untersuchte die Boston Consulting Group (BCG) börsennotierte deutsche Unternehmen, die Krisen für den Neustart genutzt haben. Titel: »Comeback Kids – die Geheimnisse nachhaltiger Wertschaffung in Unternehmen«.[152] Dort fanden sich unter den Top Ten unter anderem die Chemiekonzerne Lanxess und Wacker Chemie, Heidelberger Druck, der Leuchtmittelhersteller Osram, das Werbeunternehmen Ströer und der Technologiekonzern Rheinmetall, heute einer der größten Rüstungskonzerne weltweit. BCG analysierte die sogenannten Turnaround-Strategien, mit denen die Kurswechsel eingeläutet wurden. Anschließend wertete das Beratungsunternehmen die Geschäftsergebnisse für die Jahre 2010 bis 2015 aus. Um erfolgreich Krisen zu bewältigen, so das Ergebnis, kristallisierten sich mehrere Strategien heraus. Meist konzentrierten sich die Firmen auf ihr eigentliches Kerngeschäft, entwickelten neue Produkte und erschlossen neue Märkte, verkauften Unternehmensteile, die wenig Gewinn versprachen, senkten die Kosten.

## Die Suche nach dem Impuls: Manager besser von außen?

Heute müssen Kandidaten für Führungsjobs in zahllosen Bewerbungsrunden nicht nur sich beweisen, sondern auch dem Arbeitgeber, dass sie zum Konzern passen, sich einfügen. Frischer Wind ist gut, aber bitte nur eine Brise, kein Sturm. Einer Auswertung des *Handelsblatts* zufolge absolvieren Kandidaten für das Management in den DAX-Konzernen bis zu sieben Gesprächsrunden.[153] Spitzenreiter sind Telekom und Beiersdorf. Noch länger ist demnach der Vorstellungsmarathon bei der britischen Großbank HSBC in London. Dort müssen Kandidaten fünfundzwanzigmal ran, bevor sie den Zuschlag bekommen. Oder eben auch nicht. Tendenz der Zahl der Gesprächs-, Vorstellungs-, Bewerbungsrunden steigend. Dabei werden nicht nur die Chefs gehört, sondern auch die potenziellen Kollegen. Möglicherweise gut fürs Klima, aber schlecht für Ideen, die Strukturen und Systeme infrage stellen.

Doch genau das wäre nötig, um für die Zukunft gut aufgestellt zu sein, um nicht wieder Chancen zu verpassen, wie bei der E-Mobilität. Ein ähnliches Szenario spielt sich schon seit Jahren beim Thema schnelles Internet für alle ab. Und vor allem beim neuen Mobilfunkstandard 5G.

## Anschluss verpasst?

Laut einer Umfrage der Organisation für wirtschaftliche Zusammenarbeit und Entwicklung OECD ist in den kommenden Jahren jeder zweite Arbeitsplatz gefährdet, weil er ganz oder teilweise durch Technik ersetzt wird. Die Digitalisierung ist zwar auch hierzulande scheinbar in vollem Gange, aber bei genauerem Hinsehen wird klar, wie unendlich weit Deutschland hinterherhinkt.

Ein Beispiel ist 5G, das ist der neue Mobilfunkstandard, der unser Leben revolutionieren soll. Während der Olympischen Spiele in Südkorea konnten die Besucher vor Ort live testen, wozu 5G fähig ist. Vor allem ist der neue Standard zehn bis zwanzigmal schneller als der aktuelle Standard LTE. Der ist inzwischen schon acht Jahre auf dem Markt – nach GSM, EDGE und UMTS. Nun also soll 5G alles besser machen. Und 5G macht alles besser. In Südkorea standen den Zuschauern unzählige Kameraperspektiven zur Verfügung, steuerbar per Smartphone, mit brillanten Bildern in HD-Qualität, ohne zu ruckeln. 5G ist praktisch nicht mehr überlastbar. Auch für selbst fahrende Autos ist das eine Revolution, und zwar eine kostengünstige. Zumal die Computer- und Steuerungssysteme nicht mehr fest im Auto installiert sein müssen. Was das heißt, wurde in Südkorea deutlich, als ein Wagen per Smartphone gesteuert wurde, und das über eine Strecke von 180 Kilometern. Problemlos.

Daneben soll 5G deutlich sicherer gegen Hackerangriffe sein und auch noch weniger Strom verbrauchen als die bisherigen Standards. Der Download eines HD-Kinofilms soll weniger als eine Sekunde benötigen. Das eigentlich Entscheidende in

Südkorea zum Thema 5G kam allerdings nicht von technischer Seite, sondern von menschlicher. Denn ein Satz legte offen, wie unterschiedlich die Verantwortlichen in Politik und Wirtschaft mit dem Thema Digitalisierung und Mobilfunk umgehen. Der Satz eines südkoreanischen Politikers vor Ort lautete:

> »Die Menschen hier erwarten das von uns. Die Menschen erwarten, dass es hier schnelles Internet gibt. Und zwar überall, auch zwischen den Bergen.«

Eine Haltung, die sich in Deutschland nicht findet, weder in der Politik noch in der Wirtschaft. Und auch nicht bei den Verbrauchern: Träge Verbindungen werden als ärgerlich empfunden, aber dagegen protestieren oder gar auf die Straße gehen? Alles dauert lang und länger. Und es gibt Funklöcher, viele, große Funklöcher. In vielen Teilen Deutschlands ist das so, vor allem auf dem Land. Aber auch in U-Bahnen, Fernzügen, Auto- und Bahntunneln, Unterführungen et cetera. Zwar steht im Koalitionsvertrag, dass es künftig keine Funklöcher mehr geben darf, aber diese Forderung gibt es schon seit Jahren. Und so dürfte das Ziel, 5G im Jahr 2020 als bundesweiten, flächendeckenden Standard einzuführen, wohl eher ein frommer Wunsch bleiben. 2025 ist wohl realistischer – wenn überhaupt, denn derzeit gibt es Streit um die Frage, ob sich die Investitionen für die Konzerne überhaupt lohnen.

Schon die ersten Tests starteten verzögert. Dabei hatten Venedig und Hamburg den Zuschlag bekommen und wurden mit dem Titel versehen: Testgebiet der EU. Die Jubelschreie an Elbe und Adria waren weithin hörbar. Zumal es bis heute die einzigen Testzonen in der Europäischen Union sind. Das etwas kleinere Testgebiet in Venedig soll seitdem die Anwendbarkeit und Möglichkeiten von 5G für den Tourismus beleuchten. Das größere Testgebiet findet sich im Hamburger Hafen. Dort mit dem Ziel, Produktionsabläufe zu optimieren und Verkehrsstaus zu vermeiden. Dafür sollen zum Beispiel Ampelanlagen und Schleusen mobil gesteuert werden können. Anfang 2018 dann die Pressemitteilung: Es geht los. Aber los ging erst mal nichts, zu schnell gejubelt. Der Sendemast auf dem Hamburger Fernsehturm, dem Telemichel, war zwar installiert, aber noch nicht richtig ausgerichtet. Hieß im Klartext: fast ein halbes Jahr Verzögerung, auch für die beteiligten Konzerne Deutsche Telekom und Vodafone. In der Zwischenzeit arbeiten Nokia und der Chiphersteller Qualcomm an der schnellen Einführung von 5G, allerdings woanders, nämlich in den USA, in China, Japan und Südkorea. Und zwar schon im Jahr 2019!

An den genannten Beispielen ist abzulesen: Hier sind nicht nur die Unternehmen gefragt, sondern auch der Staat. Mobilfunklizenzen sollten in Zukunft nur vergeben werden, wenn dafür eine klar definierte Gegenleistung erbracht wird. Dazu zählt auch die flächendeckende Versorgung der Bevölkerung mit schnellem Internet. Nicht 90, 95, 98 Prozent, sondern 100 Prozent. Mit klaren Zeitplänen. Ohne Wenn und Aber. Ohne Hintertüren in Verträgen. Die Unternehmen und deren Topmanager müssen liefern. Zur Not müssen sie dazu gezwungen werden.

Denn wie gut gemeinte Deals zwischen Staat und Unternehmen oftmals enden, zeigen die sogenannten öffentlich-privaten Partnerschaften – kurz ÖPP. Ein Modell, das sich zwar vielerorts bewährt, das aber auch schon zu massiven Verwerfungen geführt hat.

## Privatisierungen und öffentlich-private Partnerschaften

Die Idee ist ganz einfach: Der Staat möchte, kann aber nicht. Es fehlen die Mittel, selbst für Aufgaben, die der Staat eigentlich erfüllen muss, wie den Bau von Autobahnen oder Schulen. Öffentlich private Partnerschaften, kurz ÖPP, machen diese Projekte trotz leerer Staatskassen möglich. Private Firmen bauen, sanieren, sorgen für die richtige Finanzierung und übernehmen später meist auch noch den Betrieb. »Verwertungsphase« wird das im Fachjargon genannt. In der Regel dauert diese dreißig Jahre lang. Der Staat oder das Land ist dann meist Mieter und garantiert für diesen Zeitraum lukrative Einnahmen aus dem Staatssäckel oder aus dem Portemonnaie der Bürger in Form von Eintritts- oder Nutzungsentgelten. Derzeit gibt es rund 200 solcher Projekte in Deutschland (siehe Abbildung 10).

Nach der Finanz- und Wirtschaftskrise haben diese Modelle einen regelrechten Boom erlebt. Kein Wunder: Am sogenannten ÖPP-Beschleunigungsgesetz unter Rot-Grün haben schließlich vor allem diejenigen mitgewirkt, die heute maßgeblich davon profitieren: Banken, Versicherungen und Unternehmensberatungen. Profitieren sollten Schulen, Kindergärten, Straßen, Sporthallen, andere öffentliche Gebäude. Tun sie aber bis heute nicht. Um das festzustellen, reicht ein Blick hinter die Mauern.

Eine der bekanntesten ÖPP ist der Ausbau der Autobahn 1 Hamburg Richtung Bremen. Vieles ist nicht bekannt. Es könnte auch niemand nachvollziehen. Denn der Vertrag hat unfassbare 36 000 Seiten.[154] Das will niemand lesen! Verhandelt wurde zwei Jahre lang. Doch nicht nur da war vom Vorteil einer ÖPP

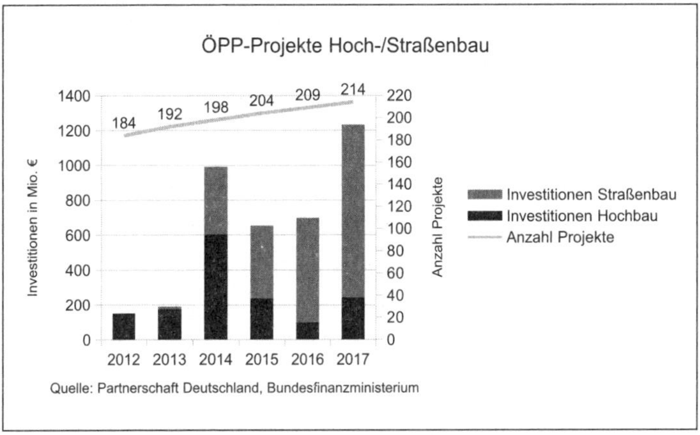


Abbildung 10: ÖPP-Projekte im Hoch-/Straßenbau

nichts zu spüren, nämlich dass alles viel schneller geht. Vier Jahre hat der Ausbau gedauert. Die Baustelle galt als extrem lang und extrem gefährlich, sogar als eine der gefährlichsten in ganz Deutschland. Ein dramatischer Anstieg der Unfallzahlen sprach für sich, es gab Tote, Verletzte, hohe Sachschäden. Am Ende sprang der Staat ein und installierte elektronische Verkehrsschilder, natürlich auf Kosten der Staatskasse. Das alles hätte im Vertrag anders festgehalten werden können. Wurde es aber nicht. Trotz zweijähriger Verhandlungen. Auf der einen Seite saß der Staat, auf der anderen A1 Mobil, eine Tochter des Baukonzerns Bilfinger Berger. Die soll nun dreißig Jahre lang zuständig sein für Wartung, Winterdienst, Reparaturen und Baustellen. Dafür gibt's Geld aus der Lkw-Maut, und zwar bis 2038. Das Problem: Kaum jemand kennt, geschweige denn versteht die Einzelheiten des Deals.

Vermutlich werden ÖPP-Modelle in Zukunft noch zunehmen. Denn so entstehen die Kosten zunächst der Wirtschaft und nicht dem Staat. Ein gewichtiges Argument mit Blick auf die Schuldenbremse, die über Bund und Bundesländern baumelt wie ein Betonklotz. Ab 2020 dürfen die Länder nämlich keine neuen Schulden mehr aufnehmen. Neue Großprojekte dürften ab diesem Zeitpunkt deutlich schwerer zu finanzieren sein. Allein der Schuldenberg des Bundes beträgt trotz jahrelang sprudelnder Steuereinnahmen etwa 2 Billionen Euro.

ÖPPs umstritten. Kritiker warnen im Vorfeld neuer Projekte regelmäßig vor den Gesamtkosten, einem Ausverkauf, einer Gewinnmaximierung zulasten von Bürgern, Verbrauchern und Patienten sowie vor nicht überschaubaren juristischen Folgen. Auch der Bundesrechnungshof bezweifelt vielfach die Wirtschaftlichkeit. So hat er beispielsweise nach einer Baumaßnahme auf der Autobahn A7 bei Göttingen den Taschenrechner gezückt und durchgerechnet: einmal die staatliche Variante, einmal die ÖPP-Variante. Ergebnis: Die öffentlich-private Partnerschaft kostete den Steuerzahler am Ende 25 Millionen Euro mehr. Bei sechs weiteren untersuchten Projekten fielen die Ergebnisse ähnlich aus: Fünf waren deutlich teurer, als wenn sie komplett in staatlicher Hand geblieben wären. Am Ende fiel die Rechnung der fünf Projekte insgesamt 1,9 Milliarden Euro höher aus. Eigentlich müsste vor jedem Projekt eine solche Aufstellung erfolgen – das geht aber nicht. Denn auch der Bundesrechnungshof bekommt bei Weitem nicht überall den vollständigen Einblick, die Verträge für ÖPPs werden in der Regel geheim gehalten, selbst Bundestagsabgeordnete erhalten deshalb keinen Einblick. Die Folge: Sie stimmen über Papiere ab, die sie überhaupt nicht kennen. Da wird geschwärzt, zensiert, herausgestrichen. Der ewig gleiche Grund: Betriebsgeheimnis.

So auch bei der Elbphilharmonie in Hamburg, einem Konzerthaus der Superlative, das für die Stadt ein Wahrzeichen und Touristenmagnet werden sollte – und auch wurde. Allerdings explodierten die Kosten von rund 77 Millionen Euro für die Stadt auf 866 Millionen Euro. Das Risiko trug fast ausnahmslos die Stadt als Bauunternehmer – und damit letztlich der Steuerzahler. Insgesamt ein undurchsichtiges Geflecht, aus dem sich Hamburg am Ende mit einem zusätzlichen dreistelligen Millionenbetrag freikaufen musste.

Mit ÖPP steht Deutschland allerdings nicht allein da. Im Nachbarland Frankreich spielt sich das gleiche Szenario ab. Der Justizpalast in Paris soll das höchste Gebäude der Stadt werden. Geschätzte Baukosten: rund 650 Millionen Euro. Und weil sich Paris das nicht leisten kann, wurden private Investoren ins Boot geholt. Doch auch dort wurde schnell ersichtlich, was das heißt: explodierende Kosten, horrende Mieten, ewige Nachberechnungen, schwierige Absprachen. Ein Ausstieg aus den Verträgen ist praktisch unmöglich, denn die geforderten Entschädigungssummen bei Vertragsbruch sind in der Regel astronomisch hoch.

# Umsichtig statt rücksichtslos

»Versucht, die Welt ein bisschen besser zurückzulassen, als ihr sie vorgefunden habt.«

Lord Robert Baden-Powell, Gründer der Weltpfadfinderbewegung

Nun sind Wirtschaftsbosse keine Pfadfinder und Weltkonzerne keine selbstlosen Organisationen für Gutmenschentum. Powell hat aber auch nicht gesagt: »Geld verdienen ist unredlich.« Es kommt eben auf das Wie an. Und wer sich nun die Frage stellt, was die folgenden Seiten mit skrupellosen Topmanagern zu tun haben? Hinter jeder Entwicklung stehen Entscheidungen. Ob es um Ressourcen geht, die Plünderung ganzer Kontinente, die Vermüllung der Meere oder die Ausbeutung von Menschen. Und nicht selten gewinnen die großen Konzerne.

Der sogenannte Earth Overshoot Day fiel im Jahr 2018 auf den 1. August, einen Tag früher als 2017. 2016 war es der 8. August. 2015 der 13. August. Pro Jahr also fast eine Woche früher.[155] Das ist dramatisch. Denn der Earth Overshoot Day bezeichnet den Tag, an dem die Menschheit die vorhandenen natürlichen Ressourcen aufgebraucht hat, die von der Erde innerhalb eines Jahres erneuert werden können. Im Klartext: Ab diesem Datum lebt die Welt auf Pump. Ab diesem Datum wird zerstört, ohne Chance auf Regeneration. Die Naturschutzorganisation World Wildlife Fund (WWF) hat diesen Tag deshalb auch den Welterschöpfungstag genannt.

Noch dramatischer ist die Lage, wenn man Deutschland allein betrachtet. Für die Bundesrepublik wäre im Jahr 2017 bereits am 24. April der nationale Erschöpfungstag erreicht gewesen. Nur der Umstand, dass Deutschland und weitere Industrienationen die Ressourcen in anderen Ländern ausbeuten, sorgt bislang noch dafür, dass die nationalen Erschöpfungstage nicht noch schneller an den Jahreswechsel heranrücken. Aber das wird kommen.

Die Forschungsorganisation Global Footprint Network macht ebenfalls eine ernüchternde Rechnung auf.[156] Dort heißt es, sollte die Menschheit so weitermachen wie bisher, was den Verbrauch an Flächen, Ressourcen, Nahrung, Rohstoffen und Energie angeht, bräuchten wir bis 2030 einen zweiten Planeten. Bis 2050 wäre ein Dritter gut.

Der Living Planet Index[157] der Umweltschutzorganisationen WWF und UNEP belegt, dass die Menschheit auch in der Tier- und Pflanzenwelt tiefe Spuren hinterlässt. So ist die Artenvielfalt regelrecht eingebrochen – um mehr als 50 Prozent in den vergangenen vier Jahrzehnten. Das heißt: Im Vergleich zu den 1970er-Jahren lebt inzwischen nur noch die Hälfte der damaligen Tier- und Pflanzenarten auf unserem Planeten. Gründe dafür sind die Klimaveränderung und der Anstieg der Temperaturen weltweit. Auch weil sich im selben Zeitraum die $CO_2$-Emissionen verdoppelt haben. Die Folgen seien deutlich spürbar, so die Forscher, vor allem mit Blick auf die Auswirkungen: Extremwetter, Dürre, Überschwemmungen et cetera. Das hat zur Folge, dass sich in vielen Ländern der Erde die wirtschaftlichen Rahmenbedingungen massiv verschlechtert haben. Betroffen ist derzeit vor allem Afrika. Unbestritten ist, dass wirtschaftliche Perspektivlosigkeit ein Grund für die Flucht aus den jeweiligen Gebieten ist. Bis zu zwei Drittel der geflüchteten Menschen steuern Europa vor allem aus einem Grund an: Sie haben in ihrer Heimat keine Zukunft.

## Fluchtursachen: der Beitrag der Wirtschaft

Im Jahr 2015 kamen etwa 900 000 Asylsuchende nach Deutschland. Ein Jahr später waren es noch 280 000 und im Jahr 2017 etwa 170 000. Scheinbar sinkende Zahlen. Allerdings sind diese vor allem dem EU-Türkei-Abkommen geschuldet. Seitdem hat sich die Zahl derjenigen, die Deutschland erreichen, auf rund 15 000 pro Monat eingependelt. Dennoch hat die EU-Grenzschutzbehörde Frontex allein in den Jahren 2015 und 2016 über 2,3 Millionen illegale Grenzübertritte an den EU-Außengrenzen gezählt. Viele Menschen sind also auch weiterhin auf der Flucht vor Kriegen, Missständen, Bedrohung und Gewalt. Vor allem aus Syrien, Afghanistan und afrikanischen Ländern. Viele steuern Europa aber auch aus wirtschaftlicher Not an. Eine Not, die auch entsteht, weil Regierungen und multinationale Konzerne ihrem Geschäft nachgehen. Das sogenannte Landgrabbing ist ein Trend, der seit Jahren andauert.

Kurz vor Ausbruch der Finanz- und Wirtschaftskrise waren plötzlich die Preise für viele Lebensmittel in die Höhe geschossen: Weizen und andere Getreidearten, Soja oder Reis. Für diejenigen, die sich an Lebensmittelspekulationen beteiligten, ein lohnendes Geschäft. Auch deutsche Konzerne wie die Deutsche Bank mischten eine Zeit lang mit. In der Folge begann der Run auf fruchtbare, ertragreiche Flächen. Landgrabbing wurde zum Mittel der Wahl, also wörtlich das Greifen nach Land – per

Pacht oder Kauf. Dabei sichern sich ausländische Großkonzerne, Staaten und Spekulanten die fruchtbarsten Böden. Agrarflächen, die eigentlich dringend vor Ort gebraucht würden, um die Bevölkerung zu ernähren.

Der Kontinent Afrika ist praktisch ausverkauft. Laut Weltbank befinden sich dort rund zwei Drittel aller weltweit veräußerten Flächen. Nirgendwo sonst wurde so viel Land ver- und gekauft. Land, das nun der Bevölkerung vor Ort fehlt. Betroffen sind davon unter anderem Mosambik, Somalia und Äthiopien. Zwar haben die Vereinten Nationen inzwischen Regeln aufgestellt, um dem Landgrabbing Einhalt zu gebieten, einen fairen Handel zu gewährleisten und den heimischen Bauern das Überleben zu sichern. Doch verbindlich sind diese Regeln bis heute nicht. Geflügel- und Rinderzüchter, Kleinbauern, Fischer – in den vergangenen Jahren haben dort Hunderttausende ihre Jobs verloren. Ohne Land keine Selbstversorgung, keine eigene Landwirtschaft, keine eigene Wirtschaft. Auch das ist ein Grund für Armut. Laut der Internationalen Arbeitsorganisation (ILO) hat die Armut zwar weltweit abgenommen, in Afrika gab es seit der Jahrtausendwende aber kaum Bewegung (siehe Abbildung 11, Seite 268).

So gibt es in Afrika zahllose ehemals von Einheimischen genutzte Agrarflächen, die nun als Spekulationsobjekte brach liegen oder im Auftrag von multinationalen Konzernen bebaut, genutzt und nicht selten verwüstet werden. Vor allem Asien mischt kräftig mit, daneben Indien, Nordamerika und der Mittlere Osten, aber auch Deutschland. Durch dieses Vorgehen wird aus wertvollem Ackerboden Biosprit für deutsche Autos. Oder ein lukratives Investment.

Die Online-Datenbank Land-Matrix[158] geht davon aus, dass

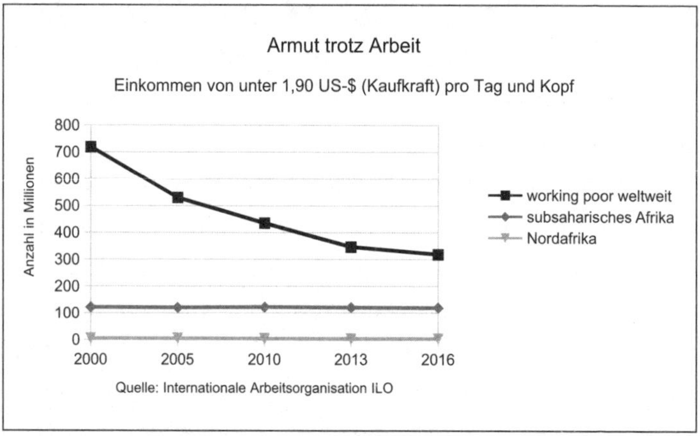


Abbildung 11: Armut trotz Arbeit

in den vergangenen Jahren rund 50 Millionen Hektar Ackerland in Afrika verkauft oder verpachtet wurden. Das ist eine Fläche eineinhalb Mal so groß wie Deutschland. Andere Organisationen gehen sogar vom bis zu Sechsfachen aus. Klare Sache: Kleinbauern und einheimische Pächter haben das Nachsehen. Sie haben keine Chance auf finanzielle Hilfen, geschweige denn auf Entschädigung für bis dahin gepachtetes und bebautes Land. Keine Chance auf Arbeit, weder in Eigenregie noch für den fremden Konzern, dem der Grund nun zusteht. Denn die heutige Agrarindustrie ist hochtechnisiert. Da wird ein Kleinbauer mit Ein-Rind-Antrieb nicht benötigt. Zu langsam. Zu teuer. Das können die eigenen Mitarbeiter aus dem eigenen Land besser, schneller, effizienter und günstiger.

Afrika, schreibt Amnesty International, werde so zur Kornkammer der restlichen Welt. Doch nicht nur das: Auf dem Ackerland werden mitnichten ausschließlich Lebensmittel angebaut. Auch die Blumen, die unsere Tische schmücken, kommen zum Teil vom afrikanischen Kontinent, vor allem Rosen – dass die noch in den Niederlanden per Hand gepflückt werden, ist ein etabliertes Gerücht. Besonders Kenia bietet ideale Bedingungen, mit nahezu konstant 32 Grad. Jede fünfte Rose kommt inzwischen vom afrikanischen Kontinent. Größter Abnehmer ist Deutschland.

So hat sich Afrikas Anteil an der weltweiten Blumenproduktion allein in den vergangenen fünfzehn Jahren verfünffacht. Doch so schön die endlosen Blumenbeete in Afrika auch anzusehen sind, so verheerend sind die Folgen vor Ort. Zum einen werden den Arbeitern Hungerlöhne bezahlt. Kenia hat eine Arbeitslosenquote von rund 40 Prozent. Zum Zweiten kommt Afrika zunehmend unter Druck. Denn inzwischen drücken noch billigere Länder auf den Markt, wie Äthiopien, Tansania, Malaysia. Es ist zu befürchten, dass am Ende ausgelaugte Flächen zurückbleiben. Denn Rosen benötigen Wasser. Viel Wasser. Ein Element, das dem Kontinent aber bekanntlich ohnehin fehlt.

## EPA: unfairer Freihandel

Und dann gibt es auch noch das Freihandelsabkommen zwischen der EU und mehreren afrikanischen Staaten: das europäische Wirtschaftspartnerschaftsabkommen, kurz EPA. Wie bei allen anderen Abkommen zogen auch bei EPA Wirtschaftsvertreter die Strippen. Fast zehn Jahre lang dauerten die Verhandlungen. Im Oktober 2016 war es dann so weit.[159/160] Seitdem haben Namibia, Botswana, Swasiland, Lesotho und zum Teil auch Südafrika zollfreien Zugang zum Binnenmarkt der

Europäischen Union. Später sollten weitere Länder dazukommen, darunter auch Mosambik.

Kenia wurde unter Androhung von Strafzöllen ebenfalls von den Vorteilen »überzeugt«. Denn nicht jeder wollte freiwillig mitmachen. Im Gegenteil. Freier Zugang zu den EU-Märkten, das hört sich zwar erst einmal gut an. Allerdings ist das Ganze verbunden mit dem Nachteil, dass die afrikanischen Länder nun ihrerseits ihre Märkte für europäische Waren öffnen und die Zölle beseitigen müssen, und zwar für fast 90 Prozent aller Produkte ihrer europäischen »Partner«. Die EU feierte sich dabei als besonders großzügig. Dabei hat die EU leider »vergessen«, dass es besonders arme Länder gibt, die von einem freien Marktzugang kaum profitieren, im Gegenzug aber ihren Markt öffnen müssen. Für nahezu alles und jeden aus der EU.

Hühnerfleisch und Hühnerfleischabfälle gehören beispielsweise zu den »Exportartikeln«. Das, was den deutschen oder europäischen Verbraucher nicht interessiert. Der Rest vom Brustfilet sozusagen. Laut Brot für die Welt (siehe Abbildung 12) steigen die Exporte seit Jahren stetig an. Nur 2017 gab es einen Rückgang. Grund waren Strafzölle auf Hühnerfleisch, die Südafrika verhängt hatte.

Dabei ist das EU-Hühnerfleisch in Afrika derart günstig, dass die Geflügelzüchter vor Ort keine Chance haben, weder auf dem Weltmarkt noch auf dem Frische-Markt in ihrer Heimat. Die gefrorenen Billigimporte kosten in der Regel nicht einmal die Hälfte der frisch gezüchteten Hühner.

Ein anderes Beispiel ist Secondhand-Kleidung – gesammelt in deutschen Kleidungscontainern für einen guten Zweck, denkt jedenfalls der Verbraucher. Tatsächlich aber zerstören die Klamottenberge unter anderem aus Deutschland die hei-

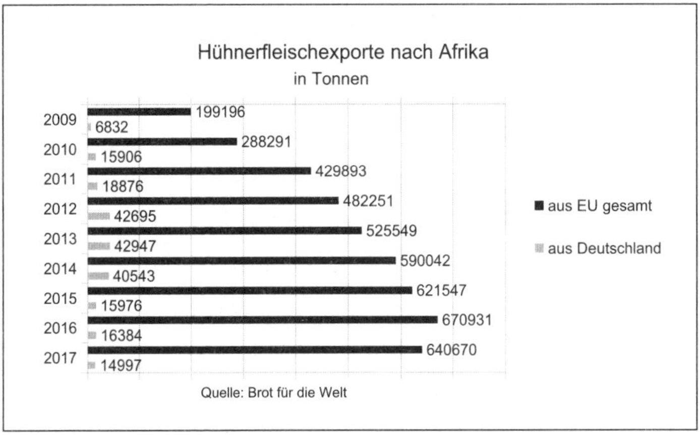


Abbildung 12: Hühnerfleischexporte nach Afrika

mische Textilwirtschaft. Weitere Exportschlager der EU: Müll für die Entsorgung. Laut Ökopol[161] landen jedes Jahr rund 150 000 Tonnen Elektroschrott in Afrika und Asien. Ghana ist inzwischen bekannt für eine der weltweit größten und giftigsten Müllhalden. Neben Müll überschwemmt auch Milchpulver von Nestlé den afrikanischen Markt und lässt den heimischen Milchbauern praktisch keine Chance. Tomatenmark aus Italien zerstört die Tomatenbauern. Importierte Pflanzenöle lassen keinen Platz für eigene Produktionen. Außer noch billiger produziertes Palmöl für Dieseltanks.

Schutzzölle wären laut EPA-Vertrag zwar möglich. Auch könnten Importgrenzen für bestimme Produkte festgelegt werden, um die heimische Wirtschaft zu schützen. Aber wer möchte es sich schon mit der EU verscherzen? Zumal Schutzmaßnahmen nicht dauerhaft eingeführt werden dürfen, sondern nach ein paar Jahren auslaufen müssen. Doch damit nicht genug. Die EU hat noch eine weitere Hürde eingebaut. Denn der freie Zugang zur EU ist den afrikanischen Produzenten nur dann garantiert, wenn es sich um Rohware handelt, also nicht verarbeitete Lebensmittel. Sprich, roher Kaffee und roher Kakao kommen zollfrei in die Union. Sobald eine afrikanische Rösterei ihren Job erledigt, verlangt die EU plötzlich 7,5 Prozent Aufschlag. Das ist logischerweise kaum konkurrenzfähig. Zumal es ohnehin ein ungleicher Kampf ist, denn die europäische Agrarindustrie wird von Brüssel mit Milliardensummen subventioniert. Mehr als 60 Milliarden Euro fließen jährlich in die Vieh- und Landwirtschaft. Allein Deutschland erhält pro Jahr rund 6,3 Milliarden Euro Agrarförderung. Die Folge: Die afrikanischen Staaten importieren inzwischen rund 80 Prozent ihrer Lebensmittel, schlichtweg weil sie nicht anders können.

Nach Definition der Weltbank gilt in Afrika als arm, wer täglich weniger zur Verfügung hat als 1,25 US-Dollar. Laut den SOS-Kinderdörfern ist ein Fünftel der Afrikaner unterernährt. Jedes dritte Kind leidet an Wachstumsstörungen. Nirgendwo sonst leben so viele so arme und unterernährte Menschen. Jedes fünfte Kind ab fünf Jahren muss arbeiten, um die Familie zu ernähren.

## Ressourcen: aufgeteilt unter den Mächtigen

Weltweit ziehen ein paar wenige Konzerne die Strippen, teilen die Welt unter sich auf. Die Schweizer Studie »Network of Global Corporate Control«[162] der Eidgenössischen Technischen Hochschule kam bereits 2011 zu dem Ergebnis, dass nicht einmal 150 Konzerne die Weltwirtschaft kontrollieren. Ganz genau sind es 147, vor allem Banken und Rentenfonds, darunter die US-Großbanken J. P. Morgan und Merrill Lynch, daneben die Allianz, Deutsche Bank, AXA, UBS. Ganz aktuelle Daten gibt es nicht. Wenn sich die Zahlen aber heute verändert haben sollten, dann sicherlich in Richtung noch mehr Konzentration. Tech-Konzerne wie Apple, Amazon, Google/Alphabet, Facebook, Alibaba standen schon zuvor teilweise auf der Schweizer Liste und haben inzwischen ganze Branchen umgekrempelt.

Zwar stießen die Forscher bei ihrer Suche zunächst auf mehr als 43 000 internationale Unternehmen, die am Weltmarkt agieren. Doch dann folgte die genaue Prüfung: Wie eigenständig sind die Unternehmen? Wie unabhängig werden Entscheidungen gefällt? Wie hart ist der Wettbewerb? Tatsächlich hingen bis zu zwanzig Unternehmen am Tropf eines Großkonzerns, als Tochterunternehmen oder Beteiligung. Noch deutlicher fällt die Konzentration bei den sogenannten Superkonzernen aus. Die 147 aufgeführten kontrollierten fast jedes zweite internationale Unternehmen. Hinter jedem Giganten steckten mindestens hundert weitere Töchter oder Beteiligungen – weltweit. Welche Folgen das hat, ist umstritten. Kritiker sehen keinen freien Wettbewerb mehr, sondern Abhängigkeiten bis hin zu einer Gefahr für die Demokratie. Denn wenn einige wenige die Macht in Händen halten, was passiert, wenn sie straucheln? Je vernetzter, desto höher das Ansteckungsrisiko, so die globalisierungskritische Bewegung Occupy.

Für die Unternehmen bedeutet Konzentration vor allem Effizienz. So können Synergien innerhalb des Systems genutzt werden, um Kosten zu sparen und so die Preise für Waren und Dienstleistungen zu diktieren. Konzentration bedeutet auch Größe und damit Marktmacht, die gegenüber Lieferanten und Zulieferern ausgespielt werden kann. Gleichzeitig bedeutet

Konzentration, die Konkurrenz auf Distanz zu halten oder per Übernahme vom Markt ganz verschwinden zu lassen. Für die Konzerne bietet Konzentration also zahlreiche Vorteile – allerdings auch nur, wenn die Organisation dahinter stimmt und Vorteile ausgespielt werden können. Aus Sicht der Konzerne und der Superkonzerne ist Konzentration also durchaus wünschenswert.

Weniger Freude darüber sollte der Rest der Welt zeigen. Denn Konzentration heißt immer auch Macht und Einfluss. Druck, der auf die Politik ausgeübt wird, Stichwort: »too big to fail«. Druck, der auf die Mitarbeiter ausgeübt wird. Preisdruck, der auf die Konkurrenz ausgeübt wird. Und Verbrauchern fehlt die Auswahl. Von freier Marktwirtschaft bleibt so wenig übrig. Auch wenn auf vielen Feldern scheinbar Wettbewerb herrscht, ist das eben nur scheinbarer Wettbewerb.

Eine Branche, in der zunehmend scheinbarer Wettbewerb besteht, ist die sogenannte Agrochemie. Denn ein paar Weltkonzerne beherrschen inzwischen unseren Lebensmittelmarkt. Sie bestimmen, was auf den Tisch kommt. Dabei geht es den Topmanagern an der Spitze nicht darum, was am besten schmeckt oder nachhaltig produziert werden kann, sondern was den meisten Profit abwirft.

## Unser Essen aus dem Chemielabor

Immer mehr unserer Lebensmittel kommen nicht mehr aus der Natur, sondern aus dem Chemielabor. »Agrochemie« heißt das Zauberwort. Die Hälfte der weltweiten Lebensmittelproduktion ist in den Händen von ein paar Chemiekonzernen. DowDu-

Pont, ChemChina, der 2017 den Schweizer Syngenta-Konzern übernommen hat, und Bayer/Monsanto. Der deutsche Chemiekonzern Bayer hatte 2018 grünes Licht der EU-Kommission für die Übernahme des amerikanischen Saatgut-, Düngemittel-, Pestizidgiganten Monsanto erhalten.

Das Geschäftsmodell ist schnell erklärt: Die Konzerne stimmen die eigenen, oftmals genmanipulierten Saaten, Pestizide und Düngemittel so aufeinander ab, dass Landwirte praktisch nichts anderes mehr nutzen können, sobald sie sich für eines der Produkte entschieden haben, ganz nach dem Motto: »Alles oder nichts!« So töten bestimmte Pestizide jedes Leben ab – abgesehen von den Pflanzen aus dem eigenen Saatgut. Das spart Geld bei der Unkrautvernichtung. Gleichzeitig sorgen Düngemittel dafür, dass die eigene Saat perfekt versorgt wird. Auch das spart Geld, denn auf Ackerflächen können jahrelang dieselben Nutzpflanzen wachsen, ohne die Böden zwischendurch zu entlasten.

Die Schattenseiten sind die Knebelverträge, die inzwischen in der Branche üblich sind: Landwirte dürfen danach nicht – wie seit Jahrhunderten gang und gäbe – neue Saaten aus den alten Pflanzen gewinnen. Sie *müssen* den Konzernen jedes Mal neues Saatgut abkaufen, ebenso wie Pestizide und Düngemittel. Wer zuwider handelt und die Verträge bricht, landet nicht selten vor Gericht.

Seit Jahrzehnten haben die Chemiekonzerne auf diese Macht hingearbeitet. So besitzen Bayer/Monsanto, DuPont, ChemChina/Syngenta unzählige Patente auf Nutzpflanzen, etwa Getreide und Obst, aber auch viel Gemüse ist dabei wie Paprika, Salat, Blumenkohl, Brokkoli oder Tomaten. Zum Teil handelt es sich dabei um ganz gewöhnliche Züchtungen, die sich bewährt haben. Wer nun allerdings glaubt, dass die Konzerne die Pflanzen erhalten wollen, irrt gewaltig. Viele Saaten wurden bereits trotz Erfolgs aus dem Verkehr gezogen. Der Grund: Alte Züchtungen werfen in der Regel weniger Profit ab als neue. Deshalb werden die alten Saaten kurzerhand verboten – zumindest die, bei denen sich die Konzerne die Patente gesichert haben. Wer die Pflanzen dennoch nutzt, muss mit juristischen Konsequenzen rechnen.

Kritiker bemängeln dieses Geschäftsgebaren seit Jahren. Indem die großen Agrarkonzerne Sorten verbieten, heißt es, schreiben sie Landwirten praktisch vor, was angebaut und geerntet wird – und im Zuge dessen auch den Verbrauchern, was gekauft und gegessen wird und zu welchem Preis. Weltweit gibt es inzwischen mehrere Tausend Patentansprüche auf Grundnahrungspflanzen wie Soja, Mais, Weizen und Reis.

Besonders dreist war dabei jahrelang das Vorgehen der Konzerne bei Pflanzen, die praktisch seit Hunderten von Jahren unverändert in der Natur wuchsen. So analysierte DuPont in bestimmten Maispflanzen lediglich deren Ölgehalt, um später auf alle Maispflanzen ein Patent zu beantragen, die genau diesen Ölgehalt aufweisen. Ähnlich ging Monsanto bei bestimmten Sojasorten aus China vor. Dort analysierte der Konzern Gene und reichte dann ein Patent auf alle Sojapflanzen ein, die diese Gene in sich tragen. Laut Umweltschutzorganisation Greenpeace beherrschen beim Gemüse die großen Drei mindestens 50 Prozent des Markts, andere sprechen sogar von 95 Prozent. So gehört Monsanto inzwischen jedes vierte Gemüsepatent.

Erst seit ein paar Jahren ist das für Pflanzen aus konventioneller Zucht verboten. Auch der Bundestag schob 2013 einen Riegel vor, doch das Gesetz hatte Lücken. Allein 2015 hat das

Europäische Patentamt 167 Patente auf gentechnisch veränderte Organismen erteilt, 135 davon waren Nutzpflanzen. Der Trick der Konzerne: Mutationen. Sobald sich Pflanzen zufällig verändern, der Umgebung anpassen, vom Ursprung abweichen, schlägt die Stunde der Agrochemie und ihrer Patentflut. Denn dann weichen Pflanzen von ihrem ursprünglichen Bauplan ab und machen damit den Weg frei für ein Patent.

Stellt sich die Frage, warum die EU-Kommission angesichts dieses Hintergrunds eine Übernahme von Monsanto durch Bayer überhaupt genehmigt hat. Schließlich führt das doch logischerweise zu noch mehr Marktmacht der Großen und noch mehr Konzentration auf dem Lebensmittelmarkt. Das ist schnell erklärt: Brüssel kümmert sich nur darum, dass der Wettbewerb funktioniert. Das heißt: Sind genug große Konzerne am Markt, die sich gegenseitig Konkurrenz machen, damit kein Monopol entsteht? Das ist die entscheidende Hürde. Nach der Prüfung musste Bayer zwar ein paar Bereiche verkaufen, das war aber durchaus verkraftbar. Wer die Sparten übernommen hat? BASF. Hurra, wieder ein Chemieunternehmen! Dann bleibt ja alles gewissermaßen »in der Familie«, denn die nächste Übernahme oder Fusion kommt bestimmt.

## Glyphosat: ein Milliardendeal

Monsanto, der amerikanische Chemiekonzern, gilt als eines der umstrittensten Unternehmen weltweit. Vor allem das meistgenutzte Pestizid der Welt, Glyphosat, hat maßgeblich zu seinem schlechten Ruf beigetragen. Glyphosat tötet praktisch alles Grüne, was mit dem Mittel benetzt wird. Die Landwirtschaft schätzt es aber vor allem, weil es billig ist – und weil es angeblich keine Alternative gibt. Allein in Deutschland werden 40 Prozent der Ackerflächen mit Glyphosat bearbeitet. Doch Glyphosat steht nun mal leider im Verdacht, krebserregend zu sein. Das hatten Studien dem Mittel des Chemieriesen attestiert – unter anderem die internationale Krebsforschungsagentur IARC, die zur Weltgesundheitsorganisation (WHO) gehört.[163] Andere Untersuchungen entlasteten das Sprühmittel, darunter das deutsche Bundesinstitut für Risikobewertung, dem aber eine gewisse Nähe zur Landwirtschaft nachgesagt wird. Inzwischen sind in mehreren Ländern Hunderte Klagen anhängig, so etwa in den USA und Argentinien. Dabei ist das Gerangel um Glyphosat ein Paradebeispiel für ein Verfahren, bei dem die Sorgen, Ängste und Bedenken der Verbraucher und der Wissenschaft auf der Strecke bleiben.

Eigentlich ist das Verfahren in der Verordnung (EG) 1107/2009 des Europäischen Parlaments und des Rates über das Inverkehrbringen von Pflanzenschutzmitteln klar geregelt. Dort heißt es:

> »Insbesondere sollte bei Erteilung einer Zulassung für Pflanzenschutzmittel das Ziel, die Gesundheit von Mensch und Tier sowie die Umwelt zu schützen, Vorrang haben vor dem Ziel, die Pflanzenproduktion zu verbessern. Daher sollte, bevor ein Pflanzenschutzmittel in Verkehr gebracht wird, nachgewiesen werden, dass es [...] keine schädlichen Auswirkungen auf die Gesundheit von Menschen, [...] Tieren sowie keine unzulässigen Folgen für die Umwelt hat.«

Bei Glyphosat ist das allerdings anders. Denn in unregelmäßigen Abständen lief die Zulassung aus. Jahrelang wurden neue Fristen gesetzt, um das Pestizid überhaupt noch benutzen zu dürfen. Mal zwei, mal drei, mal fünf Jahre. Als es zur entscheidenden Abstimmung im EU-Parlament kam, wollte sich Deutschland eigentlich enthalten, zumal die Regierungsparteien von Union und SPD uneins waren. CSU-Agrarminister Christian Schmidt wagte den Alleingang und gab trotz aller Querelen grünes Licht. Ein Affront! Politische Konsequenzen hatte Schmidts eigenmächtiges Handeln dennoch nicht.

Für den Chemiekonzern Bayer-Monsanto geht das lukrative Geschäft weiter. Auch weil alternative Methoden durch die Glyphosat-Zulassung einen herben Dämpfer erlitten haben. So wird in Italien beispielsweise derzeit ein Mittel entwickelt, das aus Disteln gewonnen wird. Der Hersteller ist Novamont, ein Unternehmen, das sich einen Namen mit Biokunststoffen gemacht hat. Für das »Distel-Glyphosat« gibt es sogar schon Zulassungen – in Österreich, Frankreich, Italien. Es soll umweltschonend und ökologisch sein.

Allerdings sorgt das Hickhack in Brüssel um Glyphosat für Unsicherheit bei potenziellen Investoren. Das bedeutet: Wenn sich auf EU-Ebene nichts ändert, dürfte das alternative Mittel zwar Anwendung finden, aber auf dem Weltmarkt nahezu chancenlos sein gegen die umstrittene Konkurrenz, hinter der zwei der stärksten und mindestens einer der skrupellosesten Chemiekonzerne weltweit stehen.

Skrupellos ist auch das Stichwort für eine weitere Facette der Agrarchemie. Ein Produkt, das den Weltmarkt erobert hat. Weil es billig ist und die negativen Folgen des Anbaus hierzulande weder spür- noch sichtbar sind.

## Palmöl geht immer

Palmöl ist praktisch überall enthalten; im Supermarkt in jedem zweiten Produkt, etwa in Pizza, Margarine, Schokoladencreme, Waschmittel oder Kosmetika. Der Grund: Palmöl ist billig. Andere Öle, etwa Kokosöl, kosten mehr als das Doppelte, denn für Kokosöl oder Sojaöl wird deutlich mehr Boden benötigt als für Palmöl. Daher wird seit Jahren der Regenwald gerodet, denn die Palmölpflanzen wachsen nur dort, auf dem Boden des Regenwaldes. In Indonesien wurde dafür bereits eine Fläche zerstört, die etwa halb so groß ist wie Deutschland.

Für Indonesien ist das ein lukratives Geschäft. Das Land ist der weltgrößte Palmölproduzent. Allein in die EU fließt jährlich Palmöl im Wert von 2 Milliarden Dollar. Produzenten und Abnehmer interessiert dabei herzlich wenig, wie die Anbaugebiete danach aussehen. Dort, wo vorher Regenwald stand, wachsen jetzt riesige Monokulturen – mit Pestiziden geschützte Palmölplantagen bis zum Horizont und darüber hinaus. Was Umweltschützer besonders kritisieren, ist, dass rund die Hälfte des Palmöls in Autotanks landet, als Öko-Beimischung, besser bekannt als Biosprit.

Doch nun wächst auch auf EU-Ebene der Widerstand gegen diese Praxis. Spätestens 2021 soll damit Schluss sein. Zudem fordert die EU, allen voran Deutschland, dass Indonesien sein Palmöl nachhaltig produziert. Ein Freihandelsabkommen liegt deshalb seit Jahren auf Eis. Das hört sich vordergründig zwar alles ganz gut an, ist es aber nicht. Denn die Zertifikate, die zur Diskussion stehen, wie ISCC (International Sustainability and Carbon, 2006 entwickelt von Landwirten, Händlern und Nichtregierungsorganisationen) und RSPO (Roundtable and Sustainable Palm Oil, 2004 gegründet vom Umweltschutzverband WWF), sind – freundlich ausgedrückt – umstritten.[164] Kritiker sprechen von Feigenblättern, also besser als nichts, aber eigentlich nicht mal das.

Hinter dem RSPO-Label verbirgt sich der »Runde Tisch für nachhaltiges Palmöl«. Mitbegründer ist der Nahrungsmittelkonzern Unilever, ausgerechnet der vermutlich größte Verwender von Palmöl. Der global agierende Konzern beeinflusst nun also maßgeblich die Kriterien mit, anhand derer das Label vergeben wird. Ein Label, mit dem sich der Konzern am Ende sogar selbst schmückt. Vereinbarungen für das gute Gewissen und für die Verkaufsregale, nicht für die Natur. Keines der Zertifikate hat in der Vergangenheit dazu geführt, dass Regenwälder verschont wurden. Für einige Teile Indonesiens ist es noch nicht zu spät. Noch könnte die EU verhindern, dass noch mehr indigene Bevölkerung vertrieben wird und Orang-Utans und Tiger ihren Lebensraum einbüßen. Das wäre auch zwingend angeraten. Doch die Industrieländer haben sich derart vom Palmöl abhängig gemacht, dass es praktisch kein Entrinnen mehr gibt.

Die Umweltschutzorganisation WWF hat in einer Studie untersucht, was wäre, wenn in Deutschland kein Palmöl mehr verwendet würde.[165] Was würde die Umstellung auf andere Öle für die Natur bedeuten? Die ernüchternden Ergebnisse sind in der Studie »Auf der Ölspur« zusammengefasst. Der Ölbedarf ist in den Industrieländern inzwischen derart hoch, dass eine Umstellung auf Kokos- und Sojaöle verheerende Folgen hätte, für die Flächen, die Tier- und Pflanzenwelt, die Treibhausgasemissionen. Demnach verbraucht Deutschland pro Jahr rund 1,8 Millionen Tonnen Palmöl, das sind etwa 3 Prozent der weltweiten Produktion. Davon landen etwa 40 Prozent des Palmöls im Biodiesel, 40 Prozent wandern in Lebensmittel, 17 Prozent verwendet die Pharma- und Chemiebranche. Der Rest wird in der Massentierhaltung eingesetzt.

Angesichts der Schäden in den Produzentenländern wird der Ruf nach Ersatz laut: Kokos, Soja, Raps oder Sonnenblume. Das ist aber nicht möglich, weil diese Pflanzen noch mehr Platz benötigen und die Produktion dadurch deutlich teurer würde. Während die letztgenannten Pflanzen rund 0,7 Tonnen Öl pro Hektar an Ertrag bringen, lassen sich aus Palmölplantagen 3,3 Tonnen pro Hektar gewinnen.

Wie also lautet die Antwort der Industrie? Einschränken? Alternativen suchen? Vor Ort besser kontrollieren? Gefährliche Pestizide ächten? Nichts dergleichen, es läuft alles weiter wie bisher. Denn die Nachfrage steigt ja sogar noch, ohne ernsthafte Rücksicht auf die Folgen. Dabei gäbe es entsprechende Initiativen, die sich dafür einsetzen, dass am Ende der Produktion keine leblose Wüste übrig bleibt. Die Palm Oil Innovators Group gehört dazu.

Stattdessen wird produziert wie eh und je. Hier das Palmöl auf den Böden des ehemaligen Regenwalds, dort die zahllosen nützlichen und unnützen Produkte in den Industrieländern. Dabei ist Palmöl nicht nur aus Umwelt-, sondern auch aus gesundheitlicher Sicht höchst umstritten. Innerhalb der EU wurde bereits 2016 davor gewarnt. Zuständig ist die Europäische Behörde für Lebensmittelsicherheit, kurz EFSA. Im Fokus stand dabei GE Glycidyl-Fettsäureester. Laut EFSA kann dieser Schadstoff das Erbgut schädigen und steht im Verdacht, krebserregend zu sein. EFSA und die Lebensmittelbehörde der Vereinten Nationen sind sich zwar darüber einig, dass GE gefährlich ist. Auf einen Grenzwert konnten sich die Behörden allerdings nicht einigen. Das gelang nur bei einem anderen Schadstoff: 3-Monochlorpropandiol, kurz 3-MCPD.

Bei diesem Stoff, der als organschädigend gilt, konnte die ganze Absurdität des Systems beobachtet werden. Die europäische Behörde für Lebensmittelsicherheit legte mit Blick auf Säuglinge einen Grenzwert von täglich maximal 0,8 Mikrogramm pro Kilogramm Körpergewicht fest. Dann griff die Lebensmittelbehörde der Vereinten Nationen ein und berechnete, dass der Wert durchaus deutlich höher liegen dürfe. Und was tat die europäische Behörde? Die EFSA passt ihren Wert natürlich dem höheren an. Ab sofort hält also auch die EFSA die tägliche Aufnahme von bis zu 2,0 Mikrogramm 3-MCPD pro Kilogramm Körpergewicht für unbedenklich. Also das Zweieinhalbfache der vorherigen Schwelle. Begründung? Fehlanzeige.

## Marktmacht schlägt Moral

Die Menschenrechtsorganisation Amnesty International prangerte in einem ihrer letzten Jahresberichte die Lage in China an. Dort würden Menschenrechtler und Aktivisten observiert, eingeschüchtert, drangsaliert, inhaftiert. Verleger, Buchhändler und Journalisten seien verschwunden. Die Überwachung des Internets sei verschärft worden, auch die anderer Massenmedien. Religiöse Aktivitäten und das Leben an Hochschulen seien eingeschränkt. Von Unterdrückung, Verdacht auf Folter, Gesetzesmissbrauch war die Rede. Dramatisch, aber beileibe nicht neu.

Doch für deutsche Konzerne ist die Menschenrechtslage in dem kommunistischen Land scheinbar zweitrangig. Schließlich ist China inzwischen für viele Unternehmen der wichtigste Markt, für die deutschen Autobauer etwa. Wie wichtig China für die deutschen Autohersteller ist, wurde unter anderem bei der Jahrespressekonferenz des Daimler-Konzerns deutlich. Der Vorstandsvorsitzende Dieter Zetsche vermeldete Rekordergebnisse. Niemals zuvor hatte der Konzern so viele Autos verkauft wie im Jahr 2017. Beim Gewinn ein Plus von 14 Prozent. »Ein entscheidender Grund dafür ist unser Erfolg in China«, erklärte Zetsche sichtlich zufrieden. China ist für Daimler ein Wachstumsmotor. Binnen eines Jahres stieg der Absatz um 30 Prozent, und ein Ende des Booms ist nicht in Sicht. Inzwischen rollt fast jedes vierte Auto nach China oder wird gleich vor Ort produziert. Zetsche weiter: »Wir haben unsere Produkte auf die dortigen Anforderungen zugeschnitten, die lokale Produktion massiv ausgebaut und den Vertrieb optimiert.«

Doch was er auf der Bilanzpressekonferenz so verkaufte, als seien es freiwillige Schritte, geschieht in Wirklichkeit in der Regel auf Druck der örtlichen Behörden und der Führung in Peking. Der Schlüssel zum chinesischen Markt ist Know-how. Nach dem Motto: »Gib uns dein Wissen preis, oder bleib draußen.«

China wird in naher Zukunft die USA als größter Player der Weltwirtschaft ablösen. Dessen ist sich das Land der Mitte durchaus bewusst und spielt seine Position gezielt aus, wirtschaftlich ebenso wie politisch. Und die Konzerne lassen es geschehen. Mit Blick auf die Bilanzen und die enorme Bedeutung des Absatzmarktes China werden beide Augen zugedrückt, sowohl beim eigenen Know-how wie auch beim Thema Menschenrechte. Um Gewinne und Umsatz zu sichern, ist inzwischen offenbar jedes Mittel recht. Zur Not macht man eben auch den Bückling vor der Führung in Peking.

Wie tief das deutsche Rückgrat gebeugt wird, wurde deutlich, als Daimler-Chef Dieter Zetsche sich eiligst für ein Zitat des Dalai-Lama entschuldigte, das auf Instagram gepostet worden war. Das Unternehmen aus Stuttgart schrieb dazu: »Wir werden uns bemühen, Chinas Kultur und seine Werte besser kennenzulernen. Und so unser Verhalten den Normen anzupassen.«[166] Die Aufregung über die Entschuldigung aus Stuttgart war groß, allerdings mehr in der Politik als in der Wirtschaft und der Wissenschaft. Denn dort ist längst klar: Die devote Haltung gegenüber Peking wird in den kommenden Jahren dramatisch zunehmen. Bereits im vergangenen Jahr war China der wichtigste Handelspartner Deutschlands, gefolgt von den Niederlanden und den USA.

Dass der Sog Richtung China anhalten wird, liegt auch an US-Präsident Donald Trump. Dessen Verhängung von Strafzöllen im Zuge seiner America-first-Politik treibt Deutschland und andere Länder geradezu in die Arme asiatischer Staaten. Auch wenn zwischenzeitlich von einer Entspannung die Rede war. Länder wie China nehmen dankend an. Waren chinesische Investoren in den vergangenen Jahren verstärkt in Europa auf Einkaufstour, um Unternehmen vor allem aus dem Hightech-Bereich zu übernehmen, kommen die Firmen jetzt verstärkt ins Land der aufgehenden Sonne und der untergehenden Menschenrechte.

Auch die Hotelkette Marriott, die Fluggesellschaft Delta Airlines und der Modekonzern Zara bekamen zu spüren, was es bedeutet, sich mit der Führung in China anzulegen.[167] Die Unternehmen hatten es gewagt, auf ihren Landkarten Taiwan und Tibet als eigenständige Länder aufzuführen. Die Kritik aus Peking kam prompt und war unmissverständlich. Ebenso prompt löschten die angemahnten Unternehmen ihre Landkarten von den Webseiten. Es folgte die obligatorische Entschuldigung. Von einem »schweren Fehler« war die Rede. Dabei gilt ganz offensichtlich: Je unterwürfiger, möglichst im vorauseilenden Gehorsam, desto geringer die Repressalien aus Peking und desto größer die Chance, dass Umsatz und Gewinn nicht leiden. Denn China schreckt auch vor Boykottaufrufen nicht zurück.

Dass deutsche Verbraucher schockiert sein und ihren vertrauten Heimatkonzernen auch mal die kalte Schulter zeigen könnten, kalkulieren die Manager dabei längst ein. Fakt ist jedoch: Im Vergleich zu China ist der europäische Kunde hübsches Beiwerk. Ralf Wrobel, Chinaexperte und Professor für Volkswirtschaftslehre in Zwickau, bringt es auf den Punkt.[168]

> »Dann geht man lieber davon aus, dass man zwei oder drei Autos weniger in Deutschland verkauft. Wenn zum Beispiel ein deutscher Konsument sagt, das ist ja unmöglich, wie die sich verhalten. Der Konzern verkauft dafür aber 100 000 Autos mehr in China. Das ist ein guter Deal.«

Ein guter Deal ist China auch für Volkswagen. Dort hat der Konzern 2017 so viele Autos verkauft wie noch nie, fast 3,2 Millionen. Das entspricht einem Plus von rund 6 Prozent. Dieselskandal oder Abgasaffäre sind im Reich der Mitte kein Thema. Zwar setzt die Führung in Peking zunehmend auf Elektro- und Hybridautos, also einem Mix aus Elektro- und Verbrennungsmotor. Doch der Anteil ist mit knapp 2 Prozent der verkauften Autos noch klein. Und was liegt für Volkswagen näher, als gleich mehrere Fabriken in China aufzubauen? Allerdings nicht nur, um den dortigen Markt mit neuen Autos zu versorgen, sondern China soll zum neuen Drehkreuz im asiatischen Raum werden, von wo aus Volkswagen die halbe Welt beliefern will, vor allem die Schwellenländer Südostasiens. Die Philippinen und Thailand gelten als Ziele. China wird so auch strategisch immer wichtiger. Trotz der prekären Menschenrechtslage.

Müssten sich Konzernchefs nicht die Frage stellen, welche Standards bei der Produktion im Ausland gelten sollen? Welche Arbeitsbedingungen noch akzeptabel sind? Dabei soll noch gar nicht die Bezahlung im Fokus stehen, die natürlich den örtlichen Lebensverhältnissen angepasst werden muss. Nein, es geht um Sozialstandards. Krankenversicherung, Verpflegung, Urlaub, Arbeitszeit, Unterbringung. Rechtlich sicherlich mit den örtlichen Behörden dealbar. Aber ist es deshalb auch moralisch in Ordnung? Wenn etwa Kleinkinder arbeiten?

## Rohstoffe: Kinderarbeit für unsere E-Autos

Die Produktion von E-Autos dürfte künftig schnell an ihre Grenzen stoßen. Den Flaschenhals bilden die Rohstoffe, die für die Produktion benötigt werden, vor allem für die Akkus. Dazu benötigt die Industrie unter anderem Grafit, Lithium und Kobalt. Weltweit hat ein Run auf diese Rohstoffe begonnen, und die Chinesen haben dabei ganz klar die Nase vorn. Deutsche Autobauer geraten im Zuge dessen zunehmend in eine gefährliche Abhängigkeit.

Zuletzt sicherte sich ein chinesisches Unternehmen einen großen Teil der weltweiten Kobaltvorkommen. Ziel war auch diesmal Afrika. Reich an Rohstoffen, aber arm, weil ausgebeutet und unterlegen, wenn es in die Verhandlungen mit Regierungen, Konzernen und Anwälten geht. Auch weil afrikanische Despoten nur darauf abzielen, persönlich möglichst schnell viel Geld zu machen. Was aus ihrem Land und den Menschen wird, spielt für sie ganz offensichtlich keine Rolle. Und die Geschäftspartner fahren ja auch gut damit. Insofern hinterfragen Konzerne auch selten, wo genau was herkommt und unter welchen Bedingungen es gefördert wird. Stichwort: Kobalt.[169]

Das meiste Kobalt stammt aus dem Kongo, geschätzt über 60 Prozent der weltweiten Vorkommen. Allerdings sitzen bei den Verhandlungen über Förderung und Lieferung immer seltener Afrikaner mit am Tisch, denn die Rechte sind längst an multinationale Konzerne verkauft. Ein großer Player im Markt ist Glencore, ein Rohstoffkonzern aus der Schweiz, der unter anderem Volkswagen, Tesla und Apple beliefert. Und so saßen sich auch Anfang 2018 der chinesische Batterieproduzent und Batteriezulieferer GEM, der unter anderem mit Rohstoffen und Chemikalien handelt, und Glencore gegenüber. Am Ende einigten sich beide Seiten auf einen Drei-Jahres-Vertrag und einen massiven Ausbau der Kobaltförderung. Glencore erhält so weitere Milliarden, der afrikanische Staat praktisch nichts, und die Chinesen bleiben auf Dauer ein wichtiges Glied in der Produktionskette für die weltweite E-Mobilität. Auch für deutsche Autobauer. An chinesischen Unternehmen geht in diesem Schlüsselbereich inzwischen kaum noch ein Weg vorbei.

Erst wenige Tage vor dem Deal hatte Volkswagen einen Milliardenvertrag mit mehreren asiatischen Batteriebauern geschlossen, unter anderem mit CATL, der von GEM beliefert wird. Der Haken an den Deals: Kobalt wird in vielen Minen, unter anderem im Kongo, unter menschenverachtenden Bedingungen abgebaut. Auch Kinder werden dort ausgebeutet. In engen, tiefen, ungesicherten Stollen riskieren sie ihr Leben, sagt Amnesty International.[170] Die Menschenrechtsorganisation erhebt seit Jahren derartige Vorwürfe – auch gegen große deutsche Konzerne wie Daimler, BMW und Volkswagen. Zudem geraten immer wieder Apple und Samsung wegen ihrer Smartphone-Produktion ins Visier. Entsprechende Berichte mit Blick auf Zentralafrika legte Amnesty International bereits mehrfach vor. Unter anderem bei Sky News[171] waren Filmaufnahmen aus einer Kobaltmine im Kongo zu sehen. Dort musste ein achtjähriger Junge im Regen schwere Säcke voller Erde tragen. Herumkommandiert. Offenbar ohne Eltern. Und fast ohne Kleidung. Auch andere Kinder waren in der Mine zu sehen, laut dem Bericht zum Teil erst vier Jahre alt. Auch sie mussten angeblich bis zu acht Stunden pro Tag schuften. Und das unter erbärmlichen Bedingungen, um Kobalt zu fördern – für die Smartphone- und E-Auto-Industrie, vor allem für chinesische und amerikanische Konzerne. Die interessiert es ganz offensichtlich wenig, woher das dringend benötigte Kobalt stammt und wie es gewonnen wird. Hauptsache, es steht in ausreichenden Mengen zur Verfügung.

## Konzerne zucken nur mit den Schultern

Auch wenn nicht überprüft werden kann, ob die Aufnahmen echt sind: Auf derart verstörende Bilder wie im Bericht bei Sky News reagieren die großen Konzerne in der Regel mit Schulterzucken. Es sei schwierig zu sagen, ob es eine Mine sei, aus der man das Kobalt beziehe, hieß es unter anderem. Zwar haben einige Unternehmen Regeln für die Rohstoffgewinnung vor Ort erlassen, für den Umgang mit Mitarbeitern. Auch Kinderarbeit ist verboten. Aber allgemeingültige staatliche Vorgaben gibt es nicht. Meist fehlt es ohnehin an ausreichender Kontrolle vor Ort, klagen viele Nichtregierungsorganisationen. Kritiker unterstellen deshalb, sämtliche Vorgaben der Konzerne dienten vor allem einem Zweck: sich aus der Verantwortung zu stehlen.

Amnesty International untersuchte im Jahr 2017 die Lieferketten für 29 Unternehmen.[172] Das Ergebnis: Bei keiner einzigen Lieferkette konnten sämtliche Schritte nachvollzogen werden. Besonders schlecht schnitten Volkswagen und Daimler ab. »Erhebliche Mängel« attestierte Amnesty International den Konzernen aus Stuttgart und Wolfsburg. Etwas besser kam BMW weg. Die Münchner erhielten das Label »deutliche Mängel«. Anders ausgedrückt: Trotz aller Beteuerungen der Unternehmen kann kein Kunde ausschließen, dass er mit dem Kauf seines Smartphones, seines Akkus oder seines Elektroautos nicht auch Kinderarbeit und moderne Sklaverei in Afrika fördert.

Aber was soll der Kunde auch tun? Nachfragen wäre eine Möglichkeit. Doch was tun, wenn man eine ehrliche Antwort erhält? Verzichten? Trotzdem kaufen, dann aber mit schlechtem Gewissen? Oder auf Hersteller umswitchen, die »garantiert« auf entsprechende Methoden verzichten – sofern es diese Hersteller überhaupt gibt? Die betroffenen Unternehmen stecken jedenfalls in einem Dilemma, denn die Rohstoffe werden dringend gebraucht und lassen sich eben nicht einfach woanders besorgen, zumindest vorerst nicht. Dennoch haben die Unternehmen die moralische Pflicht, die Produktionsstätten vor Ort auf Missstände zu überprüfen und diese notfalls abzustellen – und zwar ohne den Verbraucher zur Kasse zu bitten. Der Verzicht auf Kinderarbeit ist eine Selbstverständlichkeit, selbst dann, wenn er zulasten der Konzerngewinne geht.

## Jemand zahlt den Preis: Zwangsarbeiter, Häftlinge, billige Arbeitskräfte

Billige Lebensmittel, Kleidung zum Schnäppchenpreis, Wegwerfartikel, der erbitterte Konkurrenzkampf der Konzerne um Marktanteile, die Globalisierung, der Verdrängungswettbewerb an allen Fronten – all das kostet. Allerdings weniger den Verbraucher an der Kasse, sondern vielmehr die Umwelt, die Natur, die Tiere, die Pflanzen. Vor allem aber zahllose Menschen in der Produktionskette davor und in der Entsorgungskette danach. Der Baumwollpflücker, der seinen Kindern keine Schule bezahlen kann. Der Färber am offenen Chemiebottich, dessen Lunge über die Jahre hinweg verätzt wird. Die Näherin, die bis zu 90 Stunden pro Woche in vergitterten Bauruinen im Akkord arbeitet.

Immer wieder gerät auch hier China in den Fokus. Das Land gilt noch immer als eine der billigsten Produktionsstätten weltweit. Zudem ist der chinesische Markt riesig. Menschenrechte sind zumindest nicht von oberster Priorität und werden vor allem dann thematisiert, wenn es mal wieder ein Bericht von Betroffenen oder Insidern über die Landesgrenzen geschafft hat.

Wie 2018 die Erfahrungen eines britischen Privatdetektivs, der fast zwei Jahre lang in einen chinesischen Knast gesteckt wurde. Dort will er gesehen haben, wie Häftlinge für große europäische Handelsketten Verpackungen produzieren mussten. Laut den Informationen der britischen *Financial Times* schufteten die Häftlinge unter anderem für 3M, den deutsch-belgischen Bekleidungsproduzenten C&A und den schwedischen Modekonzern H&M.[173] Einen Lohn von 15 Euro monatlich soll es für die Tätigkeit fast rund um die Uhr gegeben haben. C&A kündigte daraufhin eine Untersuchung an mit den Worten: »Wir [...] werden versuchen, mehr Informationen über den Fall zu recherchieren.« H&M erklärte, die Herstellung in Gefängnisse zu verlegen, sei »komplett inakzeptabel«.

Das Besondere an dem Fall ist, dass gerade H&M und C&A zwei der Hersteller sind, die im sogenannten Mode-Transparenz-Index Hunderte Produktionsstätten in China aufführen, um für mehr Transparenz zu sorgen. C&A wurde unlängst mit dem Stop Slavery Award der Thomson Reuters Foundation ausgezeichnet, einem Nachhaltigkeitspreis, mit dem Unternehmen prämiert werden, die sich für bessere Arbeitsbedingungen in ihrer Produktionskette einsetzen und gegen Missstände vorgehen. Doch der Fall des Privatdetektivs aus China zeigt deutlich, dass Transparenz ihre Grenzen hat.

Zwangsarbeit in chinesischen Gefängnissen gilt seit 2013 offiziell als abgeschafft. Dennoch gehen Organisationen wie die Laogai Research Foundation von Millionen Zwangsarbeitern in China aus. Dabei gibt es noch nicht einmal konkrete Angaben über die Zahl der Gefängnisse, sondern nur Schätzungen. Demnach sitzen in China derzeit rund 1,6 Millionen Gefangene ein. Die Häftlinge in den sogenannten »schwarzen Gefängnissen« nicht mitgerechnet; Hunderte dieser geheimen Hafträume sollen im ganzen Land verteilt sein, in Hotels, verlassenen Gewerbegebäuden und Lagerstätten, meist um politische Gefangene zu drangsalieren. Dort wird aber nicht produziert. Das findet in den großen Haftanstalten statt. Denn trotz der offiziellen Abschaffung lautet vielerorts weiterhin die Devise »Kostenbeteiligung durch Zwangsarbeit«. Die Häftlinge finanzieren ihren Aufenthalt praktisch selbst. Zwar hat sich China auf die Fahnen geschrieben, bis 2025 das Image des Billigproduzenten abzustreifen und stattdessen zum Hightech-Standort und -Dienstleister zu werden. Das eine scheint das andere aber nicht auszuschließen.

Etwa die Hälfte der von Deutschland importierten Kleidung stammt aus China, der Rest kommt aus der Türkei, Bangladesch, Indonesien, Pakistan und Indien. Niedrigste Löhne, verdreckte Unterkünfte, fehlende medizinische Versorgung, gefährliches Arbeitsgerät, baufällige Produktionsstätten mit oftmals vergitterten Fenstern sind hier die Regel. Immer wieder endet das in Katastrophen. Ein dramatisches Beispiel ist der Einsturz einer Nähfabrik in Bangladesch 2013, bei dem über tausend Menschen ums Leben kamen. Hierzulande finden sich derartige Meldungen nur dann in den Schlagzeilen, wenn das Ausmaß immens oder große bekannte Label betroffen sind. Die vielen kleineren Dramen schaffen es meist nicht in die Öffentlichkeit. Gut für die Auftraggeber und die Stimmung ihrer Kunden. Denn dort, wo die Konzerne ihre Kunden haben, wäre das alles undenkbar. So aber profitieren nicht nur Billiglabel von der Situation, sondern auch etablierte Markenhersteller. Denn teure Kleidungsstücke werden in der Regel unter den gleichen Bedingungen produziert wie billige Hemden, Hosen oder Blusen. Oftmals wird vor Ort nur das Label ausgetauscht. Eventuell noch der Schnitt. Der Unterschied? Beim Markenhersteller ist die Gewinnmarge höher als beim Discounter, der vor allem an der Masse verdient. Mehr als die Hälfte des Verkaufspreises bleibt am Ende übrigens beim Einzelhändler hängen. Beim Discounter von 4 Euro rund 2,40 Euro, beim Markenlabel von 29 Euro rund 17 Euro. Davon müssen allerdings auch noch Mehrwertsteuer, Miete und Mitarbeiter bezahlt werden.

Wer am Ende wie viel in der gesamten Produktionskette erhält, hat die Fairway Foundation anhand eines 29-Euro-Shirts errechnet. Der Hersteller macht danach 3,61 Euro Gewinn, das Material kostet 3,40 Euro, der Transport 2,19 Euro. Hinzu kommen Zwischenhändler, Lieferanten und Fixkosten beim Produzenten. Für die Näherinnen bleiben nach dieser Rechnung gerade einmal 18 Cent übrig. Nicht pro Shirt, sondern pro Stunde! In vielen Ländern gibt es zwar einen vereinbarten Mindestlohn, dieser liegt allerdings oftmals ein Vielfaches unter dem, was als existenzsichernd angesehen werden kann. Teilweise beträgt der Mindestlohn gerade einmal ein Drittel des benötigten Einkommens. An Gewerkschaften ist in diesen Ländern nicht zu denken. Nach Recherchen der nichtstaatlichen Organisation Clean Clothes Campaign,[174] die sich für bessere Arbeitsbedingungen in der Bekleidungsindustrie einsetzt, liegt der Lohnanteil in der Regel maximal bei rund 2,6 Prozent des Verkaufspreises. Das sind Zahlen aus Pakistan und Bangladesch, doch in China dürfte die Bilanz ähnlich ausfallen. Allerdings betrifft das nur die offiziellen Produktionsstätten, nicht die beschriebenen Zwangsarbeiter in den chinesischen Gefängnissen. Dort dürfte die Lage noch um ein Vielfaches dramatischer sein.

Menschenrechtler halten den Bericht des britischen Detektivs jedenfalls für durchaus authentisch. Für ebenso wahrscheinlich gilt allerdings auch, dass die ganze Wahrheit niemals ans Licht kommen wird. Denn Menschenrechtsorganisationen bleibt der Zugang zu den Gefangenenlagern logischerweise verwehrt. Und die Behörden vor Ort sind ja nicht gerade für ihre Auskunftsfreude bekannt.

## Häftlingsarbeit im Auftrag deutscher Konzerne

64 000 Häftlinge gibt es in Deutschland. Doch viele sitzen nicht nur ein, sondern arbeiten auch, für den Staat und Großkonzerne, als Tischler, Lackierer, Schuhmacher, Werkzeugmechaniker, Dreher. Der Clou: Der Stundenlohn liegt lediglich bei 1 bis 3 Euro, ohne Sozialabgaben, ohne Rentenversicherung. Einige Haftanstalten werben damit sogar offensiv im Internet. Das ZDF-Magazin *Frontal 21* berichtete im Mai 2018 darüber.[175] Von diesem Lohndumping im Knast profitierten und profitieren demnach unter anderem Daimler, BMW, Aldi Nord, Aldi Süd, Gardena und Miele. Der Triebwerkshersteller MTU nutzt das Modell laut Bericht schon seit rund fünfzig Jahren. Die Devise: je länger die Haftstrafen, desto besser. Denn dann lohnt sich die Ausbildung der Gefangenen erst richtig. Zehn oder mehr Jahre für ein paar Euro die Stunde, ein Bruchteil des gesetzlichen Mindestlohns. Zur Freude der Konzerne und deren Anteilseigner.

Doch die negativen Folgen sind erheblich: Die Sträflinge haben keine Altersvorsorge und sind später in Freiheit auf Staatshilfe angewiesen, also Grundsicherung. Zudem haben mehrere Unternehmen bereits Mitarbeiter entlassen müssen, weil sie sonst gegen die staatlich gesteuerte Dumping-Konkurrenz hinter Gittern nicht mehr ankommen. Von Wettbewerbsverzerrung ist die Rede. Dennoch wird von der Politik an dem Modell wohl nicht gerüttelt. Denn auch die Bundesländer verdienen kräftig mit, schließlich bezahlen die Unternehmen für die Arbeit hinter Gittern: 168 Millionen Euro allein in 2017. Hauptprofiteure: Bayern, NRW, Baden-Württemberg, Niedersachsen.

Gefängnisinsassen wurden seit jeher mit und ohne Wissen der Konzerne eingespannt, um billig zu produzieren. Das ist an sich nicht neu. Davon profitierten Unternehmenslenker, darunter beispielsweise auch der 2018 verstorbene Ikea-Gründer Ingvar Kamprad. In den 1970er- und 1980er-Jahren mussten minderjährige politische Häftlinge in der DDR alles Mögliche herstellen: Möbel, Leuchten, Regale et cetera.[176] Um diese Vorwürfe aufzuarbeiten, hatte der Konzern vor wenigen Jahren eine Studie in Auftrag gegeben. Die ist zwar inzwischen fertiggestellt, wurde aber nie veröffentlicht. Nur so viel scheint festzustehen: Es gab schon damals Hinweise darauf, dass Inhaftierte für Ikea schuften mussten, auch von Journalisten. Aber der Konzern griff nicht ein.

## Nachhaltigkeit: Alle wollen, alle sprechen, kaum einer investiert

Nachhaltigkeit ist ein strapazierter Begriff, in der Wirtschaft ebenso wie an den Finanzmärkten. Nachhaltigkeit – was heißt das eigentlich, gerade bei der Geldanlage? Ja, ein paar Fonds und Finanzprodukte haben ein Gütesiegel. Was dahintersteckt: Anlegen mit Blick auf die großen Herausforderungen unserer Zeit, unter anderem Klimawandel, Kinderarbeit, Armutsbekämpfung oder Schaffung von Infrastruktur in wirtschaftlich schwachen Regionen, Ressourcenschonung, Müllvermeidung, fairer Handel und angemessene Löhne. Rund zwei Drittel der Anleger möchten das, aber nur wenige greifen zu.

> »Es ist ein Vorurteil, dass Nachhaltigkeit Rendite kostet. Es gibt nachhaltige Indizes, wie der Global Challenges Index, die innerhalb der vergangenen 10 Jahre besser abgeschnitten haben als der DAX, besser als der Eurostoxx, besser als der MSCI World. Nachhaltigkeit kann sich durchaus rechnen.«
>
> Vermögensberater Martin Nieswandt, Geneon AG

Dennoch fristen entsprechende Produkte meist einen Dornröschenschlaf. Laut Nieswandt vernachlässigt die Finanzbranche diesen Bereich stetig und trägt so dazu bei, dass in nachhaltige Anlagen vergleichsweise wenig investiert wird. Die Produkte werden einfach nicht angeboten, geschweige denn beworben. Sich mit dem Begriff Nachhaltigkeit schmücken ist gut, entsprechend zu investieren aber umständlich, erklärungsbedürftig, aufwendig, zeitraubend.

Allerdings muss auch klar sein: Die Ratingagenturen, die Unternehmen aufgrund eines Nachhaltigkeitskriterienkatalogs einstufen, suchen den »best of class«. Sprich: Auch die führenden Ratingagenturen in Deutschland wie Imug, Oekom Research und Südwind suchen die Besten der Branche – also keine Saubermänner mit blütenweißer Weste, sondern Unternehmen, die in möglichst vielen Bereichen rücksichtsvoller, fairer, ressourcenschonender, ethisch und moralisch vertretbarer agieren als die Konkurrenz. Entsprechend können auch Autohersteller, Kupferproduzenten, Reedereien oder Versorger mit Kohlekraftwerken unter den Ausgezeichneten sein, also nicht nur Windkraft, Biomasse und Solarstrom.

Für den Investor entsteht so ein Gefühl, ökologisch zu investieren, selbst wenn mit dem Investment Dreckschleudern und Klimasünder unterstützt werden. Eben nur etwas kleinere Dreckschleudern und Klimasünder als die Konkurrenz. Das ist ein fragwürdiges Geschäftsmodell. Entweder Kohle ist schädlich und kein Investment wert – oder nicht. Gutmensch sein, sich dadurch aber keine Chancen verbauen zu wollen, das passt offensichtlich nicht immer unter einen Hut. Muss es auch nicht. Dann aber bitte auch nicht versuchen. Auch mit Blick auf das nächste Thema.

## Größte Müllhalde der Erde: der Pazifik

Inseln im Meer haben etwas Wunderbares, Beruhigendes, Magisches. Ein Eiland, umgeben von klaren, grün-blauen Fluten. Darüber ein wolkenloser Himmel. Idyllisch! Es sei denn, die Inseln bestehen Bergen von Müll. Tonnenweise.

Müllinseln finden sich inzwischen in zahlreichen Regionen der Ozeane. Die Wissenschaft geht von mindestens sechs Gebieten aus. Möglicherweise gibt es noch ein siebtes in der Barentssee, zwischen Russland und Norwegen. Dort sammelt sich seit Jahrzehnten Plastikmüll. Meist Abfall aus aller Welt, der durch Winde und Strömungen zusammengetrieben wird. Das geschieht langsam, aber unaufhörlich. Fernab jeder Zivilisation – und damit fernab der Öffentlichkeit, die davon höchstens mal in den Medien etwas mitbekommt. Deshalb allerdings nicht weniger gefährlich und folgenreich. Vor allem auch weil mehr als die Hälfte der bunten Gefahr leichter ist als Wasser und deshalb direkt an der Oberfläche schwimmt, in Reichweite zahlreicher Tiere.

Einer der größten Müllteppiche, der Great Pacific Garbage Patch – ja, die Müllinseln haben mittlerweile tatsächlich schon Namen! –, befindet sich im Pazifik zwischen Nordamerika und Hawaii. Wie groß das Gebiet genau ist, weiß niemand, weil sich vieles unter Wasser abspielt und die Strömungen kein ganz genaues Bild zulassen. Neueste Studien der 2013 von einem niederländischen Studenten gegründeten Ocean Cleanup Foundation, über die zuerst das Fachblatt *Scientific Reports* berichtete, kommen aber zu dem Schluss, dass das Gebiet rund dreimal so groß ist wie Frankreich:[177] 1,6 Millionen Quadratkilometer. Über mehrere Monate waren die Forscher mit Schiffen und Flugzeugen unterwegs, erfassten das Gebiet, verfolgten Strömungen, analysierten Plastikmüll. Das Ergebnis ist erschütternd: In dem Gebiet sollen fast 80 000 Tonnen Plastikmüll umhertreiben. Fast zwei Billionen Plastikteilchen, die Natur, Fische und Vögel vergiften. Zwar besteht der Großteil aus Fischernetzen, Flaschen, Kisten, Verpackungen, Tüten und Verschlusskappen. Doch rund 10 Prozent der Plastikreste haben schon heute eine Größe von weniger als fünf Millimetern, weil sich das Plastik nach und nach zersetzt oder zerrieben wird. Bis es ganz zersetzt ist, dauert es übrigens rund 450 Jahre. Auf dem Weg zum sogenannten Mikroplastik erreicht der Müll irgendwann zunächst eine Größe, die von Wasservögeln und Fischen als Beute eingestuft wird. In der Folge gelangt das Plastik dann in die Mägen der Jäger, die an den unverdaulichen Fetzen kläglich verenden. In einzelnen Fischen wurden bis zu einem Kilogramm Plastikreste gefunden. Tiere, die nicht krepieren, landen über Umwege auf unseren Tellern. Die großen Plastikteile werden natürlich zuvor entfernt. Nicht aber das Mikroplastik. Diese Teilchen sind so klein, dass sie noch nicht einmal von einer Kläranlage herausgefiltert werden können. Teilchen, von denen bis heute nicht klar ist, wo sie sich genau im Körper einnisten und welche Folgen sie für den menschlichen Organismus haben können. Von Wechselwirkungen ganz zu schweigen. Erinnert sei deshalb nochmals eindringlich an das Zitat von Lord Robert Baden-Powell zu Beginn dieses Kapitels.

Und wer sich nun fragt, was genau skrupellose Topmanager mit diesem Thema zu tun haben? Jede Menge, denn sie entscheiden über die Gangart der Unternehmen, über Nachhaltigkeit, Rücksicht, Umgang mit der Umwelt. Im Frühjahr 2018 wurde in Osnabrück die Stiftung Zentrale Stelle Verpackungsregister gegründet. Ziel ist es, zu erfassen, wie viele Unternehmen Verpackungen in Umlauf bringen und sich an der Entsorgung über gelbe Tonnen und Müllsäcke laut den gesetzlichen Vorgaben beteiligen. Das Ergebnis war erschreckend: Von 700 000 verpflichteten Unternehmen hatten sich gerade einmal 60 000 registriert und zahlten entsprechend. Die anderen drückten sich, darunter Handelshäuser und Markenhersteller. Und viele produzierten Verpackungen, die aufgrund ihrer Beschaffenheit erst gar nicht recycelbar waren, aber sich glänzend verkaufen ließen. Hier schlug das Marketing das Gewissen – zulasten der Umwelt. Auch diese Entscheidungen werden in Chefetagen gefällt. Auch hinter diesen Überlegungen stehen Topmanager.

# Es wird wieder passieren

Natürlich wird es wieder passieren. Daran gibt es keinen Zweifel. Die Frage ist nur, wann und wo die Krise ihren Anfang nehmen und was der Auslöser sein wird. Ein Kollaps der aufgeblähten Kapitalmärkte? Das Platzen der Immobilienblasen? Ein Zusammenbruch überschuldeter Staaten? Steigende Zinsen? Handelskriege? Gerade die Türkei-Krise Mitte 2018 hat gezeigt, wie schnell die Finanzmärkte ins Wanken geraten, weil Banken um ihre Milliarden bangen. Oder gibt es erneut eine Subprime-Krise wie schon im Jahr 2008?

Krisen werden von Menschen gemacht. Nicht selten verschlimmert oder gar ausgelöst von skrupellosen Topmanagern, denen der kurzfristige Erfolg mehr bedeutet als langfristiges, nachhaltiges Wirtschaften. Natürlich gibt es auch verantwortungsvolle Firmenlenker und Finanzmanager. Doch die werden im Krisenfall nicht ausreichen, um eine erneute Welle zu stoppen.

Beteiligt werden wieder einige Topmanager sein, nach deren Vorgaben Kredite an bettelarme Schuldner vergeben wurden und die mit ihrer Gier nach Rendite dafür gesorgt haben, dass Blasen an Immobilienmärkten entstehen konnten. Es werden wieder Topmanager dabei sein, die endlos Geld in die Kapitalmärkte pumpten, immer mit dem Ziel, noch mehr Geld aus dem System zu ziehen, und die jede noch so kleine Gesetzeslücke nutzten. Und es werden wieder Topmanager sein, die kaum Konsequenzen fürchten müssen und spätestens nach ein paar Jahren wieder im Spiel sind.

Nach der Finanz- und Wirtschaftskrise vor zehn Jahren hatte der Internationale Währungsfonds (IWF) eine Studie zu den Ursachen veröffentlicht. Darin waren erstmals konkrete Zahlen zu vergebenen Krediten und dem Subprime-Anteil aufgeschlüsselt. Frei übersetzt: »unter Premium«. Oder in der Sprache der Finanzwelt und der Score-Institute wie der Schufa: Kredite für Schuldner mit hohem Ausfallrisiko, geringem Einkommen und fragwürdiger Bonität. *Im Gabler Wirtschaftslexikon* liest sich die Definition so:

> »Die Einstufung als Subprime-Hypothek erfolgt, wenn der Kreditnehmer in der Vergangenheit zahlungsunfähig war, bei ihm eine Zwangsversteigerung dokumentiert wurde oder er mit Kreditraten in Verzug geraten ist. Als Indikatoren für die Subprime-Klassifizierung werden ferner das Verhältnis zwischen dem Schuldendienst und dem laufenden Einkommen sowie das Verhältnis der Kreditsumme zum Wert der Immobilie herangezogen. Kreditnehmer mit einem geringen credit score […] werden dem Subprime-Markt zugeordnet.«

Laut IWF-Studie hatte sich das Volumen der jährlich vergebenen Hypothekenkredite in den Jahren zwischen 2000 und 2006 verdreifacht. Von 200 Milliarden Dollar auf 600 Milliarden Dollar pro Jahr. Der Anteil der als riskant eingestuften Kreditnehmer erhöhte sich von knapp 10 auf 20 Prozent. Das heißt, jeder fünfte Kredit wurde an einen Schuldner vergeben, der sich das eigentlich nicht leisten konnte.

Das Perfide daran: Das war skrupellosen Bankern und Topmanagern bereits bei der Vergabe klar. Denn die Kreditvergabe erfolgte zu unfassbar schlechten Konditionen, sprich zu wucherähnlichen Zinsen. Teils wurden 20 Prozent pro Jahr verlangt. Kurz vor Ausbruch der Krise summierten sich die Ausstände dieser Kredite auf rund 1,3 Billionen Dollar. Das ist etwa viermal so viel wie die Gesamtsumme des deutschen Bundeshaushalts. Er betrug im Jahr 2017 rund 330 Milliarden Euro. Das alles war in den USA so lange kein Problem, wie die Schuldner ihre Kredite bedienen konnten. Doch dann stiegen die Zinsen und mit ihnen die monatlichen Raten. Zunächst versuchten die Schuldner noch zu sparen, um ihre Raten zu zahlen. Doch dann stiegen die Zinsen immer weiter. Bis zu dem Punkt, als es bei vielen einfach nicht mehr ging. Und die Blase platzte.

## Erneut auf Krisenkurs

Das weltweite Volumen der Subprime-Kredite hat seit der Finanz- und Wirtschaftskrise vor zehn Jahren wieder massiv zugenommen. Diesmal finden sich die kreditunwürdigen Schuldner allerdings nicht in neuen Häusern mit gepflegten Vorgärten wieder, sondern in blitzenden Autos mit Metallic-Lack und jeder Menge Extras. »Sale« – diese vier Buchstaben elektrisieren die US-Bürger seit jeher. Und skrupellose Geschäftemacher wissen das und nutzen das aus. Schulden? Kein Problem, solange das Geld dem Konsum zugutekommt. Die amerikanische Wirtschaft hängt zu zwei Dritteln vom US-Verbraucher ab. Entsprechend groß ist das Interesse auf der anderen Seite des Verkaufstresens. Neun von zehn Autos in den USA sind inzwischen auf Pump unterwegs. Bei Gebrauchtwagen ist es immerhin noch gut jeder zweite.

Die Banken und ihre Topmanager schreckt das nicht ab. Deren Vergabepraxis ähnelt inzwischen der Situation zu Zeiten der Immobilienkrise. 100-Prozent-Finanzierungen sind üblich, vielfach werden aber auch 110, 120 oder 150 Prozent finanziert. Also mehr als der komplette Neuwagenpreis. Zum Beispiel wenn noch Altschulden zu tilgen oder Konsumwünsche zu finanzieren sind, für den bisher genutzten Wagen, neue Möbel oder einen Strandurlaub. Wobei der Grund den Banken in der Regel egal ist.

In einigen Staaten ist die US-Justiz deshalb inzwischen sogar gegen Finanzinstitute vorgegangen, die solche Kredite vergeben haben. So wurden unter anderem in Massachusetts millionenschwere Strafen verhängt. Doch genutzt hat es nichts, im Gegenteil: Nach einer Erhebung der amerikanischen Notenbank Fed summierte sich die Summe der laufenden Autokredite des Landes Anfang 2017 auf mehr als 1,1 Billionen Dollar. Das entspricht einem Plus von rund 40 Prozent binnen eines Jahrzehnts. Besonders steil steigt die Kurve seit etwa vier Jahren an – nahezu parallel mit den Börsen.

Geschätzt jede dritte Autofinanzierung steht auf der Kippe. Zur Erinnerung: 2008 war es jeder fünfte Subprime-Kredit. Die Topmanager wissen das alles. Sie wissen genau, dass der Markt eines Tages implodieren wird, sie tun aber nichts dagegen: weil es ihnen offenbar herzlich egal ist, was mittelfristig passiert, weil allein kurzfristig zählt. Stattdessen haben sie ihre »Kunden« noch einmal unterteilt: in unsichere und ganz unsichere, sogenannte »deep subprimer«. Das sind Schuldner, die praktisch keine Chance mehr haben, ihren Kredit jemals zu tilgen.

Sie sind arbeitslos, pleite, obdachlos oder drogensüchtig. Weil das Risiko für einzelne Banken inzwischen zu groß ist, sind die Institute längst dazu übergegangen, ihre finanzschwachen Schuldner zu bündeln und am Markt in Paketen zu platzieren. Und der saugt diese sogenannten Asset Backed Securities, kurz ABS, die allerdings rein gar nichts mit unserem Anti-Blockier-System zu tun haben, gerne auf. Und viele verdienen mit: Santander, GM Financial, Ally Financial.

## Bis die Blase platzt

Noch bleiben die Warnungen in den Chefetagen ungehört, doch sie werden lauter. Denn die Anzeichen für ein bevorstehendes Platzen dieser Blase nehmen zu. So geben die Gebrauchtwagenpreise inzwischen nach, weil die Käufer fehlen. Wer kann – oder auch nicht kann –, legt sich einen Neuwagen zu. Auch das sorgt dafür, dass sich die Lage in den kommenden Monaten und Jahren dramatisch verschärfen wird, denn Millionen Kunden haben ihren Wagen nicht gekauft, sondern geleast, also auf Zeit gemietet. Diese Leasingverträge laufen nun nach und nach aus. Dann werden erneut Millionen fast neue Gebrauchte den Markt überfluten und die Preise weiter unter Druck setzen. Morgan Stanley hält einen Rückgang der Preise in den kommenden Jahren um bis zu 50 Prozent für denkbar. Wer seinen Wagen dann zum sogenannten Zeitwert zurückgibt, muss zubuttern und den Wertverlust ausgleichen.

Ebenso hart wird es Schuldner treffen, die ihren Kredit mit dem Gebrauchten tilgen möchten. Entweder steht dann ein neuer Kredit an, oder das nächste Auto wird auch wieder mit einer Kreditsumme von 150 Prozent des Neuwagenpreises gekauft: 100 Prozent für das neue und 50 Prozent für das alte Auto. Andere werden ihre Kredite auch so nicht mehr zahlen können. Unter dem Strich: Milliardenschwere Kreditrisiken in den Büchern der Banken, gebündelte Risikopapiere, überforderte Schuldner; ein großer Teil ist schon heute im Zahlungsverzug. Und im Falle einer Pleite bringt der Wagen noch nicht einmal so viel, dass der Kredit abgezahlt werden kann.

Parallelen zur Finanzkrise 2008 sind nicht zufällig. Wie viele deutsche Finanzinstitute diesmal mit drinhängen, ist offen. Allerdings lastet das Leasing-Risiko nicht nur auf den Banken, sondern vor allem auf den Autoherstellern vor Ort. Welche Auswirkungen ein plötzlicher Werteinbruch bei Leasing-Rücknahmen haben kann, verdeutlicht derzeit die Dieselproblematik. Die Dieselflotten stehen mit bis zu 30 Prozent Aufschlag in den Büchern der Hersteller. Hier dürfte es in den kommenden Jahren noch reichlich Korrekturbedarf geben, wenn Leasing-Fahrzeuge zurückgenommen werden müssen.

## Aufgeblähte Finanzmärkte

Laut Berechnungen des Internationalen Währungsfonds haben die weltweiten Finanzmärkte heute ein Volumen von rund 300 Billionen Dollar. So viele Papiere stapeln sich in den Depots unter anderem von Anlegern, Investmenthäusern, Banken, Versicherungen. 300 Billionen Dollar, das ist rund dreimal so viel, wie die gesamte globale Wirtschaftsleistung an Werten hergibt. Seit den 1980er-Jahren hat sich das Volumen an den Finanzmärkten um rund 2500 Prozent erhöht. Oder anders aus-

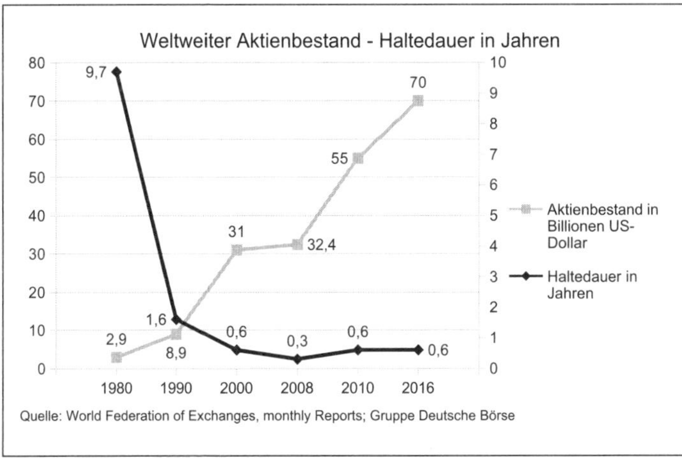


Abbildung 13: Weltweiter Aktienbestand – Haltedauer in Jahren

gedrückt: Die Finanzwirtschaft läuft völlig aus dem Ruder, und sie rudert immer schneller. Angetrieben von skrupellosen Topmanagern, die auf der Jagd nach Rendite jedes Maß verloren haben. Denn für all die Zockerei gibt es schon lange keine realen Gegenwerte mehr. Nichts, wodurch die Millionen, Milliarden und Billionen, die täglich digital und virtuell binnen Sekundenbruchteilen verschoben werden, unterlegt wären.

Jede Bank würde einem normalen Kreditnehmer jegliche Auszahlung verweigern: ohne Sicherheiten kein Geld, ganz einfache Sache. Doch dieses Prinzip gilt nicht mehr an den weltweiten Finanzmärkten. Dabei ist nicht der sogenannte Primärmarkt das Problem, denn dabei handelt es sich um Aktien, also Anteilsscheine von Unternehmen. Ja, auch in Aktien steckt viel Fantasie, die enttäuscht werden kann, und auch am Aktienmarkt hat sich das Volumen drastisch erhöht, gepaart mit immer kürzeren Haltefristen (siehe Abbildung 13).

Aber das ist kein Vergleich zu den Zockerpapieren am Markt ohne jedes Fundament, aber mit einer wachsenden Gruppe von skrupellosen Fans und Managern. Das Problem ist der sogenannte Sekundärmarkt: Optionen, Derivate, Zertifikate, Turbos, CFDs – Sie müssen sich das alles nicht merken. Wissen sollten Sie nur, dass es sich hierbei meist um Wetten auf Kursentwicklungen nach oben oder unten handelt. Mit hohen Renditen, aber eben auch mit hohen Risiken bis hin zum Totalverlust. Das gilt auch für Anlagen, die für den Laien auf den ersten Blick als sicher gelten: sogenannte Hybridpapiere. Das sind Kombivarianten, die nach einem sicheren Rentenfonds aussehen, hinter denen sich aber meist hochriskante Aktieninvestments oder Versicherungsgeschäfte verstecken. Mit erheblichen Unsicherheiten für die Besitzer – vor allem im Krisenfall. Dazu kommt, dass Kleinanleger bei vielen Papieren nachrangig bedient werden. Das heißt, im Falle von Zahlungsschwierigkeiten kassieren zuerst die Großinvestoren, Banken und Versicherungen. Ob danach noch etwas im Topf ist, ist fraglich.

Erschwerend kommt hinzu, dass viele Anleger heute nicht mehr langfristig orientiert sind.

> »Kaufen Sie Aktien, nehmen Sie Schlaftabletten und schauen Sie die Papiere nicht mehr an. Nach vielen Jahren werden Sie sehen: Sie sind reich.«
>
> André Kostolany, US-Finanzexperte, Journalist und Autor

»Zittrige Hände«, so nennen Börsianer unerfahrene Anleger, die schnell die Nerven verlieren, die für heftige Kurseinbrüche sorgen, und das binnen kürzester Zeit. Panikartige Verkäufe sind ein Indiz dafür, dass zittrige Hände die Flucht ergreifen.

Diese Situationen gab es immer und wird es immer geben. Sehr viel gefährlicher ist allerdings der sogenannte Hochfrequenzhandel. Computerbasierte Verkaufsprogramme, die binnen Bruchteilen von Sekunden mit Milliardenwerten jonglieren. Den Spekulanten dahinter geht es nicht darum, Werte zu schaffen oder sich für künftige Kursentwicklungen zu positionieren. Stattdessen geht es darum, Stimmungen auszulösen oder auszunutzen und wenn möglich Kurzschlussreaktionen oder Panikattacken zu initiieren und diese dann massiv zu verstärken. Die Krise nährt dann die Krise, und das auf hochprofessionelle Art und Weise. Ein Mittel dagegen gibt es bislang nicht. Alles ganz legal, wenn auch brandgefährlich. Aber für die Politik offenbar kein Grund, einzugreifen. Zum Wohl selbst ernannter und skrupelloser Finanzmanager.

## Horrende Schuldenberge – ungleiche Verteilung

Viele Staaten sind weiterhin massiv überschuldet: Griechenland 320 Milliarden Euro, Spanien 1,15 Billionen Euro, Italien 2,27 Billionen Euro, Frankreich 2,23 Billionen Euro. Die Staatsschulden sind seit der Finanzkrise 2008 massiv angestiegen: 20 Prozent in Griechenland, rund 100 Prozent in Spanien, die anderen Schuldenstaaten liegen irgendwo dazwischen.

Einen entscheidenden Grund dafür liefert Deutschland. Denn die deutsche Wirtschaft lebt auch weiterhin auf Kosten der anderen. Ökonomen schätzen den Wettbewerbsvorteil der deutschen Unternehmen allein aufgrund des Lohnniveaus – einige sprechen auch von Lohndumping – auf bis zu 20 Prozent. Nach Berechnungen des Statistischen Bundesamts sind die Reallöhne, also der Bruttolohn minus Steuern und Inflation, zwischen 1992 und 2016 praktisch gar nicht gestiegen. Deutschland erkauft sich demzufolge seine Wettbewerbsfähigkeit dadurch, dass es die Löhne niedrig hält. Daran ändern auch die zuletzt erzielten Gehalts- und Lohnsteigerungen nichts.

In der Folge steigt der sogenannte Handelsbilanz- oder Leistungsbilanzüberschuss von Jahr zu Jahr: 2017 erreichte er mit 1,2 Billionen Euro den höchsten Stand aller Zeiten. Das heißt, Deutschland hat entsprechend mehr Waren exportiert als importiert, und die Bundesrepublik war damit zum zweiten Mal die unangefochtene Nummer eins in der Welt. Die deutsche Wirtschaft feiert sich dafür, allerdings ist die Kritik ebenso laut. Denn die anderen Staaten verschulden sich zusehends, um deutsche Produkte kaufen zu können, teils abgesichert mit Bürgschaften der Bundesregierung.

Deutschland könnte für ein ausgeglicheneres Verhältnis sorgen, wenn es mehr aus dem Ausland importieren würde. Dafür aber müsste die Inlandsnachfrage steigen. Weniger Steuern, weniger Sozialabgaben, höhere Löhne – all das würde dazu führen, dass die Menschen mehr Geld in der Tasche hätten und mehr konsumieren könnten. Zum Wohl der Binnenkonjunktur, vor allem aber zum Wohl der Handelspartner in aller Welt. Doch Deutschland und seine Topmanager sehen sich nicht in der Pflicht und setzen damit die anderen Staaten in der EU und weltweit unaufhörlich unter Druck. Um ähnlich wettbewerbsfähig zu sein und den aktuellen deutschen Lohnvorteil ausgleichen zu können, müssten diese ebenfalls 20 Prozent günstiger produzieren. Nahezu die einzige Möglichkeit wäre, ebenfalls die Löhne zu senken. Doch das können sich

Länder wie Italien, Spanien oder Portugal mit Blick auf ihre jeweilige Binnenkonjunktur nicht leisten. Auch Frankreich nicht, selbst wenn Präsident Emmanuel Macron derzeit versucht, Reformen voranzutreiben und die Wirtschaft zu stärken.

Wohin eine Staatsüberschuldung führen kann, zeigt das Beispiel Griechenland. Das Land konnte zwar gerettet werden, doch bis heute leiden vor allem der Mittelstand und die ärmeren Schichten unter dem Spardiktat der sogenannten Troika aus Internationalem Währungsfonds (IWF), Europäischer Zentralbank (EZB) und EU-Kommission. Sollte einer der großen Staaten ins Wanken kommen, hätte das unvergleichbar schwerwiegendere Folgen für die Finanzwirtschaft und die EU. Und allzu weit davon ist das System nicht entfernt. Sobald die Zinsen für Staatsanleihen steigen und Krisenstaaten wie Italien ein Vielfaches für die eigene Finanzierung bezahlen müssen, droht dem System erneut eine schwere Belastungsprobe. Neuerliche Finanzkrisen sind nicht ausgeschlossen.

## Kein Auffangnetz in der Krise

Seit Jahren wird über eine Bankenunion in Europa gesprochen und diskutiert. Ziel sollte immer sein, eine neuerliche Euro-Schuldenkrise zu verhindern oder im Fall der Fälle eingreifen zu können, möglichst ohne dass der Steuerzahler wieder zur Kasse gebeten wird. Die 19 Euroländer sollten für das nötige Fundament sorgen. Die Idee des Drei-Säulen-Modells: eine zentrale Bankenaufsicht, ein Fonds, also ein gemeinsamer Geldtopf, um im Notfall Banken restrukturieren oder geordnet schließen zu können, und eine sogenannte Einlagensicherung auf europäischer Ebene, um die Ersparnisse der Bankkunden abzusichern.

Tatsächlich sind heute zwei dieser drei Vorschläge umgesetzt. Dabei lohnt es sich allerdings, genauer hinzusehen. Denn die Bankenaufsicht ist bei der Europäischen Zentralbank angesiedelt: der einheitliche Aufsichtsmechanismus (Single Supervisory Mechanism, kurz SSM). Rund 120 Banken stehen dort im Fokus, unter anderem die Deutsche Bank und die Commerzbank.

Das Dilemma ergibt sich allerdings aus den Aufgaben der EZB. Denn sie versorgt die Banken einerseits mit Geld, soll diese aber andererseits neutral überwachen. Dass das nicht funktionieren kann, liegt doch wohl auf der Hand. Wer stellt seinem Schuldner schon ein verheerendes Zeugnis aus, wenn er noch Geld zu bekommen hat? Kein anderer Kunde würde einer Bank in Schieflage noch vertrauen. Oder? Wenn aber kein Geld reinkommt, dann kann der Schuldner, in diesem Fall die Bank, die Außenstände nicht mehr begleichen. Auch nicht die Schulden bei der EZB.

Vor diesem Hintergrund ist es wenig verwunderlich, dass der Europäische Rechnungshof die zentrale Bankenaufsicht bereits mehrfach scharf kritisiert hat. Im Jahr 2016 wegen zu weniger Kontrollen, zwei Jahre später dann wegen Intransparenz, fehlender objektiver Kriterien, schlechter Zusammenarbeit und unzureichender Informationspolitik.

Oder blicken wir auf den europäischen Restrukturierungsfonds, praktisch der Nachfolger der deutschen Bankenabgabe. Seit 2011 müssen deutsche Banken Abgaben zahlen, abhängig von der Größe der Bank und der Verflechtung im Finanzsektor. Ziel sollte es sein, mit dem Geld im Krisenfall einzugreifen, um systemrelevante Banken vor dem unkontrollierten Absturz zu bewahren. Hört sich gut an, taugt aber wenig. Im Jahr 2014 hatte der Bundesrechnungshof bereits moniert, dass der angestrebte Fonds erst nach hundert Jahren sein angestrebtes Kapitalvolumen von 70 Milliarden Euro erreichen würde. In den ersten drei Jahren waren demnach nicht einmal 2 Milliarden Euro zusammengekommen, und damit mindestens eine Milliarde Euro weniger als geplant. Das bedeutet, im Krisenfall würde weiterhin die öffentliche Hand zur Kasse gebeten, sprich: der Steuerzahler.

Der europäische Abwicklungs- oder Restrukturierungsfonds (SRM – Single Resolution Mechanism)[178] ist allerdings auch nicht besser. Bis 2024 sollen 55 Milliarden Euro aus den nationalen Abgaben zur Verfügung stehen. Eine Summe, die im Krisenfall nicht einmal auf nationaler Ebene ausreichen dürfte. Allein in Deutschland gab es in und nach der Finanz- und Wirtschaftskrise Kapitalmaßnahmen, Risikovorsorgen und Garantien im Volumen von rund 250 Milliarden Euro, um deutsche Banken zu stützten und einen Kollaps des Systems zu verhindern. Die italienische Großbank Monte dei Paschi musste mit fast 10 Milliarden Euro gerettet werden. Die Höhe des SRM dürfte also in Krisenfall kaum ausreichen, um Europas Banken aufzufangen.

Kommen wir zum dritten Punkt: dem europäischen Einlagensicherungsfonds, der Spareinlagen von Bankkunden absichern soll. Vor allem Deutschland stemmt sich seit Jahren dagegen, weil Berlin befürchtet, dass Schulden anderer Banken dann »vergemeinschaftet« werden. Sprich, dass deutsche Steuerzahler für Einlagen in Italien oder Frankreich geradestehen müssen.

Unter dem Strich also ein Drei-Säulen-Modell, um Krisen zu verhindern, wobei leider bis heute keine einzige Säule ausreichend standfest ist.

## Krise auch am Immobilienhorizont – international

Die aktuelle Niedrigzinsphase hat sich massiv auf den Immobilienmarkt ausgewirkt, nicht nur in Deutschland, sondern weltweit. Warum? Weil internationale Investoren, Finanz- und Topmanager seit Jahren auf das sogenannte Betongold ausweichen, da sie mit Zinsanlagen nicht mehr genug verdienen. Häuser, Wohnungen, Grundstücke zum Vermieten oder Spekulieren, meist in Großstädten und guten Lagen. Vielfach werden sogar Baugenehmigungen beantragt und erwirkt, ohne mit den Maßnahmen zu beginnen. Man lässt die Genehmigungen liegen für die Zeit, in der es noch mehr Geld für Privatwohnungen und Geschäftsräume gibt.

Die Preise für Immobilien sind in vergangenen Jahren in die Höhe geschossen. Am Berliner Wohnungsmarkt kosten Wohnungen heute zum Teil doppelt so viel wie noch vor zehn Jahren. Dennoch wird gekauft – auch von Privatleuten, die von den niedrigen Zinsen profitieren wollen. Und es lässt sich ja auch gut rechnen. Aktuell liegen die besten Hypothekenzinsen für zehnjährige Laufzeiten noch bei unter 1 Prozent. Was aber, wenn die Zinsen auf 4, 5 oder 6 Prozent steigen? Und wenn der Schuldner für seine 100-Quadratmeter-Wohnung in Berlin nicht mehr 1000 Euro pro Monat berappen muss, sondern 2000 Euro oder 3000 Euro?

Dass das für viele Eigentümer ganz genau so kommen wird, ist bereits heute klar. Denn das Gros der Hypothekenkredite hat eine Laufzeit von zehn bis fünfzehn Jahren. Das heißt, dann müssen die Konditionen neu verhandelt werden. Sollte bis dahin nicht ein Großteil des ursprünglichen Kredits getilgt sein, droht ein massiver Sprung bei den monatlichen Belastungen. Zwar liegt der durchschnittliche Tilgungssatz, also die Rückzahlung der eigentlichen Schulden, derzeit bei gut 2,5 Prozent pro Jahr. Dennoch sind es gerade diejenigen, die wenig Geld zur Verfügung haben, die sich auch heute noch eine 1-Prozent-Finanzierung haben aufschwatzen lassen. Von einem Kredit über 400 000 Euro stehen in dem Fall nach zehn Jahren noch immer rund 350 000 Euro auf der Schuldenuhr. Jedes Zehntelprozent mehr bei einem neuen Kredit wirkt sich dann beim Abtrag aus und kann eine künftige Finanzierung zum Platzen bringen.

Zum einen besteht das Risiko, dass keine Bank die Anschlussfinanzierung übernimmt. Zum anderen drohen höhere Zinsen oder ein Risikoaufschlag. Sollten die Zinsen also steigen, dürfte es noch vor 2025 eine Verkaufswelle geben – mit Folgen für die Schuldner, die Preise der Immobilien vor allem in Randlagen und die finanzierenden Banken, deren Kredite üblicherweise mit den finanzierten Immobilien und einem entsprechenden Grundbucheintrag besichert sind. Doch ob der Wert der Immobilie dann noch die Restschuld abdecken kann, bleibt abzuwarten. Es drohen Notverkäufe, Zwangsversteigerungen und Bilanzkorrekturen.

## Wie niedrige Zinsen die Lage am Hypothekenmarkt verschärfen

Gerade die niedrigen Zinsen könnten diese Entwicklung noch verschärfen. Denn das billige Geld hat noch einen weiteren Effekt. Bei einem Hypothekendarlehen setzt sich die monatliche Rate ja immer aus zwei Teilen zusammen: dem Zins, der für den Kredit zu bezahlen ist, und der Tilgung, also der Rückzahlung des Kredits. Zu Beginn einer Finanzierung ist der Schuldenberg noch hoch. In der monatlichen Rate stecken dann noch ein hoher Zins- und ein geringer Tilgungsanteil. Mit den Jahren wird der Schuldenberg aber immer kleiner. Und obwohl die monatliche Rate gleich bleibt, sinkt darin der Zinsanteil, während der Anteil der Tilgung steigt. Bei der letzten Rate zahlt man praktisch nur noch die verbliebenen Schulden und überhaupt keine Zinsen mehr. Diese Verschiebung von Zins- und Tilgungsanteil macht sich vor allem dann bemerkbar, wenn die Zinsen hoch sind und genau dieser Teil nach und nach wegfällt. Die Falle entsteht in Niedrigzinsphasen. Denn auch dann verschiebt sich zwar das Verhältnis zwischen Zinsen und Tilgung, allerdings wirken sich die gesparten, niedrigen Zinsen kaum noch aus.

Ein Rechenbeispiel: Bei einem 400 000-Euro-Kredit mit einem Zinssatz von 5 Prozent und einer Tilgung von 2 Prozent stehen am Ende einer Laufzeit von zehn Jahren noch rund 296 000 Euro auf der Schuldenuhr. Gleiche Rechnung, nur mit einem Zinssatz von 1 Prozent, so wie lange üblich: In dem Fall stehen noch knapp 316 000 Euro auf der Uhr, also satte 20 000 Euro mehr, trotz gleicher Tilgungshöhe. Wenn nun bei der Anschlussfinanzierung die Zinsen massiv anziehen, ist von der ursprünglichen Summe kaum etwas getilgt.

Dieses Schicksal wird in den kommenden Jahren viele Immobilienbesitzer ereilen, die nur wenig tilgen konnten. Wenn sich Investoren dann in einzelnen Regionen aus dem heiß gelaufenen Immobilienmarkt zurückziehen, droht die Blase zu platzen. Nicht überall. Nicht in besonders guten Lagen. Wohl aber in Randgebieten. Dann droht dem Immobilienmarkt ein herber Rückschlag. So wie es während der Finanz- und Wirtschaftskrise in Spanien passiert ist. Auch dort hatten niedrige Zinsen nach der Euro-Einführung zunächst zu massenhaften Immobilienkäufen geführt. Als die Zinsen stiegen und die Kredite nicht mehr bedient wurden, platzte auch diese Immobilienblase, und Spanien wurde zu einem Land voll durchsichtiger Betongerippe.

## Immobilienkrise 4.0: Vorboten in den USA

Auch in New York war Anfang 2018 zu beobachten, was passiert, wenn der Immobilienmarkt seine Anziehungs- und Strahlkraft verliert und wenn die Renditeerwartungen sinken. Der Markt brach ein. Vor allem ausländische Investoren unter anderem aus Asien und Russland zeigten den zuvor gesuchten Immobilien die kalte Schulter. Die steigenden Zinsen sorgten zudem dafür, dass Kredite teurer wurden und damit Häuser und Wohnungen unattraktiver und weniger erschwinglich. Die Preise gaben nach. Nicht überall, nicht in jeder Lage, aber dennoch auf breiter Front.

Was das für die US-Wirtschaft insgesamt bedeutet, lässt sich erahnen, wenn man die Mentalität des durchschnittlichen amerikanischen Verbrauchers berücksichtigt. Der hat nämlich aus der Finanzkrise kaum Lehren gezogen, schon gar nicht für sich selbst. Die US-Wirtschaft ist zu zwei Dritteln vom Konsum abhängig, und den finanziert der US-Verbraucher mit seiner Immobilie. Sie beleiht er nach Lust und Laune. Und die Banken machen bereitwillig die Geldschleusen auf.

Wer käme in Deutschland auf die Idee, den steigenden Wert seiner Immobilie sofort bei der Bank in neue Kredite umzumünzen? In den USA ist das ganz normal. Wenn Haus und Wohnung im Wert steigen, geht der Amerikaner zur Bank, um sich einen neuen Fernseher, ein neues Auto oder eine teure Fernreise zu gönnen. Wenn die Immobilienpreise dann allerdings nachgeben, so wie jetzt, fehlen die Sicherheiten, und dann geht es wieder los: Die Banken verlangen zusätzliches Kapital, der Schuldner hat nichts, auch weil die Zinsen steigen und damit die Höhe der Rückzahlungen. Ein Teufelskreis, aus dem es kaum ein Entrinnen gibt. Zumindest dann nicht, wenn sich die Spirale von Anfang 2018 weiterdrehen sollte. Und daran gibt es ehrlich gesagt kaum einen Zweifel. Die Hoffnung einiger Beobachter ist, dass sich der Immobilienmarkt noch nicht in einer Blase, sondern nur am Anfang einer Blase befunden hat, also noch nicht zu aufgebläht ist und daher noch ein solides Fundament hat. Wer jedoch die aktuellen Entwicklungen beobachtet, kann daran durchaus Zweifel haben.

## Gier als Nährboden für Krisen: Mach Geld einfach selbst

Und dann wäre da noch die Gier der Anleger, die Krisen den nötigen Boden liefert – und die nur allzu gerne von selbst ernannten und skrupellosen Machern aus- und genutzt wird. Wie anfällig der Markt für Betrüger, Blender und Zocker ist, hat der Bitcoin unter Beweis gestellt, die bekannteste von inzwischen rund 1500 Kryptowährungen. Auch als Computer- oder Internetwährungen bezeichnet. Nur wenige wissen, was Kryptowährungen eigentlich sind, wo man sie kaufen kann und – fast noch wichtiger – wo man sie schnell wieder verkaufen kann. Kryptowährungen entstehen dezentral, nach komplizierten Algorithmen, Formeln und Computerprogrammen, in riesigen Rechenzentren weltweit. Kontrolliert nicht von den Zentral- und Notenbanken, sondern von den Usern im Internet. Und die sind zum Teil nicht nur gerissen, sondern auch skrupellos.

Als im Dezember 2017 der Kurs auf über 20 000 US-Dollar pro Bitcoin hochschnellte, erlebte der Hype seinen Zenit. Alle wollten plötzlich Bitcoins kaufen. Alle mussten Bitcoins haben. Wer nicht dabei war, galt als Loser. Sechs Wochen später war die Euphorie verflogen. Nicht weil Kryptowährungen an sich etwas Schlechtes sind, sondern weil die Negativmeldungen kein Ende nahmen: Gefühlt brachte jeder seine eigene Kryptowährung auf den Markt. Inzwischen wird der Marktwert weltweit auf 500 Milliarden Dollar geschätzt. Einige Kryptowährungen haben längst etablierte Konzerne im Wert überholt (siehe Abbildung 14, Seite 320).

Allerdings stecken Kritikern zufolge hinter 80 Prozent der angebotenen Währungen Betrüger. Zudem werden immer wieder Handelsplattformen gehackt und Internetwährungen in dreistelliger Millionenhöhe gestohlen. So wie Anfang 2018 in Österreich. Tausende Anleger hatten dort ihr Erspartes bei einer Investmentfirma in Bitcoin angelegt. Versprochen wurde eine Rendite von 4 Prozent. Allerdings nicht pro Jahr – sondern

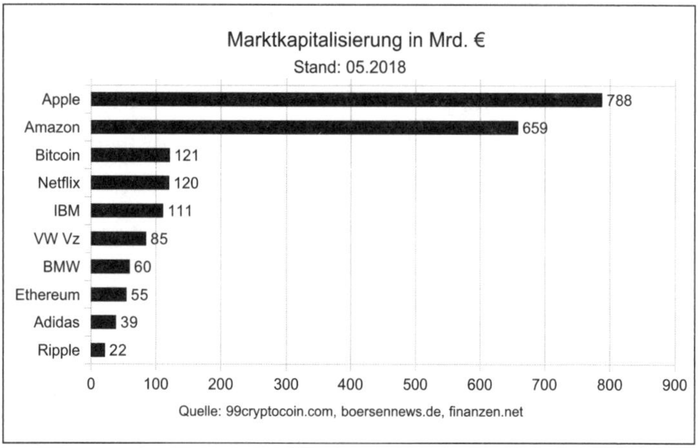


Abbildung 14: Marktkapitalisierung in Milliarden Euro

pro Woche! Beworben auf riesigen Events in österreichischen Hotels. Doch schon nach ein paar Monaten war Schluss und 80 Millionen Euro lösten sich in Luft auf. Laut den Behörden ein typisches Schneeballsystem nach dem bewährten Spiel: Die unten zahlen, die oben kassieren.

Beispiele wie diese sorgen zwar für Schlagzeilen, schrecken aber nicht ab. Gerade vielen neuen Unternehmen gelingt mit eigenen Kryptowährungen die Finanzierung plötzlich ganz einfach. Vorreiter ist derzeit die Schweiz. Aber andere holen auf. Denn die Umstände sind verlockend: keine aufwendige Vorstellung, der sogenannte Pitch, bei Investoren. Kein Blankziehen bei Banken. Keine Anteilsverhandlungen. Keine Sicherheiten. Stattdessen wird eine eigene Kryptowährung entworfen. Initial Coin Offering, kurz ICO, nennt sich dieser Schritt, dessen Verlauf nicht selten über Start oder Ende einer Start-up-Idee entscheidet. Wobei »Idee« der richtige Begriff ist. Denn die Unternehmen haben oftmals nicht mehr zu bieten als ein White

Paper, eine Art Ideensammlung. Jedenfalls kein Geschäftsmodell, und schon gar kein solides.

In den vergangenen Jahren hat sich die Zahl der ICOs mal verdoppelt, mal verfünffacht. Der Geist des ehemaligen Neuen Marktes ist offenbar zurückgekehrt und zieht spürbar durch die Gemeinde. Für praktisch jede noch so absurde Idee gibt es Käufer, Glücksritter, unverbesserliche Optimisten. Nur diesmal nicht den Zug verpassen wie beim Bitcoin. Für die Start-ups dahinter ist das Risiko fast gleich null. Denn durch die Ausgabe ihrer selbst kreierten Kryptowährung entstehen keine finanziellen Verpflichtungen, und Anteile müssen weder Eigentümer noch Beteiligte abgeben. Außer den Coins in die eine und Geld in die andere Richtung fließt nichts.

Ein weiterer Pluspunkt für die Start-ups: Viele Computer-Währungen können nur in den Unternehmen selbst eingesetzt werden, die Kryptowährungen haben also außerhalb praktisch keinen Wert. Außer die Nachfrage steigt, weil die Produkte des Unternehmens gefragt sind und das Vertrauen wächst. Das ist allerdings in den seltensten Fällen so. Natürlich gibt es unter den Start-ups seriöse Unternehmen, hinter denen substanzielle Geschäftsmodelle stehen, in die auch große Konzerne investieren und die das Zeug haben, ganze Branche umzukrempeln. Aber es gibt eben auch die Scharlatane und Luftnummern. Mit Milliardenrisiken.

## Ein Fazit

So lautet zum Schluss die Frage: Sind unsere Systeme so gewappnet, dass sie eine neuerliche Finanz- und Wirtschaftskrise wie 2008/2009 überstehen könnten?

> »Nein. Der Fortschritt ist nicht besonders ermutigend. Mit Blick auf 2020/2021 kann man bei nachlassender Konjunktur vermuten, dass ganz viel von dem, was wir haben liegen lassen, dann noch einmal zum Problem werden könnte.«
>
> Prof. Henning Vöpel, Leiter Hamburgisches Weltwirtschaftsinstitut

»Das Buch macht schlechte Laune«, kommentierte einer meiner geschätzten Probeleser. Um gleich anzufügen: »... aber es klärt auf, es rüttelt wach, und das ist gut.« Es geht nicht darum, die Wirtschaft, den Handel, Profite oder gar den Fortschritt zu verdammen. Im Gegenteil. Indem wir uns bewegen, sorgen wir für neue Möglichkeiten, kreative Ideen, Entwicklungen, Lösungen. Dabei haben wir es aber nicht nur in der Hand, wir haben auch die Pflicht, fair zu agieren. Und das in jeder Hinsicht.

Diesem Anspruch müssen sich auch die Topmanager stellen – mit Blick auf die Menschen, unsere Ressourcen, unsere gemeinsame Welt. Das aber tun die Entscheider und Unternehmenslenker deutlich zu selten. Warum gibt es bis heute keinen einheitlichen Kodex, der verlässliche Mindeststandards setzt? Mindeststandards, die diese Bezeichnung zu Recht verdienen, die verbindlich sind, die skrupelloses Verhalten geißeln und nicht belohnen. Warum gibt es keinen Kodex, der Geschäfte mit Despoten, Folterregimes und Warlords strikt untersagt – ganz egal, ob es um Kobalt oder Erdöl geht? Warum gibt es kein Label, das wirklich zuverlässig für einen fairen Umgang in jedweder Hinsicht steht – damit Großkonzerne und deren Topmanager nicht fern der Heimat Produktionsbedingungen ausnutzen können, die hierzulande undenkbar wären?

Weil im Kapitalismus das Kapital an erster Stelle steht, ohne Wenn und Aber. Noch wichtiger sind aber Geschwindigkeit und Gier. Das schnelle Geld vernebelt den Blick, macht skrupellos, stellt andere Bedürfnisse in den Schatten. Die aktuellen Auswirkungen der Klimaveränderung sind nur ein Beispiel dafür, mit welcher Wucht sich das rächen kann. Trotzdem leugnen einige Firmenlenker und Politiker das, was offensichtlich und spürbar gerade passiert. Die Hoffnung ist klein, dass das nächste Buch den Titel trägt: *Dazugelernt. Wie Topmanager doch noch die Welt retten.*

Für den verstorbenen britischen Wissenschaftler Stephen Hawking waren unsere Tage auf der Erde ohnehin gezählt, er sah die Zukunft der Menschheit im All. In der TV-Show *Larry King Now* erklärte er: »Unsere Gier und unsere Dummheit haben nicht nachgelassen.«

# Anmerkungen


1 »Keine Rettung in Sicht«, *Zeit online*, 11. 7. 2008.
2 »Wie die Finanzkrise Alan Greenspan entzauberte«, *Welt*, 4. 3. 2011.
3 »Shitbag im Angebot«, *Süddeutsche Zeitung*, 24. 1. 2013.
4 »Das tiefrote Aktienjahr 2008«, *Frankfurter Allgemeine Zeitung*, 31. 12. 2008.
5 »Milliarden-Rettung für deutsche Banken«, *Tagesschau.de*, 14. 10. 2008.
6 »Welche Banken am meisten Staatshilfe bekamen«, *Handelsblatt*, 24. 3. 2010.
7 PwC, www.pwc.com.
8 »Gorilla-Taktik«, *Handelsblatt*, 7. 11. 2017.
9 »Former Lehman Operation Chief Puts Mansion Up for Sale«, *New York Times*, 24. 7. 2012.
10 »Bridgewater wettet gegen 13 Dax-Konzerne«, *Spiegel online*, 14. 2. 2018.
11 »Sturz aus dem Börsenhimmel«, *Zeit*, 9. 5. 2005.
12 »Diese Top-Hedgefonds verdienten 2016 das meiste Geld für Kunden«, *Welt/Bloomberg*, 3. 2. 2017.
13 »Die größten Staatsfonds der Welt«, *Handelsblatt*, 15. 11. 2017.
14 »Koalitionsvertrag 2018«, *Bundesregierung.de*, 14. 3. 2018.
15 »2800 Euro Einsatz, 280 000 Euro Verlust«, *Spiegel online*, 19. 3. 2015.
16 »Die Macht der Banken«, *Planet Wissen*. 20. 7. 2018.
17 Lobbypedia.de.
18 »Ausgerechnet Goldman Sachs«, *Frankfurter Rundschau*, 21. 3. 2018.
19 »EZB kauft Staatsanleihen für Hunderte Milliarden Euro«, *Tagesschau.de*, 22. 1. 2015.
20 »Euroskeptiker scheitern mit EZB-Eilklagen in Karlsruhe«, *Welt*, 18. 10. 2017.
21 »It's Fat Cat Day«, *Highpaycentre.org*, 3. 1. 2018.
22 »Heute Mittag schlägt die Stunde der ›fetten Katzen‹«, *Welt*, 5. 1. 2018.
23 »Chefs verdienen ein Vielfaches«, *Böckler Impuls* 16/2013.
24 »Richtlinie (EU) 2017/828 des Europäischen Parlaments und des Rates«, *Eur-lex.euopa.eu*, 17. 5. 2017.
25 »Studie zur Vergütung der Vorstände in den DAX- und MDAX-Unternehmen im Geschäftsjahr 2016«, Deutsche Schutzvereinigung für Wertpapierbesitz.

26 »274 000 Dollar Stundenlohn – Hedgefondsmanager feiern unerwartetes Comeback«, *Handelsblatt*, 8. 4. 2018.
27 »ING-Bank streicht Gehaltserhöhung für Chef«, *Wirtschaftswoche*, 13. 3. 2018.
28 »Der Bonus lebt, aber er verändert sich«, Kienbaum, 26. 9. 2017.
29 »Vergütungsstudie DAX Vorstandsvergütungen«, PwC, Goethe-Universität Frankfurt a. M.
30 »Millionenbonus für erfolglosen Post-Manager Roger Crook«, *Berliner Morgenpost*, 19. 1. 2017.
31 »Der Mannesmann-Prozess«, ARD.
32 »Die Welt des Josef Ackermann«, ARD, 2. 8. 2010.
33 »Die nimmersatten Bosse von der Deutschen Bank«, *Bild*, 3. 2. 2018.
34 »Deutsche Bank – Game over«, *Heise.de*, 7. 10. 2016.
35 »Sewing appelliert an ›Jägermentalität‹ seiner Mitarbeiter«, *Zeit online*, 9. 4. 2018.
36 »JP Morgan ist die gefährlichste Bank der Welt«, *Spiegel online*, 21. 11. 2017.
37 »Urteil: Commerzbank verliert Streit mit früherem Personalvorstand«, *FAZ*, 17. 2. 2015.
38 NDR 90,3, 2014.
39 »BGH: Sal. Oppenheim-Chefs rechtskräftig verurteilt«, *Versicherungswirtschaft heute*, 15. 3. 2018.
40 »Der letzte Air-Berlin-Chef geht vorzeitig«, *Manager-Magazin*, 31. 7. 2018.
41 »Was wir bisher über den Airbus-Skandal wissen«, *Manager-Magazin*, 11. 10. 2017.
42 »Airbus: Der Geist von ›Bullshit Castle‹«, *Handelsblatt*, 13. 10. 2017.
43 »Airbus: 80 Millionen für ausgeschiedenen Airbus-Manager«, *Spiegel*, 19. 10. 2017.
44 »Millionen für Ex-VW-Vorstand Hohmann-Dennhardt«, *Süddeutsche Zeitung*, 30. 1. 2017.
45 »Mir gefällt es nicht, wenn sich Politiker in mein Geschäft einmischen«, *Spiegel* 13/2018.
46 »Streit über hohes Gehalt – Weil rügt DDR-Vergleich des VW-Chefs«, *Welt*, 25. 3. 2018.
47 »Merkel ›erstaunt‹ über steigende Vergütung für VW-Manager«, *Reuters*, 14. 3. 2018.
48 »Das beispiellose Machtsystem des Daniel Vasella«, *Welt*, 19. 2. 2013.
49 »Daniel Vasella: Abgang mit einem Lächeln«, *Bilanz.ch*, 22. 2. 2013.

50 »Es ist nichts mehr da«, *Bild*, 19. 3. 2013.
51 »Schlecker-Prozess: Lars und Meike Schlecker rufen den BGH an«, *Stuttgarter Nachrichten*, 28. 11. 2017.
52 *Spiegel* 4/2015.
53 »1 in 5 CEOs are psychopaths«, *Telegraph.co*, 13. 9. 2016.
54 »Steinhoff: E-Mails belasten deutsche Manager«, *Süddeutsche Zeitung*, 27. 2. 2018.
55 »Volkswagen-Abgas-Skandal: Pötsch: ›Existenzbedrohende Krise‹«, *Wirtschaftswoche*, 4. 10. 2015.
56 »Erklärung Prof. Dr. Martin Winterkorn«, *Volkswagenag.com*, 23. 9. 2015.
57 »Martin Winterkorn: Deutschlands bestbezahlter Qualitätsfanatiker«, *Frankfurter Allgemeine Zeitung*, 12. 3. 2012.
58 »Streit zwischen Staatsanwalt und Verteidigern eskaliert«, *Spiegel online*, 8. 12. 2015.
59 »Wirtschaftsverbände warnen: Gesetzliche Mindestlöhne kosten Jobs«, *RP online*, 3. 4. 2010.
60 »Air Berlin: Airline erhielt Staatskredit ohne fertiges Gutachten«, *Handelsblatt*, 24. 3. 2018.
61 »Diesel-Debatte in Kiel – Wie es zum VW finanzierten Gutachten kam«, *Kieler Nachrichten*, 11. 3. 2018.
62 »Warum beendet Ecuador seine bilateralen Investitionsabkommen«, *Amerika21.de*, 1. 7. 2017.
63 »Investitionsschiedsgerichtsbarkeit im Licht von TTIP«, *Mpg.de*, 7. 12. 2015.
64 *Spiegel* 13/2018.
65 »Die Macht der Manager – Der Markt versagt und die Politik schaut weg«, ZDF, 22. 2. 2011.
66 »Der Markt der D&O-Versicherung«, *Versicherungswirtschaft heute*, 24. 2. 2014.
67 »Haftpflicht-Policen: Wer haftet, wenn Manager versagen?« *Wirtschaftswoche*, 14. 3. 2016.
68 »D&O am Scheideweg zwischen Preis und Deckung«, *Versicherungswirtschaft heute*, 1. 2. 2018.
69 »Study: Firms with More Women in the C-Suite Are More Profitable«, *Piie.com*, 8. 2. 2016.
70 McKinsey. 2007.
71 McKinsey: *Delivering Through Diversity*.
72 Credit Suisse. The CS Gender 3000: *Women in Senior Management*.

73 »Sind Unternehmen mit Frauen in Führungspositionen erfolgreicher?« *FAZ.net*, 11. 2. 2016.
74 McKinsey: *Woman Matter*, 2016.
75 »Gleichstellung in Europa geht nur langsam voran«, BMFSFJ, 11. 10. 2017.
76 »Mitten im Leben«, VDU, 10. 4. 2013.
77 »Frauen fehlen die Vorbilder«, *Süddeutsche Zeitung*, 5. 2. 2018.
78 www.bundestag.de, www.parlament.gv.at, www.parlament.ch.
79 »Manager sind häufig emotionale Krüppel«, *Welt am Sonntag*, 11. 2. 2018.
80 »Jérôme Kerviel: Eine Million statt fünf Milliarden«, *Spiegel online*, 23. 9. 2016.
81 »Bankrott der Barings Bank«, *Süddeutsche Zeitung*, 9. 4. 2013.
82 »Bernhard und Pischetsrieder: Wussten nichts von Manipulationen«, *Süddeutsche Zeitung*, 29. 9. 2015.
83 »Techniker warnte schon 2011«, *Bild am Sonntag*, 27. 9. 2015.
84 »Nokia ist tot. Es lebe Nokia«, *Absatzwirtschaft*, 9. 5. 2014.
85 *Frankfurter Allgemeine Zeitung*, 30. 9. 2017.
86 »ERGO beendet Ermittlungen in Compliance-Fall in Russland«, Pressemitteilung, 29. 12. 2017.
87 »Wie war das mit der Sex-Party?«, *Bild*, 9. 6. 2011.
88 »Skandalreise der Hamburger-Mannheimer«, *Stern*, 20. 5. 2011.
89 »Lustreisen der Versicherungsvertreter«, *Handelsblatt*, 30. 8. 2012.
90 »Versicherer ignorieren BGH-Urteil«, *Süddeutsche Zeitung*, 10. 5. 2016.
91 »Bund zwingt Hamburg gegen Privatbank vorzugehen«, NDR, WDR, *Süddeutsche Zeitung*, 15. 1. 2018.
92 »Luxemburg Leaks: fragwürdige Steuerpraktiken enthüllt«, NDR, WDR, *Süddeutsche Zeitung*, 5. 11. 2014.
93 EU-Kommissar Algirdas Semeta, 6. 12. 2012.
94 *Die Steuertricks der Multis*, 3Sat, 16. 1. 2015.
95 »Wettbewerb – Europa EU«, *Europa.eu*, 24. 5. 2018.
96 »Steuertransparenz«, *Gouvernement.lu*, 23. 7. 2018.
97 »Der Apple-Beschluss der Europäische Kommission«, *Infopoint-europa.de*, OLG Hamburg, 6.2017.
98 »Black Tuesday für den Welthandel«, *Familienunternehmer.eu*, 9. 11. 2016.
99 »Deutsche Wirtschaft reagiert auf Trump-Sieg besorgt«, *FAZ.net*, 9. 11. 2016.
100 »US-Steuerreform gut für Daimler und BMW«, *DW.com*, 22. 12. 2017.

101 KPMG: *Swiss Tax Report* 2017.
102 »Unternehmenssteuern«, Bundeszentrale für politische Bildung, 15. 9. 2017.
103 »Wie deutsche Konzerne Malta als Geldparkhaus nutzen«, *Spiegel*, 19. 5. 2017.
104 »Wie gerecht sind unsere Steuern?«, ZDF, 17. 9. 2017.
105 »Ikea hat Steuervermeidung perfektioniert«, *Wirtschaftswoche*, 24. 11. 2017.
106 »Eklat im EU-Parlament: Ikea lädt zum Steuer-Lunch beim Griechen«, *Spiegel online*, 2. 10. 2015.
107 »Apple mit 0,005 % Steuersatz«, *Finanzmarktwelt.de*, 30. 8. 2016.
108 »Gewerbesteuer«, *Wikipedia*.
109 »Die geheimen Geschenke des Jean-Claude Juncker«, *Tagesspiegel*, 7. 11. 2014.
110 »The worlds Billionaire's«, *Forbes.com*.
111 »Schwarze Liste nach Paradise-Papers«, Deutschlandfunk, 7. 11. 2017.
112 »Umsetzung des 10-Punkte-Plans«, Bundesfinanzministerium, 7. 4. 2017.
113 »Die Steuerflüchtlinge unter deutschen Unternehmern«, Wirtschaftswoche, 19. 3. 2014.
114 »Jens Spahn«, Lobbycontrol. Lobbypedia.
115 »Die dubiose Rolle der Deutschen Bank«, *Monitor*. WDR, 24. 8. 2008.
116 »Cum-ex-Deals: Warum die Deutsche Bank schwieg«, *Süddeutsche Zeitung*, 19. 6. 2016.
117 »Kleine Anfrage 18/1603«, Fraktion Bündnis 90/Die Grünen, 2. 6. 2014.
118 »Seitenwechsler von der Politik zur Wirtschaft«, *Tagesschau.de*, *Lobbypedia.de*, *Wikipedia*.
119 »Klare Regeln bei Wechsel«, Bundesregierung, 25. 7. 2015.
120 »Gesponserte Treffen mit SPD Spitzenpolitikern«, ZDF, 22. 11. 2016.
121 Bundesregierung.de, 1. 9. 2011, https://www.bundesregierung.de/ContentArchiv/DE/Archiv17/Mitschrift/Pressekonferenzen/2011/09/2011-09-01-merkel-coelho.html.
122 Finanztransaktionssteuer.de.
123 »Grauer Kapitalmarkt«, BaFin.de.
124 »BWF-Stiftung – Hohe Gefängnisstrafen«, *Test.de*, 22. 8. 2017.

125 »Insolvenzverfahren eröffnet: P&R-Skandal«, *Finanzen.net*, 31. 7. 2018.
126 »Fahrzyklus«, *Wikipedia*.
127 »Verdienstlücke zwischen Männern und Frauen im öffentlichen Dienst und in der Privatwirtschaft«, HWWI, 2017.
128 »Atlas der Arbeit«, Hans-Böckler-Stiftung, 7. 5. 2018.
129 »Aktuelle Entwicklung der Zeitarbeit«, Statistik.arbeitsagentur.de.
130 Teilzeit- und Befristungsgesetz TzBfG.
131 »Befristungen«, Arbeitgeber.de. BDA.
132 »Arbeitnehmerüberlassungsgesetz«, BMAS.de.
133 »Modekonzern: H&M-Mitarbeiter klagen über Arbeitsbedingungen«, *Zeit*, 12. 7. 2017.
134 Bitcom.org, 27. 10. 2017.
135 »The 38 year-old bankers with nowhere to go«, *News.efinancialcareers.com*, 13. 2. 2018.
136 »Ryanair Bilanz GuV«, *Finanzen.net*.
137 »Ex-VW-Chef Martin Winterkorn soll 3100 Euro Rente bekommen«, *FAZ.net*, 4. 1. 2017.
138 »Analysen«. *FvS-ri.com*.
139 »Dax-Pensionslasten: Das versteckte Risiko«, *Handelsblatt*, 17. 12. 2012.
140 »Maschmeyer: Ex-AWD-Chef, Altkanzler Schröder und zwei Millionen«, *Spiegel*, 12. 11. 2014.
141 Kraftfahrtbundesamt (KBA).
142 »Peer Steinbrück in *Die große radioeins Satireshow*«, 2016.
143 *Markt und Moral: Der Zustand der Wirtschaft*, ZDF, 16. 9. 2017.
144 »Facebook: Denn sie wissen nicht, worin sie einwilligen«, *Zeit online*, 21. 2. 2018.
145 »98 personal data points that Facebook uses to«, *Washington Post*, 20. 2. 2018
146 »Zeichen-Tricks«, Greenpeace Österreich, 6. 2. 2018.
147 Kraftfahrtbundesamt (KBA).
148 Pressemitteilung, 10. 12. 2017.
149 »So läuft der Zukunftspakt«, *Volkswagen inside*.
150 »Volkswagen Zukunftspakt«, *Braunschweiger Zeitung*.
151 »Wie der Swatch-Gründer die Autowelt umkrempeln wollte«, *Handelszeitung.ch*, 30. 4. 2015.
152 »Comeback Kids«, Boston Consulting Group, 13. 11. 2017.

153 »Dax-Konzern: So viele Bewerbungsgespräche sind nötig«, *Handelsblatt*, 17. 2. 2018.

154 »Der verkaufte Staat«, *Welt*, 9. 2. 2014.

155 »Earth overshoot day«, WWF.

156 »Footprint Calculator«, Footprintnetwork.org.

157 Livingplanetindex.org.

158 Landmatrix.org.

159 »Westafrika: Europa erzeugt die Flüchtlinge selbst«, *Zeit*, 1. 8. 2016.

160 »Umstrittenes EU-Freihandelsabkommen mit Afrika in Kraft«, *Euractiv.de*, 11. 10. 2016.

161 Ökopol – Institut für Ökologie und Politik, Oekopol.de.

162 »Network of Global Corporate Control«, Eidgenössische Technische Hochschule, 26. 10. 2011.

163 »IARC Monograph onglyphosate«, *Iarcnews.fr*, 1. 3. 2018.

164 »Das steckt hinter der Zertifizierung«, *Utopia.de*, 8. 8. 2017.

165 »Kein Palmöl ist auch keine Lösung«, WWF, 30. 8. 2016.

166 »Daimler-Chef Zetsche bittet China um Verzeihung«, *FAZ.net*, 8. 2. 2018.

167 »Delta Air Lines, Zara join Marriott in China's bad books over Tibet«, *SCMP.com*, 12. 1. 2018.

168 Ralf Wrobel bei NDR Info, 5.2018.

169 »Elektroautos brauchen Kobalt aus dem Kongo: Anstieg der Kinderarbeit«, *Epochtimes.de*.

170 Pressemitteilung, Amnesty International, 15. 11. 2017.

171 »Meet Dorsen, 8, who mines cobalt to make your smartphone work«, *Sky News*.

172 Pressemitteilung. Amnesty International, 15. 11. 2017.

173 »I was locked inside a steel cage«, *Financial Times*, 15. 2. 2018.

174 Cleanclothescampaign.org.

175 *Billiglöhne für Gefangene*, ZDF, 8. 5. 2018.

176 »Untersuchungsbericht: DDR-Zwangsarbeiter mussten für Ikea produzieren«, *Welt*, 16. 11. 2012.

177 »GreatPacific Garbage Patch Growing Rapidly«, *Theoceancleanup.com*, 22. 3. 2018.

178 »Single resolution mechanism«, *Ec.europa.eu*.

# Personen- und Unternehmensregister